Individualisierte Karriereplanung

Cathleen Benko ist Beraterin bei der Prüfungs- und Beratungsgesellschaft Deloitte, die Wirtschaftsprüfung, Steuerberatung und Corporate Finance-Beratung anbietet.

Anne Weisberg ist die führende Beraterin bei der Deloitte's Women's Initiative. Zuvor war sie bei einem Bundesrichter in Chicago sowie als Anwältin in New York tätig.

Cathleen Benko
Anne Weisberg

Individualisierte Karriereplanung

Nur so können Unternehmen gewinnen!

Aus dem Englischen von Maren Barton

Campus Verlag
Frankfurt/New York

Die Originalausgabe erschien 2007 unter dem Titel »MASS CAREER CUS-
TOMIZATION« bei der Harvard Business School Press. Copyright © 2008
Harvard Business School Publishing Corp.

Bibliografische Information der Deutschen Nationalbibliothek:
Die Deutsche Nationalbibliothek verzeichnet diese Publikation in der
Deutschen Nationalbibliografie. Detaillierte bibliografische Daten
sind im Internet unter http://dnb.d-nb.de abrufbar.
ISBN 978-3-593-38780-2

Umschlaggestaltung: Guido Klütsch, Köln
Satz: Publikations Atelier, Dreieich
Druck und Bindung: Druckhaus »Thomas Müntzer«, Bad Langensalza
Gedruckt auf säurefreiem und chlorfrei gebleichtem Papier.
Printed in Germany

Besuchen Sie uns im Internet: www.campus.de

Den Schöpfern unserer Zukunft gewidmet

Inhalt

Kapitel 1

Von der Leiter zum Gitter

> Man sagt immer, die Zeit ändere die Umstände,
> aber in Wirklichkeit muss man sie selber ändern.
> *Andy Warhol*

Schon seit der Erfindung firmeninterner Hierarchien zu Beginn des Industriezeitalters vor zwei Jahrhunderten gilt der Aufstieg auf der Karriereleiter als Messlatte für persönlichen Erfolg. Doch die innerbetriebliche Hierarchie ist nicht mehr, was sie einmal war, und dasselbe gilt auch für die Karriereleiter oder die Belegschaft.

Eine Kombination von marktwirtschaftlichen und demografischen Faktoren innerhalb der letzten 20 Jahre hat Hierarchien komprimiert, die Karriereleiter verkürzt und die Auswahl an aufstiegswilligen, hoch qualifizierten Arbeitnehmern reduziert. Darüber hinaus haben weitere wirtschaftliche und gesellschaftliche Einflüsse die Zusammensetzung der Arbeitnehmerschaft hinsichtlich des Geschlechts und der kulturellen Vielfalt verändert. Infolgedessen haben sich auch die Vorstellungen und Erwartungen, die Angestellte hinsichtlich eines »normal« guten Lebensstils haben, deutlich gewandelt.

In nur 17 Prozent aller Haushalte gibt es heutzutage einen erwerbstätigen Ehemann und eine nicht erwerbstätige Frau, im Gegensatz zu 63 Prozent im Jahr 1950, als die ersten geburtenstarken Jahrgänge noch nicht einmal im Kindergarten waren. Da nunmehr 83 Prozent aller US-amerikanischen Haushalte als »nicht traditionell« angesehen werden, ist es kein Wunder, dass viele Manager ansteigende Spannungen spüren oder sich schon damit konfrontiert sehen.

Diese Spannungen haben ihre Wurzeln in der Diskrepanz zwischen dem traditionellen Arbeitsplatz und der weitgehend nicht traditionellen Belegschaft sowie in dem bemerkenswerten Wandel der Wirtschaftswelt hin zu einer zunehmend wissensorientierten Dienstleistungsgesellschaft. Diese Veränderungen erforderten von Arbeitgebern und Arbeitnehmern gleichermaßen rasante Anpassungen – und alles innerhalb einer kurzen Zeitspanne von nur zwei Generationen.

Führungskräfte müssen sich daher dringend fragen, wie sie ihre Normen und Abläufe am Arbeitsplatz mit der Realität der modernen, nicht traditionellen Belegschaft in Einklang bringen können. Die Antwort liegt, um es kurz zu sagen, in dem System der individualisierten Karriereentwicklung oder Mass Career Customization (MCC™).

MCC basiert auf der überaus wichtigen Erkenntnis, dass die Karriereentwicklung in einer wissensorientierten Wirtschaft in zunehmendem Maße der Form einer Sinuskurve ähneln wird, einer Wellenbewegung von im Lauf der Zeit zyklisch steigenden und fallenden Phasen. In einer Zeit, in der die arbeitende Bevölkerung stetig abnimmt, erwerben Unternehmen einen nachhaltigen Wettbewerbsvorteil, wenn sie dafür sorgen, dass Arbeitnehmer sich mit einbezogen und der Firma verbunden fühlen. MCC liefert das System für die betriebliche Anwendbarkeit, das genau dafür sorgen wird.

Die MCC bietet eine Struktur, einen systematischen Ansatz und eine betriebliche Fachsprache, mit deren Hilfe Unternehmen die Talente, die Karrierewünsche und die sich im Lauf der Zeit ändernden Lebensumstände ihrer Arbeitnehmer miteinander in Einklang bringen und dabei auch die sich weiterentwickelnden Marktstrategien des Unternehmens und seinen entsprechenden Bedarf an talentierten Mitarbeitern berücksichtigen können. Darüber hinaus erkennt die MCC die wechselnden Tempi in der Karriereentwicklung heutiger Wissensarbeiter und trägt ihnen Rechnung, indem sie eine praktikable Lösung für die Dilemmas anbietet, denen die Mitarbeiter auf ihrer Suche nach einem ausgewogenen Verhältnis zwischen Karriere und Privatleben begegnen.

Auf diese Weise leistet die individuelle Karriereentwicklung mittels der MCC für Karrieren, was die individualisierte Massenfertigung (Mass Product Customization) für die Gebrauchsgüterindustrie geleistet hat: Nämlich einen Ansatz, der auf Einheitsgrößen für alle beruhte, durch eine ganze Palette von individualisierten Produktangeboten zu ersetzen. Denn was waren die Ergebnisse der individualisierten Massenfertigung? Höhere Profite und niedrigere Kosten, mehr Zufriedenheit beim Kunden und größere Kundentreue für die Produzenten.

Ebenso schafft die individualisierte Karriereentwicklung deutliche Wettbewerbsvorteile: Die MCC verbessert die Zufriedenheit der Belegschaft am Arbeitsplatz, was zu erhöhter Loyalität führt; sie bietet hoch qualifizierten Mitarbeitern mehr Möglichkeiten für ein kontinuierliches, lang anhaltendes Arbeitsverhältnis, was die Produktivität steigert; und sie reduziert Kosten durch geringere Fluktuationsraten qualifizierter Mitarbeiter.

Was die moderne Belegschaft erfordert

Das System der MCC ist eine strukturierte Reaktion auf den Niedergang der firmeninternen Karriereleiter und den Aufstieg eines anpassungsfähigeren Modells der Karriereentwicklung, des sogenannten firmeninternen Karrieregitters. Zu diesem Namen hat uns die Mathematik inspiriert. In einem mathematischen Gitter kann man sich in viele verschiedene Richtungen zwischen einer Datenmenge und ihren Teilmengen bewegen, ohne sich auf vertikale Aufwärts- oder Abwärtsbewegungen beschränken zu müssen.[1] Darüber hinaus lassen sich Gitterstrukturen in theoretischen Überlegungen unendlich und in jeder Größe wiederholen.

In der Realität finden wir Gitter als alltägliche Gegenstände an ganz normalen Orten wie in Rosengärten und als Efeustützen. Sie dienen dort als Struktur für das Wachstum der Pflanzen, die mit ihrer Hilfe in zahlreichen Windungen, Drehungen und Richtungen doch letztlich stets nach oben streben. Während Leitern einen auf eine Richtung – nach oben – begrenzten Weg aus unveränderlichen Sprossen darstellen, bieten Gitter weitaus mehr Wahlmöglichkeiten (vergleiche Abbildung 1.1).

Indem die MCC Angestellten und Managern ein praktikables, verständliches Gerüst zur Individualisierung der Karriereentwicklung an die Hand gibt, macht sie den erfolgreichen Übergang von der Karriereleiter zum Karrieregitter möglich, der sich bereits in zunehmendem Maße in Großunternehmen abzuzeichnen beginnt. Aus Unternehmensperspektive ist die MCC eine unkomplizierte neue Methode, um mit dem Marktwachstum Schritt zu halten, hoch qualifizierte Mitarbeiter anzuziehen und an sich zu binden und die interne Ausbildung von Führungskräften zu stärken. Aus Sicht der Mitarbeiter stellen das Karrieregitter und der Gedanke, Karrieren individuell auszurichten, Alternativen zu den Alles-oder-Nichts-Entscheidungen dar, mit denen weiterhin viele Arbeitnehmer, und traditionell besonders Frauen, an vielen Punkten in ihrer Karriere konfrontiert sind.

Abbildung 1.1: Leiter versus Gitter

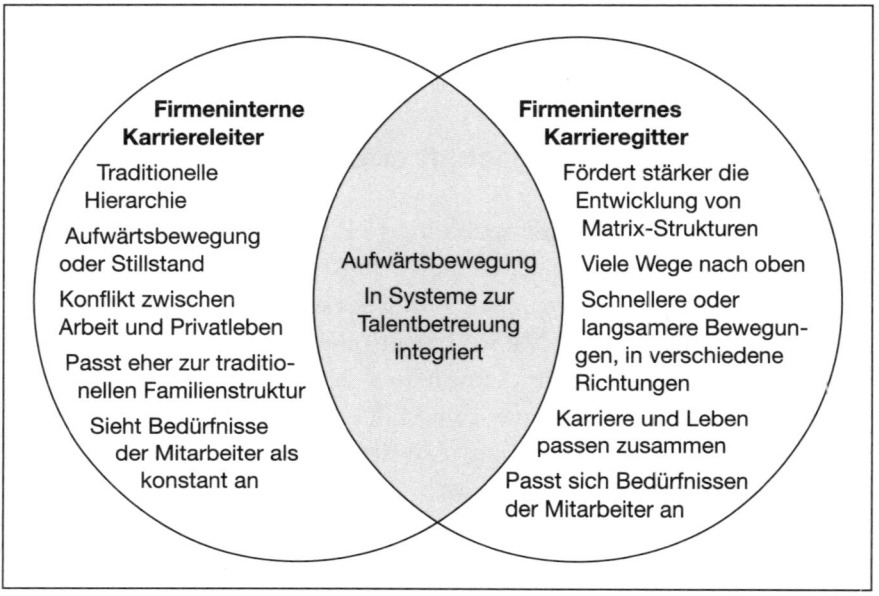

In der modernen Arbeitswelt besteht ein dringender Bedarf an solchen Alternativen. Besonders Frauen sprechen schon lange, bevor sie Teil des Arbeitsmarkts werden, offen mit Freunden darüber, wie sie sich zwischen Karriere und Familie entscheiden werden. Sie sehen voraus, dass nach einigen Berufsjahren in Unternehmen oder bei wissensbasierten Dienstleistungsfirmen hoch interessante Beförderungsangebote auf ihren Tisch kommen werden – und dass diese Angebote zeitlich mit ihrer biologischen Uhr kollidieren werden. Der Albtraum jüngerer Frauen ist, in einem Arbeitsplatzmodell gefangen zu sein, das von der Karriereleiter dominiert wird und in dem es außer aufzusteigen oder die Leiter komplett zu verlassen nur wenige Möglichkeiten gibt.

Es ist auch ein Problem für Arbeitgeber, dass Frauen zwischen Karriere und Familie hin- und hergerissen sind. Heute wird in den Vereinigten Staaten mehr als die Hälfte aller Führungspositionen mit Frauen besetzt und fast 60 Prozent aller Abiturienten und Studenten sind Frauen.[2] Es sind jedoch nicht nur Frauen, die sich sorgen, in der Zukunft unvorteilhafte Kompromisse eingehen zu müssen. Viele Männer der sogenannten Generationen X und Y, deren Alter sich heute also zwischen 18 und den frühen Vierzigern bewegt, sagen, dass sie anders als die geburtenstarken Jahrgänge nicht unbedingt auf der Karriereleiter aufsteigen wollten, wenn es zu sehr auf Kosten ihrer Familien und ihres Privatlebens ginge.[3] Sie legen Wert auf sinnvolle Karrieren und ein sinnvolles Privatleben.[4]

Die Wahl zwischen diesen Kompromissen verursacht dann besonderen Stress, wenn Arbeitnehmer Familien gründen. Für viele Männer und Frauen der Generation X und bald auch für die Generation Y ist dieser Schritt ins Erwachsenenleben hoch aktuell. Auch das Unternehmen leidet unter den Auswirkungen des Konflikts zwischen Karriere und Privatleben ihrer Angestellten. Vielfach haben sie in teure Fortbildungen und Ähnliches investiert, damit eben diese Mitarbeiter Leitungsfunktionen übernehmen, zu Netzwerken beitragen und zu potenziellen Führungskräften ausgebildet werden. Wenn ein Unternehmen an diesem entscheidenden Punkt Mitarbeiter halten kann, werden sie ihm sehr wahrscheinlich treu bleiben; die Mitarbeiter jedoch, die sich entscheiden zu gehen, kommen gewöhnlich nicht zurück.

Warum hier und jetzt?

Warum also müssen wir uns gerade hier und jetzt der Erkenntnis stellen, dass unsere Betriebsstrukturen sich von einer Leiter- hin zu einer Gitterstruktur entwickeln, und dass wir darauf reagieren müssen? Zum einen deswegen, weil gegenwärtig sechs Haupttrends, die uns alle einzeln vermutlich bereits vertraut sind, konvergieren und dadurch das Management vor eine noch nie zuvor gesehene Herausforderung stellen (vergleiche Kasten »Sechs konvergierende Trends der Belegschaft«).

Diese Trends waren schon jahre- oder sogar jahrzehntelang erkennbar, aber nun, da sie konvergieren, beschleunigt und verstärkt sich dieser Prozess. Zum Teil schwächten bestimmte Faktoren die Auswirkungen der Trends lange ab, aber diese Faktoren sind nun selber am Schwinden. Ein solcher Faktor war zum Beispiel die hohe Einwanderungsrate in die USA vor den Terroranschlägen am 11. September 2001, unter der sich unbemerkt der Trend rückläufiger einheimischer Mitarbeiterzahlen verbarg.[5]

Sechs konvergierende Trends der Belegschaft

- Sinkende Anzahl qualifizierter Mitarbeiter
- Veränderte Familienstrukturen
- Steigende Anzahl weiblicher Arbeitnehmer
- Gewandelte Erwartungen männlicher Mitarbeiter
- Neue Erwartungen der Generationen X und Y
- Zunehmende Bedeutung moderner Technologie

Als Resultat haben sich die Zusammensetzung, die Meinungen und die Fähigkeiten der Belegschaft stark verschoben. Mittlerweile ist es für die meisten offensichtlich, dass etwas in der Luft liegt. Unser Ziel ist es daher unter anderem, die heutige Situation in das Gesamtbild einzuordnen, um pragmatisch darauf reagieren zu können.

An dieser Stelle möchten wir einige grundlegende Resultate kürzlich erschienener Untersuchungen anführen, die unterstreichen, wie strategisch bedeutend und anspruchsvoll die gegenwärtigen Veränderungen der Belegschaft sind. Die Trends und ihre Auswirkungen werden wir in Kapitel 2 detaillierter untersuchen. Zunächst einmal wird die amerikanische Belegschaft laut Prognosen für den Zeitraum von 2010 bis 2020 nur um 4 Prozent wachsen und von 2020 bis 2030 sogar nur um 3 Prozent anstelle von 12 Prozent in diesem Jahrzehnt. Dies basiert auf der gegenwärtigen und prognostizierten Geburtenrate und beinhaltet wahrscheinliche Zuwanderungszahlen. Daraus ergibt sich eine jährliche Wachstumsrate von kümmerlichen 0,3 Prozent im Jahr 2020 anstelle von momentan 1 Prozent.[6] Gegenwärtige Prognosen über personelle Zuwanderung und wirtschaftliche Ausgliederung ins Ausland, wie zum Beispiel nach Indien, China und so weiter, sind in dieser Vorhersage berücksichtigt.

Frauen andererseits stellen einen wachsenden Anteil des Arbeitsmarktes dar. Sie spielen schon seit über 25 Jahren in Firmen Versuchskaninchen, indem sie ihre Karriere mit ihrer Familie zu verbinden versuchen, manchmal durch erfolgreich ausgehandelte Einzelfallregelungen und manchmal, indem sie frustriert aufgeben.[7] Nach Meinung vieler Forscher waren die

70er Jahre der Zeitpunkt, als traditionelle Vorstellungen von Arbeitszeiten und Arbeitsorten zusammenzubrechen begannen. Seit dieser Zeit erschienen auch Frauen, und besonders Frauen mit Kindern, in zunehmendem Maße auf dem Arbeitsmarkt. Mittlerweile haben sie sich als unerlässliche Mitarbeiterinnen etabliert und nehmen auch immer mehr Führungspositionen in der wieder erstarkenden Wirtschaft ein.

Aber auch Männer, besonders jene der schon erwähnten Generationen X und Y, sind unterdessen laut Untersuchungen immer unzufriedener mit den unflexiblen Erwartungen ihrer Vorgesetzten, wann und wo man zu arbeiten hat.[8] Relativ wenige Männer haben das Gefühl, sie dürften Kompromisslösungen und veränderte Prioritäten zwischen der Bedeutung ihrer Karriere und ihres Familienlebens diskutieren.[9] Doch laut James J. Sandmann, von 1995 bis 2005 geschäftsführender Teilhaber bei Arnold & Porter, einer der renommiertesten Washingtoner Anwaltskanzleien, gaben Männer, welche die Firma verließen, in den letzten Jahren ausdrücklicher als zuvor ihren Wunsch nach mehr Familienleben und Freizeit als einen Hauptgrund dafür an, nicht mehr in großen Anwaltskanzleien tätig sein zu wollen. »Dies ist ein viel weitreichenderes Thema als nur ein Frauenthema«, sagte er.[10]

Männer sind auf der Suche nach einer Lösung tatsächlich oft in einer schlechteren Position als Frauen. Sie fürchten, dass sie als weniger engagiert eingestuft werden, weniger interessante Arbeit bekommen oder im schlimmsten Fall sogar aufs Abstellgleis geschoben werden. Dennoch sind mindestens 90 Prozent des Arbeitsmarktes noch immer auf das Familienleben und den Lebensrhythmus der ersten Hälfte des 20. Jahrhunderts zugeschnitten, als Frauen normalerweise zu Hause die Kinder erzogen und die Männer 40-Stunden-Wochen in Fabriken, Büros oder Geschäften verbrachten. Der Wendepunkt in der Handhabung des Projekts »Arbeitsplatz« ist erreicht, und es ist endlich an der Zeit, diese veralteten Regelungen zu modernisieren.

Der neue Maßstab: Individualisierte Karrieren durch die MCC

Das Verhältnis zwischen Arbeitgebern und Angestellten muss sich von starren, stillschweigend akzeptierten Verträgen entfernen und zu einer durchschaubaren, kontinuierlichen Zusammenarbeit werden. Das System der MCC ist hierbei der künftige Maßstab, um im Moment wie auch in der Zukunft die Karrierewünsche der Mitarbeiter mit den Bedürfnissen des Unternehmens zu beiderseitiger Zufriedenheit zu vereinen.

Karriereindividualisierung durch MCC beruht auf den folgenden Grundsätzen:

- Mitarbeitern mehr Wahlmöglichkeiten zur Planung von Karriereentwicklungen zu bieten, die geänderten Umständen angepasst werden können.
- Karriereplanung ausdrücklich zur gemeinsamen Aufgabe von Unternehmen und individuellen Mitarbeitern zu machen.
- Entwicklungsbereitschaft für Unternehmen sowie für den einzelnen Mitarbeiter zu einer Grundkompetenz zu erheben.
- Kompromisse und Wahlmöglichkeiten durchschaubarer zu machen, was zu besserer Planung, besseren Entscheidungen und größerer Zufriedenheit führt.
- Wahlmöglichkeiten zu bieten, die für Mitarbeiter und Unternehmen von Vorteil sind.
- Loyalität und Zusammengehörigkeitsgefühl zu fördern, um die Unternehmensbindung qualifizierter Mitarbeiter zu verbessern.

Wir Verbraucher haben uns daran gewöhnt, dass Produzenten und Handel uns alles Mögliche auf uns persönlich zugeschnitten anbieten – Computer, Jeans, Turnschuhe und sogar das Rechnungsdatum unserer Kreditkarten. Warum sollten wir dieses beliebte und einträgliche Konzept der freien Wahl zwischen vorgefertigten Angeboten nicht vom Konsumgütermarkt auf den Arbeitsplatz ausweiten?

Die individuelle Anpassung von Karrieren mittels des Systems des Karriegitters bietet Angestellten und Unternehmen unzählige Vorteile, ganz im Gegensatz zu den begrenzten Wahlmöglichkeiten der Karriereleiter. Zum Beispiel wächst in den Generationen X und Y die Besorgnis, dass viele Mitglieder der geburtenstarken Jahrgänge nicht in den Ruhestand gehen werden, sondern stattdessen eine gläserne Decke aus Mitarbeitern im Rentenalter formen werden. Sie sorgen sich, dass es aufstiegswillige jüngere Generationen unnötige Jahre kosten wird, diese Decke mittels der firmeninternen Karriereleiter zu durchbrechen.[11] Das Karrieregitter jedoch erlaubt es jüngeren und älteren Generationen, parallel zueinander zu arbeiten und sich weiterzuentwickeln, da es viele verschiedene Wege nach oben ermöglicht. Frauen mit jahrelanger Erfahrung in einem Unternehmen können so weiterarbeiten, ohne das System verlassen zu müssen, selbst wenn sie aufgrund familiärer Verpflichtungen ihre berufliche Mitwirkung zeitweise beschränken müssen.

Das Karrieregitter der MCC bietet ganz neue Möglichkeiten, gerade um jüngere Mitarbeiter anzuwerben und langfristig zu halten, da sie daran interessiert sein werden, ihre Karriere schneller oder langsamer voranzutreiben zu können, je nach ihren jeweiligen Lebensumständen. Ebenso eröffnet das Karrieregitter bessere Möglichkeiten für Mitarbeiter, die, wenn die Kinder erwachsen sind, dem Unternehmen mehr Zeit widmen möchten. Dasselbe gilt für die alternden geburtenstarken Jahrgänge, die vielleicht etwas langsamer sind und Zeit auf ihr Privatleben verwenden möchten, ohne die Alles-oder-Nichts-Entscheidung treffen zu müssen, in Ruhestand zu gehen oder in Positionen bleiben zu müssen, die hundertprozentigen Einsatz erfordern.

Wenn Führungskräfte die Auswirkungen der sechs Trends auf ihre Belegschaft erkennen und sich ihnen anpassen, werden sie besser imstande sein, wirkungsvoll zu reagieren, statt den Entwicklungen hinterherzuhinken. Wer die nötigen Veränderungen am besten umsetzt und konsequent weiterverfolgt, kann sogar bedeutende Wettbewerbsvorteile daraus ziehen.

Einige Unternehmen haben schon erfolgreich und ohne bedeutende Änderungen ihrer Arbeitsplatzregelungen oder Abläufe, also ihrer Humankapitalsysteme, auf einige der sechs Trends reagiert. Doch auch sie werden noch einfallsreicher und mit mehr Eigeninitiative vorgehen müssen. Um mit der neuen Belegschaft Schritt zu halten, müssen Unternehmen den Arbeitsplatz grundlegend durchdenken und ihre Personalregelungen, Unternehmensstrukturen und die Unternehmenskultur (inklusive ihrer eigenen Meinungen) so umformen, dass sie ihre leistungsstarken Mitarbeiter und begabten Nachwuchskräfte bei der Karriereindividualisierung unterstützen.

Wir sind der Meinung, dass zahllose hochwertige oder vielversprechende Mitarbeiter, die in den letzten Jahrzehnten Unternehmen verlassen oder in anderer Weise ihr Potenzial nicht ausgeschöpft haben, von ihren Arbeitgebern hätten gehalten werden können, wenn zum Zeitpunkt ihrer Kündigung die Möglichkeit zur Karriereindividualisierung schon klar und praktikabel verfügbar gewesen wäre. Die Höhe der sich ergebenden Verluste wird in einer grundlegenden Untersuchung der Professorin Myra M. Hart angedeutet. Ihre Auswertung zeigt, dass fünf oder mehr Jahre nach ihrem Abschluss 62 Prozent der Absolventinnen der Harvard Business School mit einem oder mehr Kindern entweder gar nicht oder nur Teilzeit arbeiteten.[12] Eine vergleichbare Studie mit Absolventinnen der Stanford Graduate Business School ab 1970 zeigt, dass 35 Prozent der Frauen eine Karrierepause von mindestens einem Jahr einlegten und 64 Prozent davon hierfür Familiengründe angaben.[13]

Die vielfältigen Karrierewege, welche die Anwendung der Prinzipien der Karriereindividualisierung ermöglicht, kann ein Mitarbeiter in der unflexiblen Einheitsstruktur der Karriereleiter und den damit verbundenen Denkhaltungen nicht verfolgen. Einige als Zusatz zum traditionellen System individuell ausgehandelte Einzelfallregelungen funktionierten, während ebenso viele anscheinend versagten und den Mitarbeitern die Karriereleiter verbauten.[14] Andere Angestellte mussten die Karriereleiter verlassen, ohne die Option einer Einzelfallregelung überhaupt gehabt zu haben.

Unsere ersten Erfahrungen bei der Umsetzung des Systems und der Verfahren der MCC weisen deutlich darauf hin, dass Mitarbeiter sie bei weitem dem momentan gängigen System vorziehen, das zur Vereinbarung von Karriere mit Familien- und Privatleben verfügbar ist: der flexiblen Arbeitszeitregelung.

Flexible Arbeitszeitregelungen: lobenswert, aber keine Lösung

In den 80er Jahren begannen Unternehmen etwas widerwillig – auf zunehmenden Druck ihrer Mitarbeiter –, Regelungen einzuführen, die mehr Möglichkeiten zur Vereinbarkeit von Berufstätigkeit mit Kindererziehung und anderen Familienumständen boten. Wieder einmal zielten diese Änderungen jedoch hauptsächlich auf Frauen ab. Die ersten Schritte in Richtung Gleitzeit waren oft Erziehungsurlaub und flexible Arbeitszeiten. Diese und ähnliche Zugeständnisse haben seitdem Hochkonjunktur und werden unter der Bezeichnung »flexible Arbeitssysteme« zusammengefasst.

In den 90er Jahren verbreiteten sich formalisierte flexible Modelle, da Unternehmen ihre Bedeutung für die Anwerbung leistungsstarker Mitarbeiter und ihre Bindung an das Unternehmen erkannten.[15] Diese wurden allerdings im besten Fall halbherzig eingeführt, wie die folgenden Zahlen zeigen: Seit den 70er Jahren sind Millionen von Frauen im Alter über 30 Jahren und mit Kindern der erwerbstätigen Bevölkerung beigetreten, und doch geben heutzutage noch immer hoch talentierte Frauen mit großem Potenzial den Konflikt zwischen Arbeit und Privatleben als einen Hauptgrund für ihre Kündigung an. »Trotz enormer Nachfrage« unter Mitarbeitern sei der Zugang zu Gleitzeit für weniger als ein Drittel von ihnen festgeschrieben, berichtete Charles Rodgers, ein bahnbrechender Advokat besserer Wahlmöglichkeiten am Arbeitsplatz, in einer Studie von über 20 Großunternehmen im Jahr 1992.[16]

»Das Interesse an flexibleren Arbeitsabläufen resultiert aus der enormen Zeitknappheit, mit der viele Angestellte mit erheblichen familiären Verpflichtungen konfrontiert sind«, schrieb Rodgers. »Unsere gegenwärtigen Regelungen, Zeitpläne und Unternehmensphilosophien sind nicht mehr angemessen für diesen wichtigen Sektor der Belegschaft und hindern Mitarbeiter, so produktiv wie möglich zu sein.«[17]

Wie wir detaillierter in Kapitel 3 untersuchen werden, legen neuere Studien eine größere Verfügbarkeit flexibler Arbeitszeitmodelle dar, deuten aber gleichzeitig an, dass sich ansonsten nicht viel geändert hat.[18] Diese flexiblen Arbeitszeitmodelle konzentrieren sich hauptsächlich auf Erziehungsurlaub und Teilzeitarbeit wegen Kindererziehung und in zunehmendem Maße auf Altenpflege. Viele Angestellte glauben jedoch, dass ein Antrag auf eine flexible Arbeitszeitregelung von Kollegen und Arbeitgebern als fehlendes Engagement ausgelegt würde. Außerdem halten Männer flexible Arbeitszeitmodelle für eine reine Frauensache; und dies entspricht in den meisten Unternehmen durchaus der Realität: Denn Frauen, und besonders erwerbstätige Mütter, stellen noch immer die überwiegende Mehrheit der Angestellten mit einer flexiblen Arbeitszeitregelung.[19]

Viele Manager sehen flexible Arbeitszeitmodelle im besten Fall als lästige Notwendigkeit, um einen Mitarbeiter zufriedenzustellen, und im schlimmsten Fall als Ärgernis beim Erreichen wirtschaftlicher Ziele – ihrer wirtschaftlichen Ziele. Die Folgen für den Mitarbeiter sind unklar und bleiben oft unausgesprochen, da Arbeitgeber und Angestellte beim Aushandeln einer flexiblen Arbeitszeitregelung oftmals nicht die Auswirkungen auf Abfindung, Beförderungen und zu erwartende Arbeitsleistung besprechen, was zu divergierenden Erwartungen führt. Obgleich flexible Arbeitszeitmodelle formal Verträge zwischen Angestellten und Vorgesetzten sind, haben sie darüber hinaus Auswirkungen auf alle anderen Mitglieder ihres Teams oder ihrer Abteilung, deren Arbeit sich mit ihrer eigenen überschneidet. Einige Kollegen finden, dass sie ständig »Zugeständnisse machen müssen«, während Kunden die verminderte Ansprechbarkeit zum Beispiel eines Kontoberaters mit flexibler Arbeitszeit als Unannehmlichkeit oder schlechten Service auslegen könnten.

Zudem werden flexible Arbeitszeitmodelle als teuer für das Unternehmen als Ganzes und speziell für den Vorgesetzten angesehen, weil es kein abstufbares Muster gibt. Flexible Arbeitszeitregelungen müssen als Einzelfälle vom Vorgesetzten und Mitarbeiter ausdiskutiert werden, ohne auf sonderlich viele existierende Strukturen oder Richtlinien aufbauen zu können. Flexible Arbeitszeitregelungen nehmen auch in zunehmendem Maße die Zeit von Vorgesetzten in Anspruch, wie Sie es vielleicht schon selbst erlebt haben, da Bewerbungen für flexible Arbeitszeitmodelle überhandnehmen, und Erwartungen entsprechend schon bald die kritische Masse erreichen werden. Die neue Dringlichkeit der Diskussion des »warum hier und jetzt« beruht auf der schieren Größenordnung dieser Entwicklung und auf dem Faktor der kritischen Masse. Viele Manager erwarten jedoch noch immer, dass Vollzeitbeschäftigte alles Erforderliche tun sollten, um auf der Karriereleiter nach oben zu kommen, und sehen daher flexible Arbeitszeitmodelle als Notlösungen an.

Viele *Fortune*-500-Unternehmen und führende Beratungsdienstleister bieten schon seit mindestens zehn Jahren flexible Arbeitszeitmodelle verschiedener Art an, manche weisen sogar in ihrem Informationsmaterial für Bewerber darauf hin. Es steht jedoch fest, dass diese Sonderleistung die Mitarbeiter nicht in nennenswerter Anzahl zum Bleiben veranlasst hat. Warum ist das so? Flexible Arbeitszeitmodelle haben im Normalfall aus folgenden Gründen deutlich begrenzte Wirkung:

- Sie sind zeitpunktspezifisch, beziehen sich also nur auf einen bestimmten Zeitpunkt und Arbeitsort im Leben des Mitarbeiters.
- Sie sind oft nur in niedrigeren Positionen verfügbar, von denen es weit weniger gibt als von den Linienposten, über welche die meisten Wirtschaftstransaktionen abgewickelt werden.
- Sie sehen nicht voraus, dass sich familiäre und andere private Verpflich-

tungen im Lauf einer Karriere verändern – sich sowohl vermehren als auch vermindern.

- Sie beinhalten keine langfristige Planung der Karriereentwicklung eines Mitarbeiters bezüglich seiner Positionen, der Qualität der ihm zugewiesenen Arbeit, Beförderungsgeschwindigkeit und Verantwortung.

Als unbeabsichtigte Nebenwirkung dieser Mängel begrenzen flexible Arbeitszeitmodelle drastisch den potenziellen Karrierefortschritt von Mitarbeitern, die ihre kurzfristigen Vorteile in Anspruch nehmen müssen. Aus diesem Grund entmutigen die Nachteile flexibler Arbeitszeitregelungen ambitionierte Mitarbeiter. 40 Prozent aller Frauen mit Kindern zum Beispiel ziehen sich im Lauf ihrer Karriere zu irgendeinem Zeitpunkt gänzlich aus der Arbeitswelt zurück, meist aus Familiengründen.[20]

Nichtsdestotrotz haben sich Einzelfallverhandlungen über Arbeitsweisen und Arbeitszeiten vervielfacht, da mehr und mehr Männer und Frauen wollen, dass Arbeitgeber auf ihre Bedürfnisse eingehen.[21] Führungskräfte brauchen daher ein System, das Richtlinien vorgibt und flexibel den ganzen Verlauf einer Karriere berücksichtigt – anstelle einer zeitpunktspezifischen Lösung –, damit sie diese notwendigerweise sehr persönlichen Gespräche entspannter angehen können.

Ein neuer Maßstab entsteht

Individualisierte Karriereentwicklung durch die MCC bietet eben diese Richtlinien und Abstufbarkeit und außerdem die Transparenz und Kontinuität, die den flexiblen Arbeitszeitmodellen fehlen, sodass Manager effizienter mit Mitarbeitern deren Karriereplanung diskutieren können.

Ebenso wie sich erfolgreicher Verkauf und Fertigung in der Gebrauchsgüterindustrie von Einheitsgrößen abgewandt haben, stellt die MCC eine natürliche Weiterentwicklung der traditionellen auf »Einheitsgrößen für alle« basierenden Karriereleiter und der einzeln ausgehandelten flexiblen Arbeitszeitmodelle mit ihren rein zeitpunktspezifischen Lösungen dar. Die MCC ist ein System, mit dessen Hilfe Unternehmen multidimensionale, individualisierte Karrieren anbieten können. Der Lohn ist eine aktiver beteiligte und loyalere Belegschaft.

In den Kapiteln 4 bis 6 beschreiben wir die Kernpunkte der MCC, wie sie ineinander greifen und wie sie ganzheitlich die Karriereplanung und -entwicklung individueller Mitarbeiter unterstützen. Die kurze Erklärung in diesem Kapitel soll nur die vier Hauptdimensionen einer Karriere einführen und andeuten, wie die Auswahl dazwischen wirkliche Individualisierungsmöglichkeiten für eine Karriere bietet.

Die MCC setzt voraus, dass es eine begrenzte Anzahl von Wahlmöglichkeiten innerhalb von vier Karrieredimensionen (Geschwindigkeit, Arbeitspensum, Arbeitsort/Arbeitszeiteinteilung und Position) gibt. Sie bietet ein System, um diese Wahlmöglichkeiten als einen normalen Teil einer Karriere zu handhaben und nicht als besondere Zugeständnisse. Arbeitnehmer können in Übereinstimmung mit ihren Vorgesetzten die jeweils beste Option für ihre jeweiligen Lebensabschnitte und Karrierepläne auswählen und so ihre Karriere individualisieren. (Diese Auswahl wird periodisch durchgesprochen und kann so gegebenenfalls geänderten Umständen angepasst werden.) Individuelle Profile stellen dies grafisch dar und schaffen dadurch bei Mitarbeitern und Vorgesetzten klare Erwartungen bezüglich spezifischer Arbeitsbeiträge, bei Bewertungen und sich daraus ergebenden Prämien.

Abbildung 1.2: Ein typisches MCC-Mitarbeiterprofil

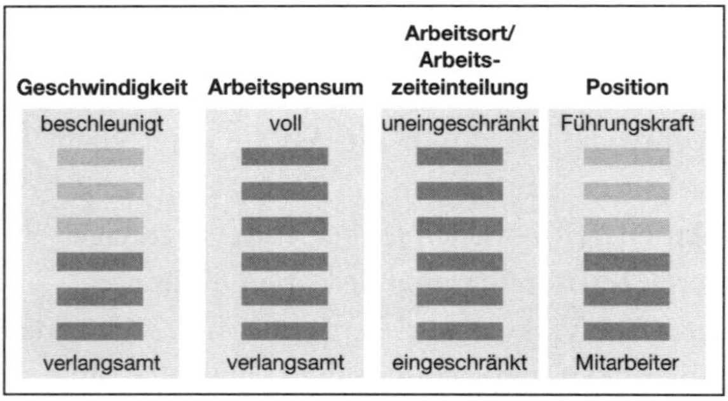

Die vier Dimensionen der MCC

Geschwindigkeit
Auswahl der Geschwindigkeit des Karrierefortschritts

Arbeitspensum
Auswahl bezüglich der Menge der zu bewältigenden Arbeit

Arbeitsort/Arbeitszeiteinteilung
Auswahl, wann und wo die Arbeit stattfinden soll

Position
Auswahl der Position und der Verantwortlichkeit

Abbildung 1.2 zeigt ein typisches MCC-Profil für einen Verkaufsleiter in der Mitte seiner Karriere. Der Balken für Geschwindigkeit bewegt sich in der Mitte der Skala, was zeigt, dass er sich auf einem mittleren Beförderungsgleis mit zunehmender Handlungsvollmacht und Verantwortung befindet. Er arbeitet Vollzeit und ohne Einschränkungen, reist also, wenn nötig und hat keine Beschränkungen bezüglich seines Arbeitsortes beantragt. (Dies kann man an den Einstellungen der Balken für Arbeitslast, »voll«, und Arbeitsort/Arbeitszeiteinteilung, »uneingeschränkt«, sehen.) Die Einstellung für Position, die sich in der Mitte der Skala bewegt, definiert ihn als mittlere Führungskraft.

Das MCC-Profil bietet eine Momentaufnahme einer Karriere zu einem beliebigen Zeitpunkt, aber es kann auch nach und nach abgeändert werden. Die MCC bietet breitgefächerte Auswahlmöglichkeiten für die Bedürfnisse heutiger Mitarbeiter, aber sie ist auch darauf ausgelegt, sich zukünftigen Entwicklungen und sich ändernden Prioritäten des jeweiligen Angestellten anzupassen. Oftmals wäre dies zum Beispiel eine Familiengründung, das Anstreben höherer Bildungsabschlüsse oder auch eine Karrierebeschleunigung, um ein berufliches Ziel schneller als auf dem normalen Beförderungsweg zu erreichen.

Elemente einer informellen Art von MCC gibt es schon vielerorts, allerdings in der Form mannigfacher Einzelfallregelungen. Mitarbeiter arbeiten zum Beispiel einen oder zwei Tage pro Woche von zu Hause aus (Arbeitsort/Arbeitszeiteinteilung) oder schlagen eine Beförderung aus (Geschwindigkeit), um Zeit für die Pflege ihrer alten Eltern zu haben. Eltern kleiner Kinder lassen sich aus Führungspositionen in die Belegschaft zurückversetzen, um nicht reisen zu müssen (Position), oder sie reduzieren ihre wöchentliche Arbeitszeit, um Zeit für all ihre Verpflichtungen zu gewinnen (Arbeitslast). Und so weiter ...

Die MCC gibt es schon

Wie wir bereits gesehen haben, erscheinen viele Fälle der formlosen MCC zunächst als eine ungewöhnlich gut organisierte, ganzheitliche Reihe von flexiblen Arbeitszeitmodellen. Im Rückblick erkennt man jedoch, dass es oft nur aus dem Bauch heraus improvisierte Entwicklungen waren, die glücklicherweise gut ausgingen. Nur in wenigen Einzelfällen gelingt es Angestellten, über Jahre hinweg mehrfach die Karriereleiter oder ein informelles Karrieregitter zu verlassen und wieder darauf zu gelangen.

Das folgende Beispiel einer Mitarbeiterin, Tina, beleuchtet, wie die informelle MCC in vielen Unternehmen funktioniert. (Siehe Kapitel 5 für die Untersuchung weiterer Beispiele der formlosen MCC.) Tinas Fall ist typisch, da es sich um eine Reihe von Einzelfallregelungen für flexible Arbeit handelt, die gut ausgingen und in der Tat mehrere Elemente des Systems der MCC beinhalteten. Dennoch betrachten wir hierbei retrospektiv eine Musterlösung für ein flexibles Arbeitszeitmodell, nicht aber ein Beispiel dessen, was wir uns für die Zukunft erhoffen.

Abbildung 1.3: Stufenweise Entwicklung von Tinas MCC-Profil

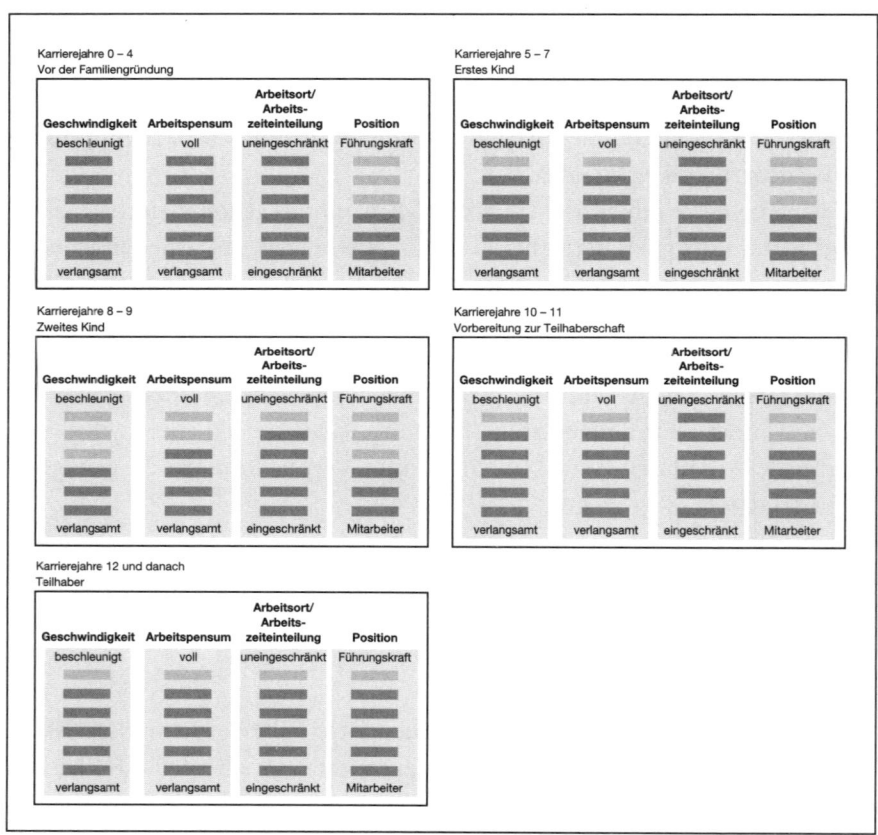

Abbildung 1.3 stellt dar, wie Tinas Karriereentwicklung zu fünf verschiedenen Zeitpunkten ausgesehen hätte, wenn es mit dem System der MCC

organisiert worden wäre. Jedes der fünf Profile beschreibt ein unterschiedliches Karrierestadium mittels der vier Dimensionen. Die Skala für Arbeitspensum variiert zum Beispiel vom höchstmöglichen Wert sechs in der Zeit vor der Elternschaft bis hinunter zu einem Wert von drei nach der Geburt des zweiten Kindes.

Der springende Punkt hierbei ist, wie bestimmte Werte auf den Skalen sich von Stadium zu Stadium verändern, da Tinas Arbeitsprofil sich den verschiedenen Ereignissen in ihrem Privatleben anpassen muss. In den ersten vier Karrierejahren arbeitet sie als Rechnungsprüferin und wählt die höchsten Einstellungen für drei der vier Arbeitsdimensionen. Bei der Arbeit mit einem wichtigen Kunden erzielt sie gute Leistungen und beeindruckt ihre Vorgesetzten. Vier Jahre später, nach ihrer beschleunigten Beförderung zur Leiterin der Rechnungsprüfung, geht sie für ihr erstes Kind drei Monate in Erziehungsurlaub. Nach ihrer Rückkehr reduziert sie ihr Arbeitspensum für die nächsten drei Jahre auf 90 Prozent (Karrierejahre 5 – 7). Kurz nach ihrer Beförderung zur höheren Führungskraft geht sie nach der Geburt ihres zweiten Kindes für sechs Monate in Erziehungsurlaub.

Sie kehrt danach mit einem Arbeitspensum von 70 Prozent zurück (um mehr Zeit für ihre Familie freizuhaben), zieht sich von der Betreuung eines prestigeträchtigen Kunden zurück und beschäftigt sich mit einem kleineren Projekt (Karrierejahre 8 – 9). Diese Tätigkeit bringt sie mit neuen Kollegen zusammen, die mit der Zeit Schlüsselrollen für ihren Karrierefortschritt zu spielen beginnen.

Sie wählt eine Einstellung von 85 Prozent Arbeitspensum (Karrierejahre 10 – 11), arbeitet weiter in der Rechnungsprüfung und fügt Elemente einer Führungsrolle hinzu, um sich als Kandidatin für die Teilhaberschaft hervorzuheben. In ihrem elften Arbeitsjahr wird sie Teilhaberin. Im folgenden Jahr behält sie ihre verringerte Arbeitslast bei, wechselt aber zu einer etwas flexibleren Einstellung bei der Arbeitszeiteinteilung, die sich besser mit den saisonalen Ansprüchen in der Rechnungsprüfung und mit direkten Projekten und Beratungen mit Klienten verträgt (Karrierejahre 12 +).

Wir können uns die Entwicklung von Tinas individuell maßgeschneiderter Mischung von Karriere und Familienleben als Sinuskurve mit steigenden und fallenden Phasen vorstellen, deren Tendenz im Lauf der Zeit beständig steigt. Dieser Prozess – über ein Jahrzehnt von Tina und ihren Vorgesetzten ausgehandelt und neu verhandelt – ermöglichte es ihr, ihre Fähigkeiten und Berufserfahrung in einem Tempo zu entwickeln, das sich mit ihren familiären Umständen vertrug. Außerdem legte sie so die Grundsteine für eine erfolgreiche Berufskarriere für ihre nächsten 30 Arbeitsjahre.

Ihr Arbeitgeber profitierte, weil er sich ihre Arbeitsleistung und ihre in ihrer Position angesammelte Erfahrung erhielt. Er sparte sich so die Kosten, die durch die Anwerbung, Einstellung und Ausbildung eines Nachfolgers entstanden wären, der außerdem vielleicht einige Jahre später mit den gleichen Problemen in Sachen Familiengründung konfrontiert gewesen wäre. Zusätzlich erzeugte das Unternehmen in einer Zeit eines zunehmend knappen Angebots an qualifizierten Mitarbeitern Loyalität.

Kompromisse aushandeln

Wir wissen, dass viele Führungskräfte und Manager anfangs ernste Zweifel äußern werden, ob eine individualisierte Karriereentwicklung mit der MCC überhaupt praktikabel ist. Was passiert, wenn auf einmal zu viele Anträge auf Teilzeitarbeit gestellt werden? Oder wenn zu viele Mitarbeiter beantragen, nicht reisen zu müssen oder nicht montags und dienstags zu arbeiten? Manager sehen diese und ähnliche Probleme voraus und befürchten, die Anforderungen des Unternehmens nicht gewährleisten zu können.

Eine Reihe von MCC-Pilotprojekten, die 2005 begannen, widerlegt diese Befürchtungen (siehe Kapitel 5). Überraschenderweise zeigte sich genau das Gegenteil: Sehr viele Mitarbeiter wollten ihre Profileinstellungen erhöhen, besonders hinsichtlich Geschwindigkeit und Arbeitspensum. Besonders Mitarbeiter unter 30 Jahren wollten weiter und schneller aufsteigen.

Allerorts gibt es Beweise für die unterschiedlichen Einstellungen und Ambitionen der verschiedenen Generationen. Ein Angehöriger der Generation X, ein Mitbegründer einer Immobilien-Investitionsgesellschaft und ehemaliger Angestellter der Bank of America, sagte gegenüber der Zeitschrift *Fortune*: »Mein Vater war ein treuer Angestellter, der 32 Jahre bei derselben Firma blieb … Aber meine Generation ist mehr auf schnelle Aufstiegschancen als auf Sicherheit bedacht.«[22]

Wenn viele Mitarbeiter ihre Skaleneinstellungen erhöhen beziehungsweise verringern wollen, bedeutet dies für Manager, dass der Stellenbesetzungsplan und die Beförderungsregelungen überarbeitet werden müssen. Für Mitarbeiter heißt es, dass eine geringere Wochenarbeitszeit geringere Bezahlung mit sich bringt. Da weniger Arbeitsstunden auch weniger Gesamtarbeitsleistung bedeuten, werden sie auch weniger schnell befördert. In solchen Fällen müssen Vorgesetzte lernen, die Arbeitsqualität von der Arbeitsquantität zu differenzieren, um die Arbeitsleistung eines Mitarbeiters sowohl absolut als auch relativ zu den gewählten Skaleneinstellungen zu bewerten.

Diese und ähnliche Kompromisse sind grundlegende Bestandteile des Systems der MCC. Sie müssen bei allen Entscheidungen eine Rolle spielen, bei denen ein Mitarbeiter seine Skaleneinstellungen für die vier Arbeitsdimensionen entsprechend seiner Karriereplanung auswählt. Die notwendigen Kompromisse sollten in regelmäßigen Gesprächen zwischen Beratern und Mitarbeitern angesprochen werden. Vorgesetzte, Berater und Mitarbeiter darauf vorzubereiten, solche Gespräche zu handhaben und sich darin zu engagieren, ist Teil der nötigen Veränderungen, um ein MCC-fähiges Unternehmen zu schaffen.

Selbstverständlich setzen Firmen mit einem ausgezeichneten Ruf für ihre Belegschaftsdynamik schon seit vielen Jahren einige der Elemente der MCC um. Lockheed Martin zum Beispiel benutzt ein Rotationsverfahren und versetzt vielversprechende Mitarbeiter an verschiedene Stellen, um ihnen so mehr Karrierewege und zukünftige Möglichkeiten aufzuzeigen, was ihnen eine bessere Auswahl ihrer gewünschten Rolle ermöglicht. Außerdem verpflichtet das Unternehmen erfahrenere Vorgesetzte der geburtenstarken Jahrgänge, für jüngere Mitarbeiter als Mentor und Berater in Sachen Karriereplanung zu agieren. Seit 2001 liegt die Personalfluktuation bei durchschnittlich 2,5 Prozent, weit unterhalb der zweistelligen Raten, die bei den meisten Wettbewerbern gang und gäbe sind.[23]

»Personalchefs versuchen, einen mit mehr Geld zu ködern, aber in Wirklichkeit geht es hier um eine Kombination all der Dinge, die dieses Unternehmen einem bietet, im Besonderen den Wert, der auf Fortbildung gelegt wird«, sagt Ngina McLean, eine 31-jährige Systemtechnikmanagerin. »Von den Firmen, für die ich gearbeitet habe, ist dies die einzige, wo ich mir vorstellen kann, mein ganzes Leben zu verbringen.«[24] Bei solchen Bewertungen ist es kein Wunder, dass Lockheed Martin, zusammen mit der Walt Disney Company und Deloitte, 2006 in einer Umfrage der *Busi-*

ness Week unter die ersten drei der »50 besten Unternehmen« für den Karrierestart von Universitätsabsolventen kam.[25]

Wie wichtig sind die Wahlmöglichkeiten mit der MCC?

Mithilfe des Systems der MCC können Mitarbeiter zusammen mit ihren Arbeitgebern vielfältige Wahlmöglichkeiten durchdenken, um ihren optimalen Karriereweg zu gestalten und in die Tat umzusetzen, ganz egal ob sie sich in der Zukunft entscheiden, diese Optionen wirklich zu ergreifen oder nicht. Allein zu wissen, dass dies möglich ist, und zu sehen, wie Kollegen ihre Prioritäten mit ihrer Karriere vereinen, stellt für Mitarbeiter einen starken Anreiz dar, dem Unternehmen in einem durchgängigen Arbeitsverhältnis treu zu bleiben, und für begehrte Bewerber einen sehr guten Grund, sich am Beginn ihrer Karriere für dieses Unternehmen zu entscheiden. Wenn Angestellte und Bewerber keine Anzeichen entdecken, dass sie ihre Karriere an persönlichen und professionellen Schlüsselmomenten individualisieren können, sehen sich viele von ihnen instinktiv nach Positionen um, die ihnen mehr Möglichkeit dazu bieten könnten. Dies geschieht sogar, wenn Mitarbeiter ansonsten sehr zufrieden mit ihrer momentanen Arbeitssituation sind, und die nächste neue Stufe in ihrem Leben noch mehrere Jahre entfernt ist.

Für alle Manager der höchsten Ebene ist es daher eine dringliche Priorität, die Diskrepanz zwischen den heutigen Arbeitsstrukturen und den neuen Realitäten der modernen, nicht traditionellen Belegschaft in Sachen Familie, persönlicher Gegebenheiten und Generationenwandel aufzulösen. Für diese Diskrepanz bietet die Gitterstruktur, die auf dem System der MCC und ihrer Wahlmöglichkeiten basiert, eine umfassende Lösung für Mitarbeiter und Arbeitgeber. Die Strukturen der MCC stellen sowohl sofortige Wahlmöglichkeiten als auch weitsichtige Planung bereit. Sie ermutigen alle Angestellten, besonders aber die als extrem wichtig für eine erfolgreiche wirtschaftliche Zukunft eingestuften Mitarbeiter, weiterhin loyal und engagiert zu bleiben.

Aufseiten des Unternehmens erhöht eine bessere Verbleibquote der Belegschaft die Konkurrenzfähigkeit durch beträchtliche Einsparungen im Personal- und Betriebsbudget. Da dies direkt zu mehr Kontinuität in der

Belegschaft führt, trägt es fundamental zu besserem Kundenservice, weniger Kundenabwanderung und letztendlich höheren Erträgen bei. Die jährliche Mitarbeiterfluktuation beläuft sich in vielen Branchen auf mehr als 15 Prozent, sodass ein schnell wachsendes Unternehmen mit atemberaubenden Kosten für die Rekrutierung neuer Mitarbeiter konfrontiert sein kann. Laut der übereinstimmenden Meinung der meisten Experten für Belegschaftsfragen kostet es mindestens doppelt so viel wie das Durchschnittsgehalt eines Mitarbeiters, um einen vergleichbar erfahrenen und fähigen Ersatz anzuwerben, auszubilden und an das Unternehmen zu binden. Diese Kosten können bis auf das Fünffache des Jahresgehalts des ehemaligen Mitarbeiters steigen, wenn die Stärke des Unternehmens auf dem Wissen und den analytischen Fähigkeiten seiner Mitarbeiter beruht.

Den gordischen Knoten des Problems »Mein Leben passt nicht in meine Arbeit, und meine Arbeit passt nicht in mein Leben« zu lösen ist ein anspruchsvolles Ziel für Angestellte wie für Arbeitgeber. Doch wie der Rest dieses Buches beweisen wird, bietet die individualisierte Karriereentwicklung mit der MCC eine überzeugende Antwort für beide Parteien.

Kapitel 2
Die Normalität ist heute nicht traditionell

> Alles fließt und nichts bleibt.
> *Heraklit*

Jeder Tag scheint neue Zeitungsartikel über den Wandel der Belegschaft zu bringen.[1] Die Schlagzeilen reichen vom Titelblatt des *Economist* »Die Suche nach begabten Mitarbeitern: Warum sie immer schwerer zu finden sind« über das Titelblatt von *Fortune*, »Fang an zu leben! Rund um die Uhr zu arbeiten ist out« bis zu »Arbeiten, ohne ins Büro zu gehen« in der *New York Times*.[2] Das Interesse der Medien zeigt, wie wichtig diese Themen für die Gesellschaft als Ganzes und daher auch für Führungskräfte in Unternehmen geworden sind. Dennoch werden die neuen Belegschaftstrends gewöhnlich noch immer als unzusammenhängend angesehen. Was haben arbeitende Mütter mit der Generation Y gemein, die scheinbar mehr Interesse an ihrem Sozialleben als an ihrer Arbeit hat? Was hat die rückläufige Anzahl von Universitätsabsolventen damit zu tun, dass immer mehr Männer »leben« wollen?

In diesem Kapitel untersuchen wir die sechs Haupttrends und zeigen, wie sie den Konflikt zwischen der Problematik der neuen Belegschaft und den Strukturproblemen am Arbeitsplatz noch verschlimmern. Selbstverständlich haben manche Unternehmen den einen oder anderen dieser Trends schon erfolgreich in Angriff genommen, ohne das System der Karriereleiter und betriebliche Arbeitsabläufe grundlegend neu strukturieren zu müssen. Die *Kombination* dieser Trends jedoch zwingt Unternehmen, auf die Bedürfnisse und Erwartungen der Wissensarbeiter zu reagieren und neue Methoden zu schaffen, wie die Arbeit auszuführen ist, und wie Karrieren sich entwickeln können.

Abbildung 2.1: Die sechs Haupttrends, die sich auf die Belegschaft auswirken

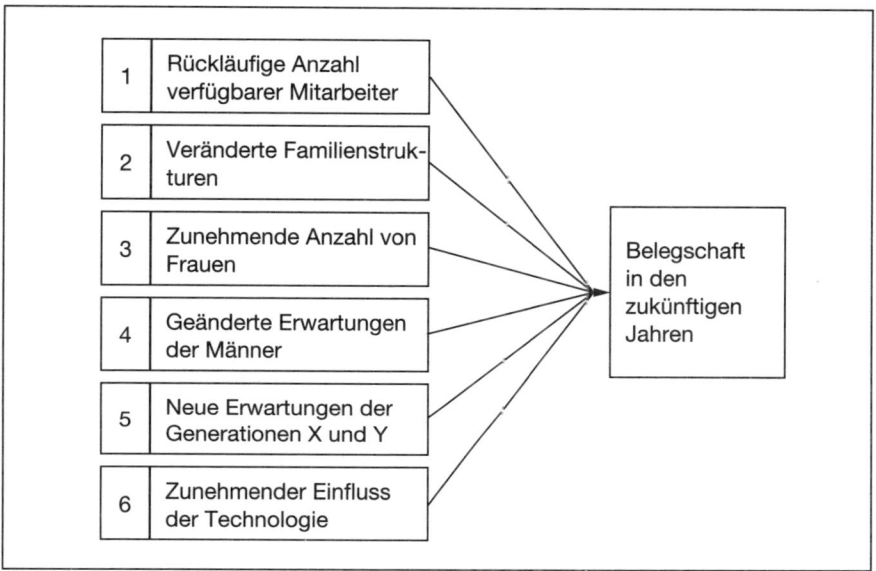

Trend 1: Der Mitarbeitermangel in der wissensorientierten Wirtschaft

Innerhalb der nächsten zehn Jahre ist zu erwarten, dass der Mangel an den begehrtesten Arbeitskräften infolge einer Anzahl verschiedener Faktoren zunimmt: 1) Die geburtenstarken Jahrgänge werden in den Ruhestand gehen. 2) Die Geburtenrate sinkt. 3) Die weltweite Nachfrage nach qualifizierten Arbeitskräften erhöht sich. 4) Die Anzahl der Universitätsabsolventen sinkt, relativ zu der steigenden Nachfrage nach gut ausgebildeten Mitarbeitern gesehen. 5) Immer weniger Oberschüler und sogar Hochschulabsolventen beherrschen Grundkompetenzen wie Schreiben und Mathematik.

Während die Wissenswirtschaft also gut ausgebildete Mitarbeiter mit angemessenen Kommunikations- und analytischen Fähigkeiten benötigt, gibt es heutzutage ein begrenztes Angebot an diesen Arbeitnehmern, und dieser Mangel wird sich innerhalb der nächsten zehn Jahre noch verschärfen. Die amerikanische Employment Policy Foundation schätzt, dass im Jahre 2012 die Diskrepanz zwischen der Anzahl der Hochschulabsolventen und der Anzahl der nötigen Mitarbeiter, um den durch Wirtschaftswachstum und den Ersatz von Ruheständlern entstehenden Bedarf zu decken, in den USA 6 Millionen betragen wird.

Einige Gewerbe und Bereiche sind bereits von dieser Kompetenzlücke betroffen.[3] Die Nasa sagt voraus: »US-amerikanische Hochschulen werden nur 198 000 Studenten [in Naturwissenschaften und Ingenieurwesen] ausbilden, um die zwei Millionen zählenden geburtenstarken Jahrgänge zu ersetzen, die zwischen den Jahren 1998 und 2008 in den Ruhestand gehen werden.«[4] Während man immer bessere Fähigkeiten benötigt, um mit der wissensorientierten Wirtschaft Schritt zu halten und Erfolg zu haben, zeigt eine Umfrage unter 431 Firmenleitern aus dem Jahr 2006, dass Arbeitsanfänger mangelhafte Schreibkenntnisse, inklusive Rechtschreibung und Grammatik, und fehlende Grundkenntnisse in Mathematik mitbringen.[5] Ein Drittel dieser Unternehmensleiter »bezweifelte, ob ihre Angestellten mit Hochschulabschluss einen einfachen Geschäftsbrief schreiben könnten.«[6]

Abbildung 2.2: Der vorhergesagte Alterswandel der Belegschaft zwischen 2004 und 2014 (in Tausenden)

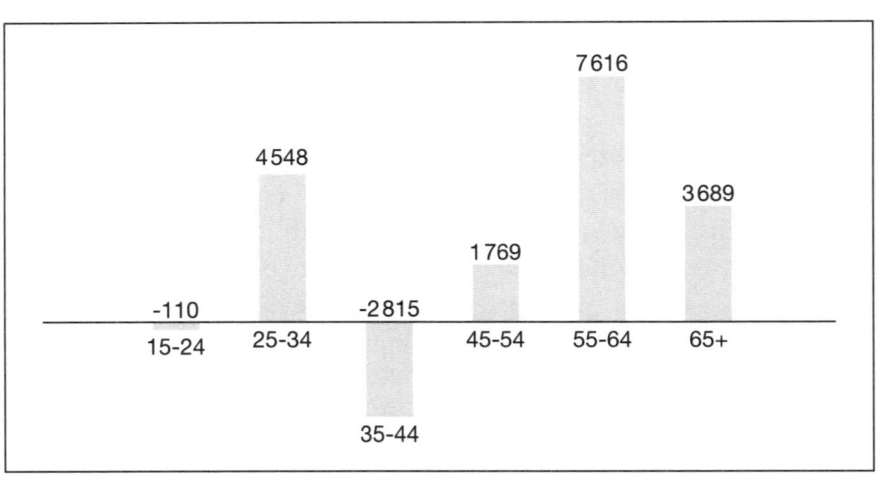

Quelle: US Arbeitsministerium, »Labor force«, in: Occupational Outlook Quarterly 49, Nr. 4 Winter 2005 2006, S. 46 53.

Selbst wenn Unternehmen ihre neuen Angestellten auf den erforderlichen Stand bringen können, gibt es immer weniger Neuzugänge auf dem Arbeitsmarkt. Mit etwa 80 Millionen Mitgliedern sind die geburtenstarken Jahrgänge beinahe doppelt so zahlreich wie die nachfolgende Generation X mit etwa 46 Millionen. Generation Y beläuft sich auf circa 76 Millionen Mitglieder und ist gerade erst im Begriff, dem Arbeitsmarkt beizutreten. Grafisch dargestellt sieht die Altersstruktur der geburtenstarken Jahrgänge und der Generation Y aus wie eine Sanduhr, da sich die jeweils größte Anzahl an Mitarbeitern an entgegengesetzten Enden des Karrierespektrums befindet.

Sich mit dem sinkenden Angebot an erfahrenen, gut ausgebildeten Mitarbeitern zu arrangieren ist nur einer der zu berücksichtigenden Faktoren. Weitere Faktoren sind zum Beispiel: Erstens nehmen erfahrene Führungskräfte, wenn sie ihren Job verlassen, ihr Wissen, ihre Erfahrung und ihre Sozialkompetenz mit, die sie über Jahre in verschiedenen Bereichen in ihren Unternehmen gesammelt haben. Dieses Wissen an die jüngeren Mitarbeiter, die ihre Position übernehmen sollen, weiterzugeben, ist von entscheidender Bedeutung. Dies ist auch der Grund, warum es mehr denn je strategisch notwendig ist, aufsteigende, erfahrene und engagierte Führungskräfte an das Unternehmen zu binden.

Zweitens liegt die Geburtenrate heute kaum noch bei 2,0 Kindern, die nötig wären, um die vorherige Generation zu ersetzen. Im Wesentlichen bedeutet dies, dass die Arbeitnehmerschaft nicht weiter wachsen wird. In ihrem Buch *Workforce Crisis: How To Beat the Coming Shortage of Skills and Talent* fassen die Autoren Ken Dychtwald, Tamara J. Erickson und Robert Morison dies folgendermaßen zusammen: »Die Wachstumsrate [der Belegschaft] wird von 12 Prozent in diesem Jahrzehnt auf nur 4 Prozent zwischen den Jahren 2010 und 2020 fallen, dann auf 3 Prozent in den Jahren von 2020 bis 2030. Dies bedeutet einen Rückgang der heutigen jährlichen Wachstumsrate von knapp über 1 Prozent auf schwache 0,3 Prozent um das Jahr 2020.«[7]

Während viele amerikanische Unternehmen davon ausgehen, Arbeitsplätze mit ausländischen Angestellten füllen zu können, beneiden ganz im Gegenteil viele Länder die USA um ihre Geburtenrate, besonders europäische Länder, die schon negative Geburtenraten verzeichnen. Es wurde schon berichtet, dass es Chinas herstellendem Gewerbe an unqualifizierten Arbeitern mangelt, und Studien zeigen, dass es einen Engpass talentierter Mitarbeiter in Chinas wissensorientiertem Exportdienstleistungssektor gibt.[8] Von den größten Industrienationen ist Indien die einzige, die bis 2050 eine größere Wachstumsrate der arbeitenden Bevölkerung erwarten kann als die USA und Mexiko (siehe Abbildung 2.3 für die Entwicklungsprognose der arbeitenden Bevölkerung).

Abbildung 2.3: Entwicklungsprognose der arbeitenden Bevölkerung (im Alter zwischen 15 und 64 Jahren) 1970 – 2010 und 2010 – 2050

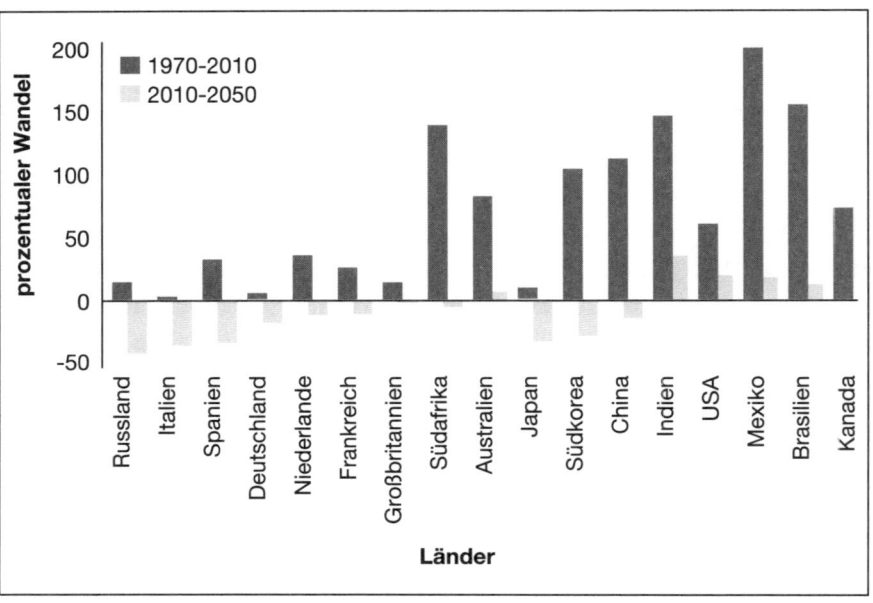

Quelle: Deloitte Research, »It's 2008: Do You Know Where Your Talent Is?«, New York 2004.

Drittens ist darüber hinaus die Zuwanderung qualifizierter Arbeitnehmer in die USA am Sinken, was eine Folge sowohl der Änderungen in der amerikanischen Einwanderungs- und Sicherheitspolitik als auch verbesserter Chancen auf dem ausländischen Arbeitsmarkt ist.[9] In den letzten Jahren schwächte sich die Einwanderungsquote zum Großteil ab, weil die US-Regierung die Zahl der ausgestellten Visa pro Jahr um zwei Drittel kürzte. Außerdem machen seit den Terroranschlägen am 11. September 2001 verschärfte Sicherheitsmaßnahmen den Bewerbungsprozess für ein Visum schwieriger und zeitraubender, was potenzielle Bewerber zusätzlich abschreckt.[10] Talentierte ausländische Arbeitnehmer entscheiden sich zusehends dafür, in ihren Heimatländern zu bleiben, wo sich im Zuge der wirtschaftlichen Globalisierung immer mehr attraktive Arbeitsmöglichkeiten eröffnen.

Schnell wachsende Arbeitsmärkte für qualifizierte Arbeitnehmer, wie etwa in Indien oder China, ziehen in zunehmendem Maße hoch qualifizierte Mitarbeiter an, die keine Notwendigkeit mehr sehen, ihre Heimatländer zu verlassen, um hochrangige Karrieremöglichkeiten zu finden.[11] Der Aufsichtsratsvorsitzende von Microsoft, Bill Gates, sagte, Microsofts Forschungs- und Entwicklungszentren in Indien und China seien voll von hoch qualifizierten Indern beziehungsweise Chinesen, »von denen die meisten in vergangenen Zeiten in die USA gekommen wären«. Jetzt aber »kommen viele gar nicht, oder sie kommen her und gehen dann zurück«.[12]

Vor beinahe zwei Jahrzehnten stellte sich die Belegschaftsvisionärin, Felice N. Schwartz, eine Zukunft vor, die sich gerade bemerkenswert zeitgenau und ihren Vorhersagen entsprechend zu entfalten beginnt: Mehrere gesellschaftliche und technologische Trends, die sie identifizierte, hatten schon begonnen, das Gleichgewicht der Konkurrenzfähigkeit über alle Unternehmen und Branchen hinweg zu stören. Im Jahr 1989 schloss Schwartz: »Wenn die Bevölkerung in der Zukunft stabil bleibt, während die Wirtschaft weiter expandiert, und wenn die neue Informationsgesellschaft gleichzeitig einen erhöhten Bedarf an kreativen, gut ausgebildeten Führungskräften schafft, dann wird sich die Kluft zwischen Angebot und Nachfrage dramatisch verbreitern, und dadurch wird sich die Konkurrenz um begabte Führungskräfte verschärfen.«[13]

Der wachsende Mangel an talentierten Angestellten wird es noch herausfordernder machen, qualifizierte Mitarbeiter anzuwerben und an das Unternehmen zu binden. In Anbetracht dieses und der folgenden Trends muss jede Strategie, die sich auf qualifizierte Mitarbeiter konzentriert, grundsätzlich auf die wachsende Nachfrage nach anpassungsfähigeren Karrierewegen eingehen.

Trend 2: Häusliche Veränderungen

Wissenschaftler nennen es »sein Leben nicht mehr im Gleichschritt führen«, eine zutreffende Beschreibung der Auswirkungen massiver Veränderungen nicht nur hinsichtlich der Karrierewege, sondern auch in den Kernstrukturen der Gesellschaft und der Familien innerhalb der letzten 30 Jahre.[14] »Es gibt heute … keinen ›normalen‹ Lebensweg«, schreiben die Soziologin Phyllis Moen und die Psychologin Patricia Roehling, Autorinnen von *The Career Mystique: Cracks in the American Dream*. »Amerikaner heiraten später oder gar nicht, werden später Eltern, haben weniger oder gar keine Kinder, machen mal diese und mal jene Arbeit, mal diese und mal jene Weiterbildung, sind mal in dieser und mal in jener Ehe oder Partnerschaft und sind mal im Ruhestand und dann wieder nicht.«[15]

Abbildung 2.4: Der Wandel der Familienstruktur von 1950 bis 2005

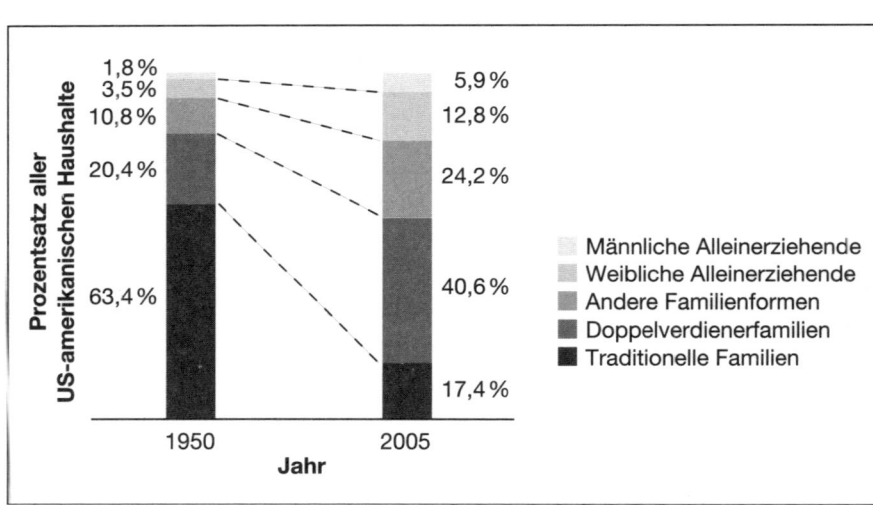

Quelle: Catalyst, *Two Careers, One Marriage: Making it Work in the Workplace*, New York 1998. Mit aktualisierten Daten aus: U.S. Bureau of Labor Statistics, *Annual Social and Economic Supplement: Current Population Survey*, Washington, DC 2005.

Dieses zusehends uneinheitliche Profil der Haushaltsstrukturen (vergleiche Abbildung 2.4) setzt nunmehr auch die Strukturen am Arbeitsplatz unter Druck. Im Großen und Ganzen wurde das heutige System den normalen Gegebenheiten des frühen und mittleren 20. Jahrhunderts angepasst, als die meisten Arbeitnehmer in einem traditionellen Haushalt mit zwei Elternteilen und einem Einkommen wohnten, in dem der Mann arbeiten ging, und die Frau zu Hause blieb.

Seit den 70er Jahren hat sich in der Familienstruktur eine Anzahl deutlich ausgeprägter Trends entwickelt: 1) ein Rückgang in der Eheschließungsrate; 2) ein Zuwachs in der Anzahl der Doppelverdienerhaushalte (siehe den Kasten »Doppelverdiener: Ein Profil«); 3) weniger oder spätere Geburten bei verheirateten Ehepaaren; und 4) ein Anstieg in der Zahl alleinerziehender Eltern.[16] Obwohl der traditionelle Karriereweg noch immer von der Existenz des »normalen« Haushalts ausgeht, bedeuten doch alle diese Veränderungen zusammengenommen, dass es eben diesen »normalen« Haushalt gar nicht mehr gibt.

Doppelverdiener: Ein Profil
Wenn beide Partner arbeiten:

- sind sie sehr mobil, da sie größere finanzielle Sicherheit haben,
- haben sie wahrscheinlich Interesse an der Möglichkeit zur Karriereindividualisierung,
- bilden sie eine Untergruppe der am höchsten geschätzten Mitarbeiter,
- möchten sie ihre Arbeit und ihr Privatleben besser miteinander vereinbaren können,
- schätzen sie ihre Arbeit nicht nur des Geldes wegen,
- denken sie ständig über Karriereentscheidungen nach und wägen Wahlmöglichkeiten ab.[a]

a Catalyst, *Two Careers, One Marriage: Making it Work in the Workplace*, New York 1998.

Zum ersten Mal gibt es in den USA mehr unverheiratete Frauen als verheiratete, was illustriert, wie sehr sich die Bedeutung der Eheschließung für Frauen verändert hat.[17] Die Anzahl der Haushalte alleinerziehender Eltern ist von knapp über 5 Prozent im Jahr 1950 auf knapp 18 Prozent im Jahr 2005 gestiegen. Alleinerziehende verfügen jedoch über weniger organisierte Hilfe zu Hause und benötigen daher mehr Unterstützung von ihrem Arbeitgeber, um in beiden Bereichen ihre Pflichten erfüllen zu können. 1950 gab es etwa 8 Millionen Doppelverdienerehepaare und 25 Millionen verheiratete Ehepaare, bei denen der Mann der Verdiener war. Im Jahr 2005 beliefen sich diese Zahlen auf jeweils 31 Millionen und 13 Millionen.

Obgleich Doppelverdienerfamilien heutzutage über 40 Prozent aller Haushalte ausmachen, ist es wahrscheinlich, dass je weiter man oben auf der Karriereleiter schaut, die Frauen Teil einer Doppelverdienerfamilie sind und die Männer nicht. Eine Studie, die von zwölf multinationalen Unternehmen finanziert wurde und deren eigene Führungskräfte untersuchte, belegte, dass 74 Prozent der verheirateten weiblichen Führungskräfte einen vollbeschäftigten Ehemann hatten, während 75 Prozent der verheirateten männlichen Führungskräfte eine nicht erwerbstätige Ehefrau hatten.[18] Dies ist einer der Gründe, warum die Karriereleiter Frauen in gehobenen Positionen stärker belastet als Männer in vergleichbaren Positionen: Frauen tragen mit weitaus größerer Wahrscheinlichkeit auch zu Hause die Hauptverantwortung.

Abbildung 2.5: Hauptbestandteile eines individualisierten Karriereweges

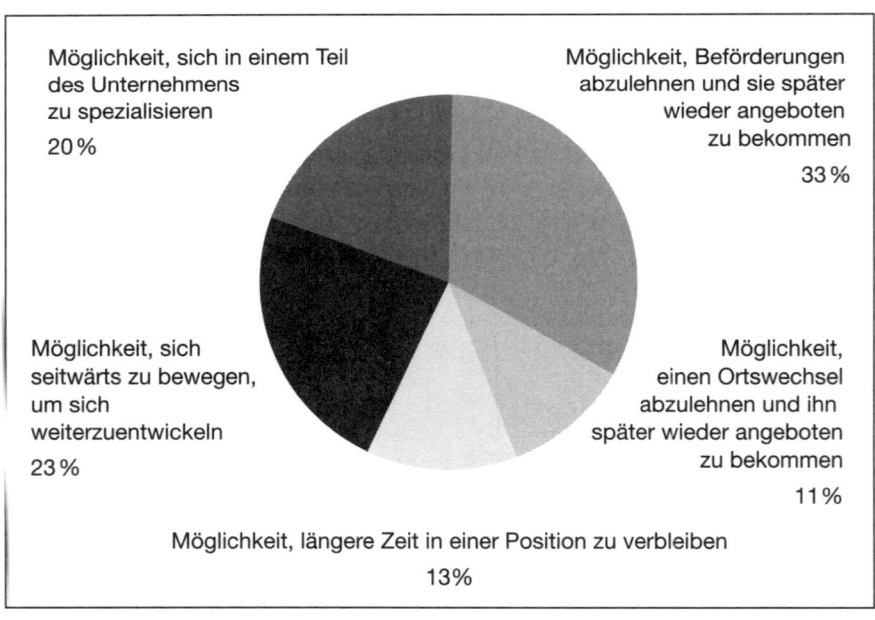

Möglichkeit, sich in einem Teil
des Unternehmens
zu spezialisieren
20%

Möglichkeit, Beförderungen
abzulehnen und sie später
wieder angeboten
zu bekommen
33%

Möglichkeit, sich
seitwärts zu bewegen,
um sich
weiterzuentwickeln
23%

Möglichkeit,
einen Ortswechsel
abzulehnen und ihn
später wieder angeboten
zu bekommen
11%

Möglichkeit, längere Zeit in einer Position zu verbleiben
13%

Quelle: Catalyst, *Two Careers, One Marriage: Making It Work in the Workplace*, New York 1998.

Sogar bei Doppelverdienerpaaren, die nicht den oberen Führungsebenen angehören, erhöht sich die Belastung durch den Konflikt zwischen Arbeit und Privatleben, da für beide trotz langer Arbeitszeiten die Menge der erforderlichen Hausarbeit nicht sinkt.[19] Besonders betrifft dies Doppelverdiener mit Kindern. Laut einer mehr als 20 Jahre laufenden Studie des Families and Work Institute verbringen Mütter noch immer mehr Zeit mit Kindererziehung als Väter, deren Zeit mit ihren Kindern jedoch seit dem Beginn der Studie deutlich zugenommen hat. So nehmen sich mittlerweile 31 Prozent der doppelverdienenden Männer frei, um ihre Kinder zu betreuen oder Zeit mit ihnen zu verbringen. 1977 taten dies nur 12 Prozent.[20] Es ist daher nicht verwunderlich, dass Doppelverdienerpaare kontrollieren wollen, wann und wie sie arbeiten. Sie suchen sogar nach Wegen, ihre Karriere zu individualisieren, wie eine Studie von Catalyst gezeigt hat (vergleiche Abbildung 2.5).[21]

Auch die familiären Verpflichtungen haben sich im Lauf der Zeit verändert. Mitarbeiter verwenden in zunehmendem Maße Zeit auf die Altenpflege (siehe den Kasten »Alterspflege als Aufgabe der Mitarbeiter«). Wenn die geburtenstarken Jahrgänge in den Ruhestand gehen, wird ihre Pflege noch stärker zur Verpflichtung und auch Belastung aller Mitarbeiter werden. Darüber hinaus kann Altenpflege alle Mitarbeiter betreffen, nicht wie Kinderbetreuung nur Mitarbeiter mit Familie, und ist gleichermaßen ein Thema für Männer wie für Frauen.[22]

Alle diese Veränderungen der Familienstrukturen haben Auswirkungen darauf, wie Männer und Frauen arbeiten und wie sich ihre Karrieren entwickeln. Immer weniger Mitarbeiter können sich allein auf ihr Arbeitsleben konzentrieren, weil die meisten von ihnen niemanden zu Hause haben, der für persönliche und Familienangelegenheiten zuständig ist.

Eines der hauptsächlichen Probleme, um in der Wissenschaft und im Ingenieurswesen konkurrenzfähig zu bleiben, liegt laut der National Academy of Sciences in den »veralteten Organisationsstrukturen«, die davon ausgehen, man könne sich jederzeit komplett der Arbeit widmen. »Wer nicht die Unterstützung in Arbeits- und Familienangelegenheiten hat, die traditionell von ›der Ehefrau‹ geleistet wird, ist im universitären Bereich deutlich im Nachteil«, besagt der Bericht aus dem Jahr 2006.[23] Der Bericht führt unser Konzept der individualisierten Karriereentwicklung als Mittel an, um die Karriereleiter durch die vielfältigen Aufstiegswege des Karrieregitters zu ersetzen.[24]

Alterspflege als Aufgabe der Mitarbeiter

Alterspflege wird immer mehr zur Aufgabe der Arbeitnehmer:

- 35 Prozent aller Männer und Frauen pflegen ältere Verwandte.[a]
- 92 Prozent aller Unternehmen erwarten, dass die Anzahl von Mitarbeitern, die für ältere Verwandte oder Freunde sorgen, innerhalb der nächsten fünf bis zehn Jahre steigen wird.[b] In 47 Prozent der Unternehmen haben sich die zunehmenden Altenpflegeverpflichtungen der Mitarbeiter schon bemerkbar gemacht.
- 60 Prozent der Unternehmen sagten, ihre Mitarbeiter hätten seit einiger Zeit höhere Erwartungen bezüglich des Umgangs mit ihren Altenpflegeverpflichtungen.[c]

a James T. Bond, Ellen Galinsky, Stacy S. Kim und Erin Brownfield, *2005 National Study of Employers: Highlight of Findings*, New York 2005, S. 3.

b Society for Human Resource Management, *SHRM 2003 Eldercare Survey*, Alexandria, VA 2003.

c ebd.

Trend 3: Zunehmende Zahl weiblicher Mitarbeiter

Frauen auf dem Arbeitsmarkt haben bessere Ausbildungsstandards und können daher schneller und langfristiger zum Erfolg wissensorientierter Unternehmen beitragen. Sie werden daher in der absehbaren Zukunft zweifellos eine wichtige Quelle qualifizierter Mitarbeiter darstellen, wie sie es in zunehmendem Maße schon in den letzten drei Jahrzehnten oder noch länger getan haben.[25] In den letzten 25 Jahren machten Frauen die Mehrheit der Hochschulabsolventen aus und arbeiten mittlerweile in allen Bereichen, auch in Berufen, die noch immer als Männerdomänen angesehen werden.[26] Obwohl manche die Fähigkeiten von Frauen in Mathematik und Naturwissenschaften mit Skepsis betrachten, ist es eine unbestreitbare Tatsache, dass unter Frauen 16,1 Prozent und unter Männern 15,7 Prozent aller Hochschulabschlüsse in den Bereichen Naturwissenschaft und Ingenieurwesen angesiedelt sind.[27]

Im Moment sind beinahe 60 Prozent aller Hochschulabsolventen Frauen, was den Dekan für Zulassungsfragen und finanzielle Beihilfe am Kenyon College dazu veranlasste, einen offenen Brief an die *New York Times* zu schreiben. Darin entschuldigte er sich für die »demografische

Tatsache«, dass »junge Männer, da sie rarer sind, höhergeschätzte Bewerber sind.«[28] Frauen erzielen auch bessere Ergebnisse als Männer und demonstrieren bessere Führungsqualitäten und größeres Engagement in ihrem Umfeld.[29] Die gestiegene Anzahl von Frauen an den Universitäten wirkt sich auch auf die höheren Ebenen des Bildungssystems aus, sodass Frauen auch bei den Magistern die Mehrheit bilden. Unter Studienabschlüssen mit Berufsbezug geht die Hälfte der Juradiplome an Frauen, in Medizin beinahe die Hälfte und bei den MBA-Diplomen über 40 Prozent (vergleiche Abbildung 2.6).

Abbildung 2.6: Der Frauenanteil bei Studienabschlüssen mit Berufsbezug (in Prozent)

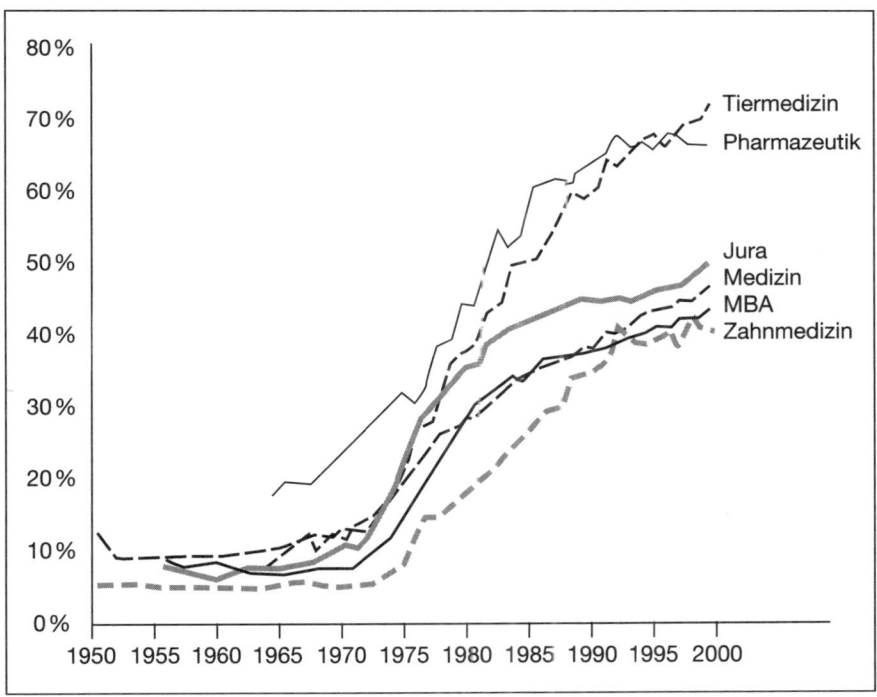

Frauen arbeiten sich nicht nur an den Universitäten, sondern auch am Arbeitsplatz hoch. Sie stellen beinahe die Hälfte der Belegschaft, und ihre Gesamtbeteiligung steigt prozentual stärker als die von Männern. Insgesamt gesehen wird die Arbeitnehmerzahl zwischen 2004 und 2014 steigen, und Frauen werden laut Prognosen 51 Prozent dieses Zuwachses ausmachen.[30] Sie stellen schon 50 Prozent aller Mitarbeiter im Management und bei Berufen, die universitäre Qualifikationen voraussetzen. In manchen Berufen gibt es mehr Frauen als Männer, zum Beispiel als Finanzmanager, Buchhalter und Rechnungsprüfer, Finanzberater, Kreditberater, Personalmanager, als Verwaltungskräfte im Bildungswesen, als Führungskräfte im Gesundheitswesen und als Manager im Maklerwesen.[31]

Darüber hinaus sind Unternehmen mit einem höheren Anteil weiblicher Mitarbeiter auf der oberen Führungsebene relativ gesehen profitabler, und ihre Aktienkurse steigen stärker, wie Studien der Harvard Business School und von Catalyst übereinstimmend feststellten. Ähnliches belegte auch eine andere Untersuchung, welche die Auswirkungen von Frauen auf Großunternehmen analysierte.[32] Unter den 200 größten Aktiengesellschaften Kaliforniens hatten die Unternehmen mit Frauen als obersten Führungskräften »ein besseres Verhältnis zu Kunden und Aktionären und [waren] kulturell vielfältiger und profitabler«, schloss eine Untersuchung der University of California/Davis Graduate School of Management im Jahr 2006.[33] Trotz des positiven Einflusses, den Frauen in diesen und anderen Kernaspekten der Wirtschaftswelt ausüben, tun sich Arbeitgeber, besonders in Bereichen wie Informatik, immer noch extrem schwer, weibliche Bewerber anzulocken.[34]

In den meisten Fällen nehmen die Karrieren von Frauen einen anderen Weg als die von Männern. Dies zeigt sich daran, dass unter Männern mit Kindern 72 Prozent durchgängig vollzeitbeschäftigt waren, unter Frauen mit Kindern hingegen nur 22 Prozent, wie eine Studie von mehr als 1 600 Absolventen hochrangiger Wirtschaftsuniversitäten bewies.[35] An dieser Stelle möchten wir die in Kapitel 1 schon angesprochenen Resultate einer Untersuchung der Harvard Business School unter ihren eigenen Absolventen in den Jahren von 1971 bis 1981 noch einmal ausführen. Sie belegte, dass fünf Jahre nach ihrem Abschluss, also genau in der Phase, in der man seine Karriere aufzubauen beginnt, 89 Prozent der Männer, aber nur 56 Prozent der Frauen vollzeit arbeiteten. Unter Frauen mit mehr als einem Kind sank diese Zahl sogar auf nur 38 Prozent, während die restlichen 62 Prozent einer Teilzeitarbeit nachgingen oder gar nicht arbeiteten.[36]

Bei vielen Frauen kollidiert ihre tickende biologische Uhr mit ihren Karrierewünschen im Unternehmen. Da Kinder einen so enormen Einfluss auf

Frauenkarrieren haben, müssen wir einen Blick darauf werfen, wie sich die Zeitplanung von Frauen in Sachen Heirat und Familiengründung seit 1970 verändert hat. Generell haben sich sowohl Heirat als auch Familiengründung nach hinten verschoben, was dazu führt, dass in 81 Prozent aller Haushalte mit Minderjährigen die Eltern zwischen 35 und 45 Jahre alt sind.[37]

Im gleichen Zeitraum hat sich jedoch die Zahl verheirateter arbeitender Frauen beinahe verdoppelt (vergleiche Tabelle 2.1). Der Versuch, die Kindererziehung mit einer aktiven Karriere zu vereinen, erweist sich für viele Frauen als Dilemma. Zu dem Zeitpunkt, wenn sie ihre Kinder bekommen und aufziehen, sollten sie eigentlich im Sinne der traditionellen Karriereleiter ihre Karriere beschleunigen, und die Besten unter ihnen sollten sich um Führungspositionen bemühen.

Tabelle 2.1: Die veränderte Situation von Frauen im Familien- und Arbeitsleben

	1970	2000
Noch nie verheiratete Frauen im Alter knapp über 30 (prozentual)*	6 %	22 %
Durchschnittsalter zum Zeitpunkt der ersten Eheschließung**	21 %	25 %
Erstgeburten unter Frauen im Alter über 30 Jahren (prozentual)**	7 %	22 %
Anteil verheirateter Frauen an der Belegschaft (prozentual)*	32 %	62 %

* Phyllis Moen und Patricia Roehling, *The Career Mystique: Cracks in the American Dream*, Lanham, MD 2005, S. 49.
** U.S. Census Bureau, »Maternity Leave and Employment Patterns of First-Time Mothers, 1961 – 2000«, in: *Current Population Reports*, Washington, DC 2005

Daraus ergibt sich, dass die Lebensumstände von Frauen sich in die gegenwärtigen Arbeitsstrukturen einfach nicht so gut einfügen wie die von Männern, wie eine Untersuchung von über 2 400 Frauen und 653 Männern zwischen 28 und 55 feststellte.[38] Alle Teilnehmer an dieser Studie waren als »hoch qualifiziert« eingestuft, hatten also Diplome oder Hochschulabschlüsse, aber dennoch wiesen »ganze zwei Drittel dieser hoch qualifizierten Frauen Karrierepausen oder nichtlineare Karrieren« auf.[39]

Es ergab sich aus der Studie außerdem, dass 37 Prozent aller Frauen und 43 Prozent der Frauen mit Kindern irgendwann freiwillig ihre Kündigung einreichten, im Gegensatz zu nur 24 Prozent der Männer, egal ob mit Kindern oder ohne.[40] 44 Prozent der Frauen, aber nur 12 Prozent der Männer gaben Familiengründe für ihre Kündigung an. Stattdessen kündigten 29 Prozent der Männer »zur Karriereänderung« und 25 Prozent, um einen »Hochschulabschluss oder sonstige Weiterbildungen anzustreben.«[41]

Die Medien stellen den Berufsaustritt von Frauen oft als endgültigen Schritt dar, der aus Frustrationen mit der Arbeitswelt herrührt, im Sinne von »mit den Füßen abstimmen« oder ähnlichen Formulierungen. Die Realität sieht jedoch ganz anders aus, denn die überwiegende Mehrheit der Frauen, die eine Auszeit nehmen, hat die Absicht, sich danach wieder eine Arbeit zu suchen. In der zuletzt angesprochenen Studie wollten 93 Prozent, also beinahe alle Frauen, die kündigten, später wieder arbeiten.[42]

In einer ähnlichen Studie des Wharton Center for Leadership and Change Management planten 87 Prozent der befragten Frauen, wieder auf den Arbeitsmarkt zurückzukehren.[43] Interessanterweise zeigte sich, dass Frauen nach ihrer Kündigung (ohne Berücksichtigung der Kündigungsgründe) durchschnittlich nur 2,2 Jahre erwerbslos waren.[44] Und laut einer Studie des Yale Women's Center planten nur 4,1 Prozent der Frauen am Yale College, sich nach der Geburt ihrer Kinder gänzlich aus dem Arbeitsleben zurückzuziehen, wohingegen beinahe drei Viertel angaben, für weniger als ein Jahr nach der Geburt zu Hause bleiben zu wollen.

Die Tatsache, dass Frauen sich aus dem Arbeitsleben zurückziehen und dann wieder zurückkehren, darf man nicht als Zeichen mangelnder Ambitionen auslegen: Viele Frauen streben nach höheren Positionen, selbst wenn sie nicht den direktesten Weg zu ihnen einschlagen können.[45] Frauen finden es jedoch schwerer, sich wieder ins Arbeitsleben einzufinden, da sie ihr Wissen und auch ihre Netzwerke nicht immer weiterpflegen und ausbauen, während sie eine Auszeit nehmen. Dies gilt sogar für höchst erfolgreiche Frauen, deren Lebenslauf beim Wiedereinstieg ins Arbeitsleben herausragende Qualifikationen, beeindruckende Leistungen im Berufsleben und vielleicht sogar gemeinnützige Leistungen im Management oder staatlichen Sektoren aufweist. Ebenso wie andere Frauen sind auch sie nicht sicher, wie sie wiedereinsteigen können, und infolgedessen auch, wie sie wiedereinsteigen möchten. Es ist eine Tatsache, dass sie nur selten von der

Art von Unternehmen wiedereingestellt werden, die doch vor ihrer Auszeit an ihren Erfahrungen und Fähigkeiten interessiert waren.

Den meisten Unternehmen fehlen die Strukturen, um einen Wiedereinstieg zu ermöglichen, geschweige denn, ihn einfach zu machen. Wir möchten hier als Beispiel den weltweiten Finanzriesen Citigroup nennen. Im Jahr 2005 machte der Vorstandsvorsitzende und Vorsitzende des Verwaltungsrats, Chuck Price, Programme zur Flexibilisierung von Arbeits- und Privatleben zu einer der fünf strategischen Prioritäten des Konzerns. Das heißt, dass Führungskräfte in der Betriebsleitung sich oft gegenseitig potenzielle Wiedereinsteiger zu Vorauswahlgesprächen empfehlen. Dennoch hat es Citigroup bisher nicht geschafft, seine Rekrutierungssysteme so anzupassen, dass sie wiedereinsteigende Frauen identifizieren und geeigneten freien Stellen zuweisen können. »Es ist frustrierend«, sagt Hans Morris hierzu, der Finanzchef und Leiter der Abteilung Finanzwesen, Operations und Technologie bei Citigroup Markets & Banking. »Es gibt für Frauen, die wieder einsteigen wollen, keinen organisierten Bewerbungszeitpunkt. Sie sagen sich nicht ›Okay, jetzt ist Juli und ich muss mich auf die Rekrutierungssaison vorbereiten‹ oder ›Ich muss mich vorbereiten und dieses und jenes tun, weil es einen regelmäßigen Zyklus gibt, den ich kenne‹. Wenn wir uns also einen Lebenslauf ansehen, fragen wir uns: ›Was könnte diese Person machen? Was kann ich mit ihr machen?‹ Sie hat Treffen mit sechs oder sieben Mitarbeitern. Aber letztendlich entscheiden wir uns oft, sie nicht einzustellen, weil wir uns nicht sicher sind. Nur in einem von 100 Fällen sagen wir wirklich, ›In Ordnung, wir probieren es mit Ihnen und sehen mal, wie das funktioniert.‹ Mir ist ganz klar, dass es sehr schwierig ist, wieder einzusteigen, wenn man einmal kurzfristig ausgestiegen ist.«[46]

Infolge all dieser Faktoren ist der Rückzug von Frauen aus dem Arbeitsleben, selbst für eine kurze Zeit, eine kostspielige Angelegenheit für Unternehmen wie für die jeweilige Mitarbeiterin. Nichtsdestotrotz sieht Citigroup hier Möglichkeiten und hat angefangen, »zu versuchen, das alles irgendwie zu regeln«, wie Morris hinzufügt.

Arbeitende Frauen wissen um den Zufallsfaktor, der bei der Anpassung ihres Lebens an ihre Arbeit eine bedeutende Rolle spielt. Besonders jüngere Frauen sind sich akut bewusst, dass Geschwindigkeit, Arbeitspensum und Arbeitsort/Arbeitszeiteinteilung sich in ihrer Karriere wiederholt verändern müssen, sobald sie eine Familie gründen. Sie sind sich jedoch nicht sicher, welche Unternehmen ihnen diese Veränderungen ermöglichen werden. Dies nennen wir »vorauseilende Karriereunsicherheit«. Eine 28-jährige Absolventin der Harvard Business School, nennen wir sie Amy, sagte uns gegenüber, sie habe ein attraktives Stellenangebot für eine Vollzeitstelle bei einem prestigeträchtigen Strategie-Consultingunternehmen aus eben diesem Grund abgelehnt.

Amy sorgte sich, ihre biologische Uhr würde mit den steigenden Anforderungen kollidieren, denen sie nach einigen Jahren bei der Consultingfirma sicherlich ausgesetzt wäre. »Das wollte ich mir nicht antun«, sagte sie. Nur sehr wenige der weiblichen Teilhaber bei der Firma hatten Kinder, was Amy »ein wenig Angst machte«. Sie fügte hinzu, sie wollte »nicht der Wahl ausgesetzt sein, die, glaube ich, die Teilhaberinnen dort treffen mussten«. Stattdessen nahm sie eine Stelle bei einem Unternehmen für Konsumgüter an, bei dem sie schon einen Sommer lang gearbeitet hatte. Bei diesem Unternehmen gab es mehrere weibliche Führungskräfte, und es wurde ihr versichert, dass die Firma »Mitarbeitern, die sie für gut hält und behalten möchte, Flexibilität bieten wird«. Laut Amy »sprechen Frauen an den Wirtschaftsuniversitäten ununterbrochen über dieses Thema. Es ist ein Riesenproblem.«

Im Endeffekt läuft es darauf hinaus, dass Frauen zwar für die absehbare Zukunft einen wichtigen Teil der qualifizierten Belegschaft darstellen werden, es aber einen eindeutigen Konflikt zwischen der gegenwärtigen Karrierestruktur und dem Leben von Frauen, und besonders von Frauen mit Kindern, gibt. Wenn Unternehmen also wachsen wollen und daher die bestmögliche Arbeitsleistung von ihren fähigen Mitarbeiterinnen benötigen, dann müssen sie Frauen die Möglichkeit bieten, ihr Leben lang am Arbeitsleben teilnehmen zu können.

Trend 4: Die geänderten Erwartungen unter Männern

Als Frauen anfingen, sich um flexible Arbeitszeitmodelle zu kümmern, schwiegen die Männer, denn sie sahen mit großer Wahrscheinlichkeit Familie und Arbeit als getrennte Sphären an und benutzten unausgesprochene und informelle Wege, um diese zwei Welten zu vereinen. Frauen hingegen sahen Familie und Arbeit als voneinander abhängig an, und es war daher nur natürlich, dass Frauen die Pioniere bei der Entwicklung von formalen flexiblen Arbeitszeitmodellen waren.[47] Wie jedoch in diesem Kapitel schon gesagt wurde, verbringen Männer mittlerweile mehr Zeit mit ihren Kindern als in vergangenen Jahrzehnten, und bei vielen hat es sich daher mittlerweile zur Priorität entwickelt, die Zeit für ihr Privatleben zu schützen oder sogar zu vermehren.[48]

In einer Umfrage des Magazins *Fortune* unter männlichen Führungskräften von durchschnittlich knapp über 50 Jahren mit einer Arbeitswoche von durchschnittlich 58 Stunden sagten 64 Prozent, sie würden lieber mehr Zeit als Geld wählen, und 71 Prozent sagten, sie wollten lieber mehr Zeit als Beförderungen. Beinahe die Hälfte von ihnen stimmte der folgenden Aussage stark zu, und ein weiteres Drittel stimmte zu einem gewissen Grad zu: »Ich hätte gern Wahlmöglichkeiten bei der Arbeit, die mich meine beruflichen Ziele erreichen lassen, mir aber gleichzeitig mehr Zeit für meine Familie, meine Gemeinschaft, meine Religion, Freunde und Hobbys lassen« (vergleiche Abbildung 2.7).[49]

Abbildung 2.7: Männliche Führungskräfte, die Optionen für mehr Privatleben möchten

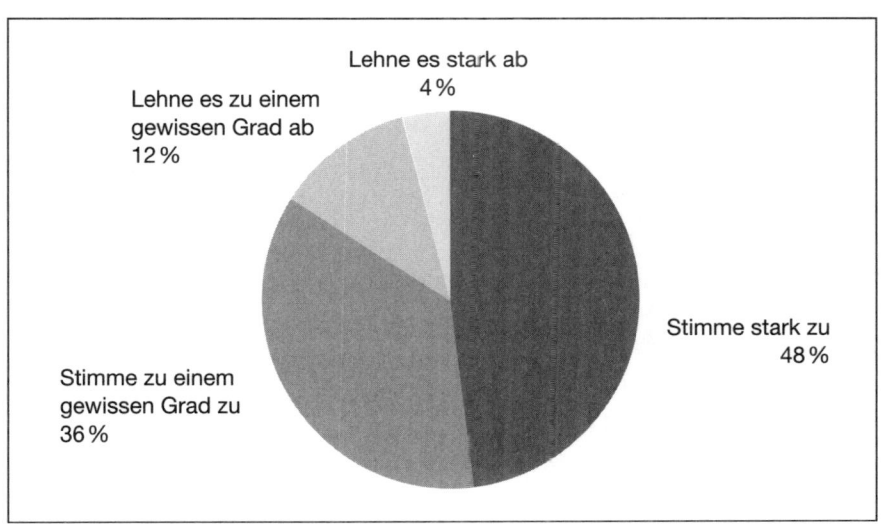

Quelle: Jody Miller, »Get a Life!«, in: *Fortune* 28. November 2005.

Bei einer breit angelegten Studie männlicher und weiblicher Führungskräfte, von denen sich drei Viertel auf den beiden Ebenen direkt unter dem

Vorstandsvorsitzenden befanden, zeigte sich eine überraschende Überein-stimmung zwischen den Geschlechtern darüber, welche Arten von flexiblen Arbeitszeitmodellen sie gerne zur Auswahl hätten. Frauen wollten aller-dings mit höherer Wahrscheinlichkeit diese Modelle auch wirklich in An-spruch nehmen (vergleiche Tabelle 2.2).

Männer wie Frauen legen gegenwärtig großen Wert darauf, ihre Ar-beitszeiteinteilung kontrollieren zu können. »Mehr als die Hälfte aller ge-hobenen Führungskräfte in der Befragung würden sogar eine Beförderung ablehnen, wenn sie dadurch weniger Kontrolle über ihre Arbeitszeiteintei-lung hätten«, stellte eine Studie der Association of Executive Search Con-sultants im Jahr 2006 fest.[50]

Diese Einstellung zeigt sich sogar noch stärker in Studien mit männ-lichen Mitarbeitern der jüngeren Generationen, die mehr Wert auf ihre Familie und ihr Leben außerhalb der Arbeit legen, wie wir unter Trend 5 besprechen werden. Die Kombination der modernen Männerrolle und ge-änderter Erwartungen der jüngeren Generationen zeigt sich daran, dass junge Männer heutzutage weitaus direkter an der Kindererziehung und anderen familiären Pflichten teilnehmen als ältere Männer.[51] Laut dem Fa-milies and Work Institute verbringen Väter der Generation X deutlich mehr Zeit mit ihren Kindern, als Väter der geburtenstarken Jahrgänge es mit ihren Kindern im gleichen Alter taten – im Durchschnitt beläuft sich dies auf 3,4 Stunden pro Werktag im Gegensatz zu 2,2 Stunden.[52]

Tatsächlich sehen sich Männer ebenso oder noch stärker als Frauen dem Konflikt zwischen Arbeit und Privatleben ausgesetzt.[53] »Man kann schwer sagen, warum Männer einen so großen Konflikt zwischen Berufs- und Pri-vatleben angeben«, meinte Ellen Galinsky, die Präsidentin des Families and Work Institute. »Vielleicht liegt es daran, dass Männer relativ neu in der Welt des Multitasking sind, mit der Frauen schon seit langem umzuge-hen hatten, oder aber dass sie weniger stark glauben, sie dürften sich ihr Leben entsprechend arrangieren.«[54]

Manche Männer greifen zu extremen Lösungen, um die Harmonisie-rung von Karriere und Privatleben in die Tat umzusetzen. Pro Jahr kündi-gen 12 Prozent aller Männer, um mehr Zeit für ihre Familie zu haben.[55] Die meisten Männer jedoch wünschen sich nur, von flexiblen Lösungen profitieren zu können. Unter vollzeitbeschäftigten Männern würden 13 Prozent lieber Teilzeit arbeiten. Beinahe die Hälfte der männlichen Mitar-beiter hätte lieber einen Teilzeitarbeitsplan.[56] Männer und Frauen gleicher-

Tabelle 2.2: Die Inanspruchnahme von flexiblen Arbeitszeitmodellen

Frauen	Nehme im Moment in Anspruch	Würde gern in Anspruch nehmen	Habe in der Vergangenheit in Anspruch genommen
Komprimierte Arbeitswoche	3 %	28 %	7 %
Telearbeit/ Heimarbeit	13 %	23 %	12 %
Reduzierte Arbeitszeit	1 %	17 %	8 %
Flexibler Arbeitsbeginn oder -ende	44 %	9 %	8 %
Auszeiten/ Sabbatjahre	1 %	39 %	7 %
Arbeitszeiteinteilung spontan ändern	20 %	14 %	4 %
Arbeitsort spontan ändern	9 %	13 %	3 %
Männer	**Nehme im Moment in Anspruch**	**Würde gern in Anspruch nehmen**	**Habe in der Vergangenheit in Anspruch genommen**
Komprimierte Arbeitswoche	2 %	24 %	5 %
Telearbeit/ Heimarbeit	12 %	15 %	14 %
Reduzierte Arbeitszeit	1 %	14 %	1 %
Flexibler Arbeitsbeginn oder -ende	36 %	6 %	11 %
Auszeiten/ Sabbatjahre	1 %	32 %	2 %
Arbeitszeiteinteilung spontan ändern	18 %	9 %	6 %
Arbeitsort spontan ändern	9 %	11 %	5 %

Quelle: Catalyst, *Women and Men in U.S. Corporate Leadership: Same Workplace, Different Realities*, New York 2004.

maßen möchten die Möglichkeit haben, einige Stunden von zu Hause aus zu arbeiten.[57]

Dieser unterschwellige Bedarf an flexiblen Lösungen ist vielleicht noch höher, da er in der Vergangenheit als Mutterschaftsarrangements dargestellt wurde. In einem Artikel im *Ivey Business Journal* erläutern die Professorinnen Kerry Daly und Linda Hawkins, wie traditionelle Geschlechterrollen Männer daran hindern, sich um flexible Lösungen zu bewerben: »Eine Anzahl von Faktoren macht es Männern am Arbeitsplatz schwer, sich für Flexibilität einzusetzen. Vielerlei Annahmen und Erwartungen spielen hierbei eine Rolle: Dass Männer sich nur frei nehmen, wenn es unbedingt sein muss (und sie implizit gesagt bekommen, ›Warum macht das nicht Ihre Partnerin?‹); dass Männer ihre Pflichttreue infrage stellen, wenn sie ihre Familie über ihre Arbeit stellen; oder auch, dass Männer Elternurlaub benutzen, um mehr Freizeit für sich selbst zu haben. Während diese Überreste alter Rolleneinstellungen noch in den Köpfen stecken, können wir gut verstehen, dass Männer sich am Arbeitsplatz nicht ermutigt fühlen, verfügbare flexible Modelle auch wirklich in Anspruch zu nehmen.«[58]

Ein kurzer Blick auf die Statistiken für Vaterschaftsurlaub zeigt deutlich, wie tief dieses Gefühl, nicht nach Familienzeit fragen zu dürfen, wirklich geht. Insgesamt gesehen nehmen nur 5 bis 15 Prozent aller dazu berechtigten Männer Erziehungszeiten in Anspruch.[59] Viele Männer nehmen keine Erziehungszeiten, weil sie sich sorgen, als weniger engagiert angesehen zu werden.[60]

Während Arbeitgeber also dazu übergehen, neue Möglichkeiten zu entwickeln, um Frauen ihr Leben lang an der Arbeitswelt teilhaben zu lassen, müssen diese neu geschaffenen Systeme auch die geänderten Erwartungen von Männern in Sachen Karriere und Privatleben mit einbeziehen – und der nachfolgenden Generationen, die wir als Nächstes behandeln werden.

Trend 5: Neue Erwartungen der Generationen X und Y

Am deutlichsten zeigen sich die Übereinstimmungen zwischen männlichen und weiblichen Wünschen oder sogar Erwartungen bei den Generationen X und Y, die in vielen wissensorientierten Unternehmen die Mehrheit der Belegschaft ausmachen. Diese »Meine-Familie-kommt-als-Erstes«-Generationen erheben ein erfülltes Familienleben zur Priorität und sind weniger als die geburtenstarken Jahrgänge zuvor bereit, Abstriche bei ihrem Familienleben zu machen.[61] Laut einer Catalyst-Studie unter Angestellten zwischen 25 und 35 Jahren hielten es 84 Prozent für wichtig, »eine liebevolle Familie zu haben«, während nur 21 Prozent »viel Geld« zu verdienen für wichtig erachteten. Zwischen den Geschlechtern gab es zwar Unterschiede, wie wichtig diese Faktoren genau seien, aber beide ordneten sie in derselben Rangfolge ein (vergleiche Abbildung 2.8).[62]

Abbildung 2.8: Bedeutung arbeitsbasierter, persönlicher und familiärer Werte (nach Geschlecht)

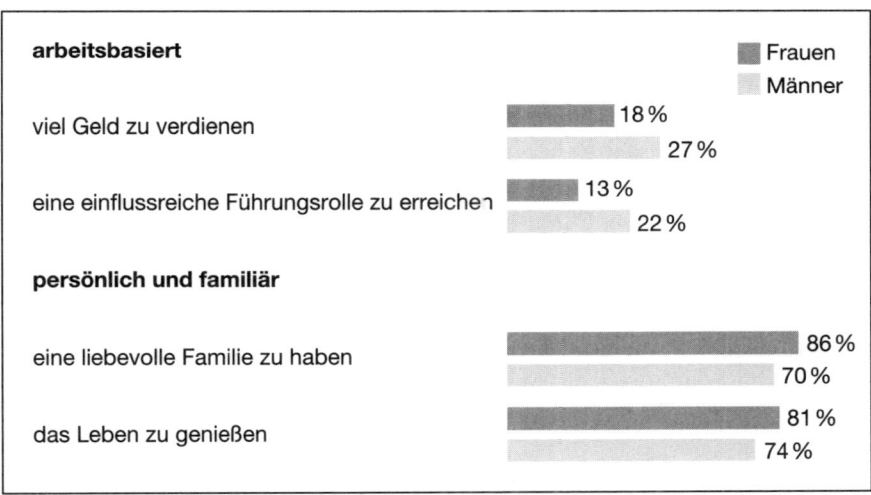

Quelle: Catalyst, *The Next Generation: Today's Professionals, Tomorrow's Leaders,* New York 2001.

Übereinstimmend damit stellte das Families and Work Institute fest, dass die geburtenstarken Jahrgänge mit 22 Prozent beinahe doppelt so arbeitszentriert waren, also »ihre Arbeit ihrer Familie voranstellten«, wie die Generationen X und Y (13 Prozent) (vergleiche Tabelle 2.3). Die restlichen 87 Prozent der Generationen X und Y sind entweder familienzentriert (»stellen die Familie der Arbeit voran«) oder dualzentriert (»messen der Familie und der Arbeit den gleichen Wert bei«).[63] Selbst wenn man alle Befragten mit Kindern unter 18 Jahren herauslässt, ist die Generation X noch immer familienzentrierter als die geburtenstarken Jahrgänge. (Der Großteil der Generation Y ist noch zu jung, um Kinder zu haben.)

Tabelle 2.3: Priorität der Arbeit bei verschiedenen Generationen

Relative Priorität, die der Arbeit bzw. der Familie beigemessen wird	Generation Y (unter 23) Anzahl = 250	Generation X (23 – 37) Anzahl = 855	geburtenstarke Jahrgänge (38 – 57) Anzahl = 404	ältere Generationen (ab 58) Anzahl = 276
arbeitszentriert	13 %	13 %	22 %	12 %
dualzentriert	37 %	35 %	37 %	54 %
familienzentriert	50 %	52 %	41 %	34 %

Quelle: Families and Work Institute, *Generation & Gender in the Workplace*, New York 2004.

Die Generationen X und Y stellen hohe Erwartungen sowohl an ihr Familienleben als auch an ihr Arbeitsleben. Während ihre Eltern eher materiellen Erfolg anstrebten, legen die jüngeren Generationen mehr Wert auf eine anspruchsvolle und interessante Arbeit als auf die Bezahlung.[64] »Die Männer und Frauen in diesen Generationen arbeiten hart, aber zögern, die Karriereleiter hinaufzusteigen, weil sie meinen, dann ihre dualzentrierten Werte nicht ausleben zu können,« sagt Galinsky vom Families and Work Institute.[65]

Die Generationen X und Y zeigen auch Interesse daran, außergewöhnliche Wege zu finden, um alle ihre Lebensziele verfolgen und erreichen zu können. Wir glauben, dass dies sich bei unzähligen dieser jungen Mitarbeiter zum hauptsächlichen Orientierungspunkt des Wertesystems ihrer Generationen entwickeln wird. Der Einfluss der Generationen X und Y ist am Arbeitsplatz schon deutlich spürbar. Sie sind aufgeschlossen und arbeiten gut im Team, sind aber gleichzeitig ungeduldig und anspruchsvoll.[66] Sie erwarten regelmäßige konstruktive Kritik von ihren Vorgesetzten und wollen ihre Anregungen auch ungehindert nach oben kommunizieren können.[67] Die jüngeren Generationen sind technologisch versiert und offen für Veränderungen, außerdem sind sie bereit, aktiv nach nicht traditionellen Methoden und Arbeitszeiteinteilungen zu suchen.[68]

Man kann natürlich nicht absehen, ob die neue Haltung bezüglich Karriere und Privatleben, die so oft in Studien der Generationen X und Y auftaucht, komplett oder teilweise wirklich ihre ganze Karriere lang überleben wird. Die generelle Kursänderung jedoch, die dieser geänderten Haltung zugrunde liegt, ist nicht zu leugnen und vermutlich von lang anhaltender Dauer. Die Generationen X und Y haben optimistische und ambitionierte Erwartungen, was sie in ihren Karrieren erreichen wollen und können. Für sie muss Karriere individualisiert sein, um ihren persönlichen Interessen und Zielen ebenso wie ihren vielfältigen Arbeitserfahrungen Platz zu bieten.[69] Sie sehen dies laut unserer Studie nicht notwendigerweise als einen Mangel an Loyalität – ganz im Gegenteil, denn sie verstehen Loyalität als einen wechselseitigen Prozess, innerhalb dessen sie etwas freiwillig beitragen und sich weiterentwickeln, aber nur, wenn ihnen die Möglichkeit dazu geboten wird.

»Verglichen mit der Anzahl derer, die auf dem freien Arbeitsmarkt einen besseren Job suchen würden, sagten doppelt so viele junge Leute zwischen 14 und 21 Jahren, sie würden lieber *innerhalb eines einzigen Unternehmens* den Job wechseln, um voranzukommen«, schloss eine Studie von Deloitte und dem Institute for the Future im Jahr 2004.[70] Wenn aber diese jungen Mitarbeiter die nötige Mobilität nicht innerhalb ihrer Firma finden können, sind sie durchaus bereit, das Unternehmen zu wechseln. Da sie anders als vergangene Generationen kein lebenslanges Arbeitsverhältnis und keine Unternehmensrenten erwarten, gibt es nichts, was sie vom Abwandern abhalten würde.

Trend 6: Die wachsende Bedeutung der Technologie

Wenn man das Silikon des Informationszeitalters mit dem Rohöl des vergangenen Zeitalters gleichsetzt, dann haben parallel dazu Breitbandverbindungen, Laptops, Handys, Minicomputer und die vielen anderen digitalen Geräte, die ständig auf den Markt kommen, die gleiche Funktion wie Autos, Fähren und Flugzeuge sie bisher hatten, nämlich Informationen aller Art weiterzuleiten. Wir leben unbestreitbar in einem Zeitalter der konstanten Kommunikation und Information, das der Computerchip aus Silikon ermöglicht hat.[71] Da ständig neue Software entwickelt wird, um diese verschiedenen Technologien miteinander und mit dem Internet oder anderen leistungsstarken Netzwerken zu verbinden, stehen Unternehmen ununterbrochen neue Mittel zur Verfügung, um ihre althergebrachten Regelungen bezüglich Arbeitsort, Arbeitszeit und Arbeitsweise zu modernisieren. Technologie ebnet so den Weg, damit Arbeitgeber und Mitarbeiter kreative, virtuelle Arbeitszeitmodelle entwickeln können.

Virtuelle Büros wurden hauptsächlich durch das explosionsartige Wachstum in der Anzahl von Breitbandanschlüssen ermöglicht. In den USA zum Beispiel hatten im Jahr 2000 weniger als 5 Prozent der Haushalte einen Breitband-Internetzugang, aber bis Oktober 2006 war diese Zahl schon auf über 76 Prozent angestiegen.[72] Andere digitale Technologien, die Arbeit außerhalb des Büros ermöglichen, weisen ähnliche Wachstumsraten wie das Breitband auf: E-Mail ist buchstäblich überall, Textbotschaften ebenso, besonders unter jüngeren Leuten, und ein Handy hat beinahe jeder. In den USA gab es 1984 92 000 Handys und heute 150 Millionen[73], und weltweit liegen die Benutzerraten sogar noch höher.

Private virtuelle Netzwerke erlauben Benutzern von zu Hause aus einen abgesicherten Zugang zu firmeninternen Programmen, die sie für ihre Arbeit benötigen. Solche privaten Netzwerke werden oft von einem oder mehreren Unternehmen benutzt, um vertrauliche Informationen mithilfe eines öffentlich zugänglichen Netzwerks, wie zum Beispiel dem Internet, zu übermitteln. Außerdem verbreitet sich das Konzept des Thin Client, wobei sowohl die Programme als auch die Daten im Netzwerk gespeichert werden statt im Speicher jedes einzelnen Computers. Wissensarbeiter können mithilfe des Thin-Client-Systems ihre eigene Benutzeroberfläche von beliebigen Clients, also ans Netzwerk angeschlossenen Computern, aus nutzen. Es besteht hierbei keine Notwendigkeit mehr, sich auf den eigenen Laptop verlassen zu müssen, auf dem ja zuvor alle Programme und Daten gespeichert worden wären. Videokonferenzen sind auch eine wachsende Technologie, wenn auch langsamer, als unmittelbar nach den Terroranschlägen des 11. September 2001 vorhergesagt wurde.

In ihrer Gesamtheit ermöglichen diese Technologien es uns, über radikale Veränderungen in der Arbeitswelt nachzudenken. Wirtschaftsbosse und andere Planer der wirtschaftlichen Zukunft haben ganz neue Möglichkeiten, »nicht nur Technologien, sondern Unternehmen an sich innovativ zu überdenken«, sagt Thomas W. Malone, Professor für Management an der Sloan School of Management des Massachusetts Institute of

Technology.[74] Wir befinden uns in einer Welt, in der es durchaus üblich ist, dass Agenten eines Callcenters, Personalvermittler für leitendes Führungspersonal oder sogar ganze Informatikabteilungen virtuell arbeiten, und somit je nach Bedarf zwischen Büros wechseln können und die restliche Zeit von zu Hause oder von anderswo arbeiten. JetBlue Airways und 1-800-Flowers zum Beispiel betreiben ihren kompletten Kundendienst bequem von den eigenen Arbeitszimmern oder Küchentischen ihrer Mitarbeiter aus.

Ein anderer Aspekt der technologiefähigen Arbeitswelt ist, dass hochwertige Spezialisten ihre Vertragsbedingungen stärker selbst bestimmen können. Shelly Lazarus, Vorstandsvorsitzende und CEO bei Ogilvy & Mather Worldwide, einer der größten Werbeagenturen der Welt, erinnert sich an folgende Episode: Ein freiberuflicher Kreativchef namens David, der auf einer Farm etwa eine Stunde von Houston, Texas, entfernt wohnte, machte es von einer einzigen nicht verhandelbaren Bedingung abhängig, ob er die Stelle annähme oder nicht. »Er sagte: ›Ich arbeite nur für Sie, wenn ich das von meiner Farm aus tun kann.‹« Lazarus merkte, wie ernst er es damit meinte, als er hinzufügte: »Es gibt 26 Flüge pro Tag von Houston nach New York, wenn Sie mich also vor Ort brauchen, dann kann ich kommen.« Was lernen wir daraus? Fortschritte in der Technologie eröffnen nicht nur neue Möglichkeiten, wann und wo wir arbeiten, sondern sie geben besonders leistungsfähigen Arbeitnehmern auch eine starke Verhandlungsposition. »Wenn es nur einen David gibt, dann muss man ihn eben unter seinen eigenen Konditionen einstellen«, meint Lazarus hierzu.

Obwohl dies vielleicht ein extremes Beispiel ist, werden mittlerweile viele andere Formen virtueller Arbeitsplätze möglich, da die dafür nötige Technologie sich ständig weiterentwickelt. Die natürliche Tendenz in der Frühzeit aller bedeutenden technischen Fortschritte neigt dazu, die gegenwärtigen Zustände einfach genauso weiterzubetreiben. Die ersten Autos zum Beispiel schloss man wie Kutschen ab, frühe Fernsehsendungen waren im Grunde Radioprogramme mit Bildern, frühe Internetseiten sahen aus wie Bücher und so weiter. Da sich dies jetzt wahrscheinlich genauso abspielt, und da die Technologie immer weiter fortschreitet, werden auch weiterhin neue Modelle, wie, wo und wann man am besten arbeiten sollte, ständig neue Entwicklungen am Arbeitsplatz eröffnen.

Sun Microsystems entwickelt hauptsächlich innovative Technologien, die schnellere Veränderungen am Arbeitsplatz und erhöhte Produktivität ermöglichen. Sun hat Innovation zu einer Priorität seines weltweiten Unternehmens, das 13 Millionen Dollar wert ist, gemacht. Werfen wir also einen Blick auf die jüngste Kollaboration zwischen den für Immobilien, Informationstechnologie und Personalwesen zuständigen Abteilungen. Zusammen schufen diese Sektionen eine Infrastruktur, um Mitarbeitern Telearbeit, die Arbeit in zeitweiligen Büros in anderen Sun gehörenden Gebäuden und virtuelle Teamarbeit zu ermöglichen.[75] Ziele für die Betreuung hochwertiger Mitarbeiter wurden in die Planziele des Projekts eingebettet. Innerhalb der Zielsetzungen fanden sich auch: Laufende Kosten zu senken, das Netzwerk bis an seine Grenzen zu nutzen, talentierte Mitarbeiter landesweit und international zu suchen, auf die Neuen Märkte vorzudringen, engere Beziehungen mit Kunden weltweit zu pflegen und Business Continuity sicherzustellen, falls etwas Unvorhergesehenes geschieht.

Im Jahr 2006 nahmen über 50 Prozent von Suns 34 000 Angestellten aktiv an diesem Open Work™ genannten Programm teil. Diese Mitarbeiter arbeiteten nur Teilzeit in Sun-Büros oder, falls ihnen Aufträge für die Ausübung zu Hause zugeteilt worden waren, gar nicht im Büro.[76] Die eingesparten Kosten in den fünf Jahren zwischen 2001 und 2006 beliefen sich auf 387 Millionen Dollar. Über diese beträchtlichen Vorteile hinaus bekam Sun im Jahr 2006 auch einen von drei Preisen für herausragende Innovationen im Bereich Arbeit/Privatleben von der gemeinnützigen Alliance for Work-Life-Progress verliehen. Der Ehrungsgrund war, dass Sun seinen Mitarbeitern eine kreativere Auswahl ermöglichte, wo und wann sie arbeiten wollten. Das Open-Work-Programm hat auch Anerkennung für seine Umweltfreundlichkeit und für Suns Bekenntnis zu ökologischer Verantwortung gewonnen, da es CO^2-Emissionen reduziert, wenn Mitarbeiter nicht zur Arbeit fahren müssen.

Eine Sun-Veröffentlichung über sein Open-Work-Programm stellte fest: »Heutige Märkte liegen weiter auseinander, und sogar kleinere Unternehmen konkurrieren zunehmend weltweit. Neue digitale Technologien bieten der neuen Belegschaft eine noch nie gesehene Auswahl, wo sie wohnen und für wen sie arbeiten. Es ist in der Tat so, dass Wissensarbeiter erwarten, dass man ihnen diese Wahlmöglichkeiten zur Verfügung stellt.«[77]

Technologie führt, außer wo und wie man arbeitet, auch noch zu anderen Veränderungen am Arbeitsplatz. »Technologie ändert auch grundlegend die Art und Weise, wie Mitarbeiter bewertet werden«, meint Robyn Denholm, leitender Vizepräsident des Bereichs Firmenstrategieplanung bei

Sun. »Persönlicher Kontakt spielt bei den Bewertungskriterien der Leistung von Mitarbeitern keine Rolle mehr – es wird nach vollendeter Menge oder dem Wert der Leistung bewertet.«[78]

»Es geht hierbei darum, Konkurrenzvorteile zu schaffen«, fährt Denholm fort. »Wir sind eine globale Technologiefirma, deren Hauptstrategie auf Produktinnovation beruht. Unsere Belegschaft kreiert diese Innovationen. Durch die Einführung des Open-Work-Konzepts haben wir die Lebensqualität unserer Mitarbeiter weiter verbessert – und dabei auch noch beträchtlich Geld gespart.« Und zusätzlich dazu erwies sich auch, dass das Open-Work-Programm die Umwelt schützt, indem jährlich eine geschätzte Menge von 30 000 Tonnen Kohlendioxidabgasen gar nicht erst produziert wird.[79]

Während die verschiedenen Belegschaftstrends, die wir schon besprochen haben, die Nachfrage nach Flexibilität unter Mitarbeitern vorantreiben, schaffen gleichzeitig diverse neue Technologien ganz neue Perspektiven, wie und wo Arbeit verrichtet wird. Die Technologien des Informationszeitalters bieten Arbeitgebern und Arbeitnehmern fantastische Möglichkeiten, und wie die Geschichte immer wieder gezeigt hat, beschleunigt Technologie oft den Lauf der Dinge.

Jeder dieser Belegschaftstrends ist schon in vollem Gange. Es ist in der Tat so, dass wir uns am *Ende des Anfangs* befinden – dem Anfang einer Ära, die sich durch ihre zunehmend kulturell vielfältige Belegschaft Schritt für Schritt weiter von der Arbeitnehmerschaft des mittleren 20. Jahrhunderts entfernt. Für die nächsten zehn oder 20 Jahre werden drei verschiedene Generationen gleichzeitig in derselben Belegschaft und in denselben Unternehmen koexistieren, obwohl sie sich hinsichtlich ihrer Meinungen, Einstellungen und Erwartungen ungewöhnlich stark unterscheiden.

In der Zwischenzeit ist eine Kombination der sechs Belegschaftstrends schon im Entstehen, was eine Neustrukturierung der Arbeitszeitregelungen und der Arbeitsprozesse regelrecht erzwingt. Es gibt immer weniger qualifizierte Mitarbeiter. Die dahinschwindenden Formen und Werte der traditionellen Familienstruktur sind von vielfältigen neuen Varianten ersetzt worden. Der prozentuale Anteil von Frauen innerhalb der qualifizierten Arbeitnehmerschaft steigt, und schon bald wird die Gesamtzahl von Mitarbeiterinnen in wissensorientierten Unternehmen die Gesamtzahl der männlichen Mitarbeiter übersteigen. Der Prozentsatz der Männer, die an dem Ethos der geburtenstarken Jahrgänge festhalten (»zuerst der Beruf, danach die Familie«), verringert sich. Darüber hinaus deuten die neuen Einstellungen der Generationen X und Y zum Thema Karriere und Privatleben sowohl auf zunehmende Skepsis gegenüber dem Druck und Stress am Arbeitsplatz als auch auf den zunehmenden Wunsch nach vielfältigen Arbeitserfahrungen hin.

Aus all diesen Gründen gestaltet sich die neue traditionelle Belegschaft vielfältiger denn je: bezüglich ihres Hintergrundes, ihrer persönlichen Umstände, ihrer Erwartungen und ihrer Hoffnungen. Viele Führungskräfte denken, sie hätten schon ein gutes Stück der Strecke hinter sich gebracht, da sie flexible Arbeitszeiten, Telearbeit, Auszeiten und andere übliche Formen flexibler Arbeitszeitregelungen eingeführt haben. Diese Regelungen aber, wie wir im nächsten Kapitel erläutern, erhöhen die Loyalität und langfristige Arbeitsverhältnisse mit ihren am höchsten qualifizierten und wichtigsten Mitarbeitern nur unzulänglich, obwohl sie von den vielen Arbeitnehmern, die von ihnen profitieren, begrüßt werden. Um es kurz zu fassen, sind flexible Arbeitszeitregelungen einfach nicht die Lösung, die wir uns alle erhofft hatten.

Kapitel 3
Flexible Arbeitszeitregelungen sind nicht die Lösung

Wovon ich träume, ist eine Kunst der Balance.
Henri Matisse

Was unser Leben und unsere Karrieren angeht, denken die meisten von uns wie Matisse. Wir stellen uns ein Leben vor, in dem eine kunstvolle Balance zwischen unserer Leidenschaft für die Arbeit und dem Privatleben herrscht, und immer mehr von uns versuchen, Mittel und Wege zu finden, um diese Träume zu erfüllen. Formelle flexible Arbeitszeitregelungen waren unser erster Schritt in diese Richtung. Sie bieten Möglichkeiten, die von der traditionellen Erwartung abweichen, dass Mitarbeiter ohne Karriereunterbrechungen, in Vollzeit und immer im Büro arbeiten. Da flexible Arbeitszeitregelungen sich auf relativ kurzzeitige persönliche Notwendigkeiten konzentrieren, aber die längerfristigen Auswirkungen ignorieren, führten sie die Karrieren von Mitarbeitern, die eine solche Regelung wählten, aufs Abstellgleis oder warfen sie sogar gänzlich aus den Schienen.

Größere Unternehmen führten flexible Arbeitssysteme in der 90er Jahren ein, manche aber auch schon vor über 25 Jahren. Hierbei beziehen wir uns auf die formalen flexiblen Arbeitszeitregelungen, die Mitarbeitern die Arbeit außerhalb der normalen Strukturen und Karrierewege ihres Unternehmens ermöglichen (vergleiche Tabelle 3.1). Unternehmen haben auch formlose Arten von Flexibilität eingeführt, zum Beispiel, dass Mitarbeiter früher gehen können, um mit einer Fußballmannschaft zu trainieren, oder nach einem Arzttermin einige Stunden später anfangen können. Auf diese Weise ist es möglich, gelegentlich die Arbeitszeiteinteilung oder manchmal sogar den Arbeitsort den Bedürfnissen der Mitarbeiter anzupassen.

Tabelle 3.1: Typische flexible Arbeitszeitregelungen

Flexible Arbeitszeit	Flexible Ankunftszeit, Arbeitsende und/oder Mittagspause unter Beibehaltung der ›Kernzeiten‹ des Arbeitstages, während derer Mitarbeiter anwesend sein müssen.
Reduzierte Arbeitszeit/Teilzeit	Zeitweise von Vollzeit- zu Teilzeitarbeit wechseln und entsprechend reduzierte Bezahlung erhalten.
Komprimierte Arbeitswoche	Den Arbeitsplan so arrangieren, dass das gesamte wöchentliche Arbeitspensum in weniger Tagen als einer regulären Arbeitswoche erfüllt werden kann.
Telearbeit	Einige Stunden pro Woche von zu Hause aus arbeiten.
Jobsharing	Die Verantwortlichkeiten einer Stelle auf mehrere Mitarbeiter verteilen.
Arbeitszeit ansammeln	Arbeitsstunden über einen längeren Zeitraum (ein Jahr oder ein halbes Jahr) ansammeln, um eine Gesamtstundenzahl für diesen Zeitraum zu erreichen, sodass Mitarbeiter Flexibilität besitzen, wann sie arbeiten wollen.
Schrittweiser Ruhestand	Das Arbeitspensum oder die Arbeitszeit während der Zeit vor dem Ruhestand kürzen.
Auszeiten/Sabbatjahre	Längere Perioden von der Arbeit frei nehmen, aber ohne Bezahlung.

Formlose Flexibilität sorgt für eine offenere Atmosphäre bei der Arbeit und dafür, dass das Privatleben zumindest etwas besser neben der Arbeit existieren kann, und wird daher von vielen Mitarbeitern, wiederum besonders von Frauen, genutzt, um ihre tagtäglichen Aufgaben zu bewältigen.[1] Nichtsdestotrotz leiden formlose Flexibilität und formale flexible Arbeitszeitregelungen unter dem gleichen Problem: Beide sind Antworten auf zeitpunktspezifische Probleme und keine systematische Lösung des strukturellen Problems, wie der Arbeitsplatz mit der sich verändernden Belegschaft in Einklang gebracht werden kann.

Viele Unternehmensleiter und Manager gehen davon aus, ihre flexiblen Arbeitszeitregelungen böten in der Tat hinreichende Wahlmöglichkeiten zur Harmonisierung von Arbeit und Privatleben und führten zu größerer

Zufriedenheit unter Mitarbeitern und zu weniger Belegschaftsfluktuation. Diese Annahme entspricht oftmals aber nicht der Realität. Das Ziel dieses Kapitels ist es daher, die vielfältigen Gründe zu untersuchen, warum flexible Arbeitszeitregelungen die in sie gesetzten Hoffnungen nicht erfüllen.

Obwohl die Belegschaft nachdrücklich nach mehr Flexibilität verlangt, häufen sich die Beweise dafür, dass flexible Arbeitszeitregelungen weder dem Unternehmen die besten Mitarbeiter erhalten noch zum Aufbau langfristiger Arbeitsverhältnisse zwischen Arbeitgebern und Mitarbeitern ermutigen. Hierfür gibt es einen einzigen Hauptgrund, der sich auf alle anderen Aspekte auswirkt: Flexible Arbeitszeitregelungen werden als Einzelfallregelungen oder Ausnahmelösungen entworfen. Sie sind daher weder in firmeninterne Betreuungssysteme für talentierte Mitarbeiter eingebunden noch beziehen sie das wichtige Thema der künftigen Karriereentwicklung des jeweiligen Mitarbeiters in die Entscheidung mit ein. Kurz gesagt: Flexiblen Arbeitszeitregelungen fehlt die Verbindung mit dem Konzept der Karriere.

Karriere ist ein kontinuierlicher Prozess

Da flexible Arbeitszeitregelungen als punktspezifische Lösungen fungieren, werden sie generell als statisch angesehen. Zum Teil liegt dies daran, dass Arbeitgeber und Mitarbeiter üblicherweise den momentanen Job, nicht aber die Karriere als Ganzes im Auge haben. Daraus folgt, dass Lebensbedürfnisse nicht als Teil einer kontinuierlichen Entwicklung gesehen werden, sondern als momentane, statische Umstände, die mit den gegenwärtigen Arbeitsbedürfnissen in Einklang gebracht werden müssen. Die *Harmonisierung von Arbeit und Leben* wurde in den 80er Jahren Teil der Wirtschaftssprache, als Frauen wie nie zuvor den Belegschaften beitraten, und Unternehmen mit diesen neuen Regelungen darauf reagierten. Unserer Ansicht nach ist der gängige Begriff *Work-Life-Balance* unglücklich gewählt, da er ein Aufeinandertreffen von Gegenteilen andeutet, also Arbeit versus Privatleben und ein gleich bleibendes Verhältnis zwischen ihnen. Im Gegenteil argumentieren wir, dass Arbeit und Privatleben miteinander verwoben sind und daher immer parallel zueinander betrachtet werden müssen (vergleiche Abbildung 3.1). Wir benutzen daher lieber den Begriff

»Harmonisierung von Arbeit und Privatleben«, um dieses symbiotische Verhältnis auszudrücken.

Abbildung 3.1: Übergang von »Work-Life-Balance« zu »Arbeit als Teil des Lebens«

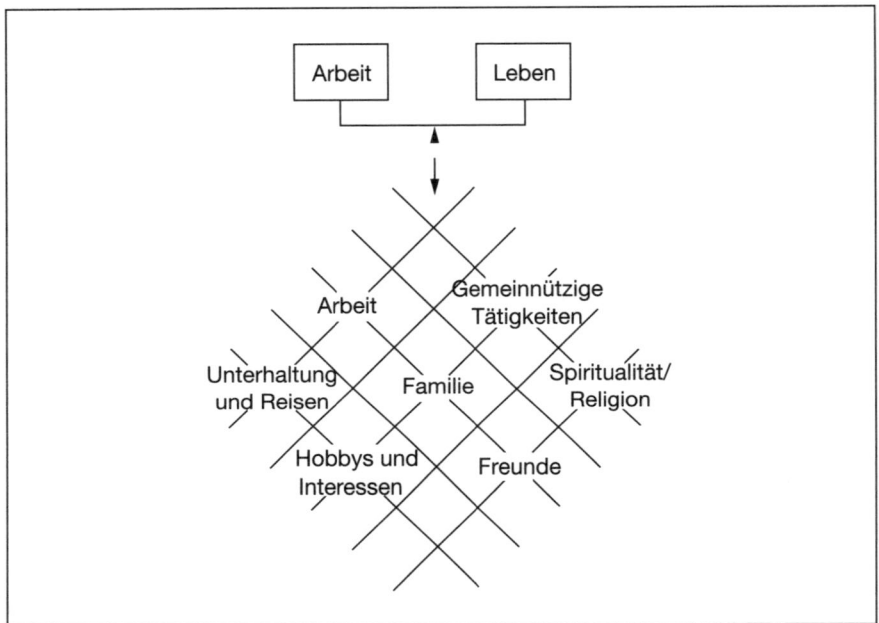

Wenn Arbeit nicht an sich, sondern als Teil einer Karriere innerhalb der Regelungen und Prozesse eines Unternehmens angesehen und somit letztlich als Teil des Lebenszyklus anerkannt wird, dann müssen die Arbeitsstrukturen im Kontext der unzähligen verschiedenen Lebensumstände und Lebensweisen der verschiedenen Generationen innerhalb der Belegschaft festgelegt werden. Auf der Mikroebene heißt dies, zu bestimmen, wie die Arbeit auszuführen ist, auf der Makroebene festzulegen, wie Karrieren sich entwickeln können. Die Arbeitssoziologen Phyllis Moen und Stephen Sweet zeigen dies in ihrer richtungsweisenden Untersuchung »Ecology of Careers«, für die sie zwischen 1998 und 2002 mehr als 4600 Personen befragten. Diese Studie gewährte einen Einblick, wie Mitarbeiter heutzutage mit den Turbulenzen umgehen, die von »Verfahren und kulturellen

Annahmen [verursacht werden], die mit der Realität des 21. Jahrhunderts nichts mehr gemein haben«.[2] In einem späteren Artikel beschreiben Moen und Sweet, was wir heute als einen Teil der Philosophie betrachten, auf der das System des Karriegitters beruht: »Wenn man bei der Frage ›Arbeit und Familie‹ das ganze Leben als Thema nimmt, bewegt man den Blickwinkel der Diskussion weg vom Individuum und seinen manchmal widersprüchlichen, manchmal einander fördernden Verpflichtungen und richtet das Augenmerk stattdessen auf die dynamischen Beziehungen zwischen den verschiedenen Rollen eines Individuums und auf zwischenmenschliche Beziehungen: 1) im Lauf der Zeit, 2) parallel zueinander und 3) in bestimmten Situationen … Man muss also das Thema ›Arbeit und Familie‹ zum Thema ›Karriere‹ umbenennen und ausweiten, da nur ›Karriere‹ die Vielschichtigkeit und die gesamte Lebensarbeitszeit eines Menschen ausdrückt.«[3]

Dies umzusetzen ist leichter gesagt als getan, wie wir zugeben müssen, besonders wenn dafür hauptsächlich nur flexible Arbeitszeitregelungen verfügbar sind. Mitarbeiter und ihre Vorgesetzten stellen sich zwar den vielen praktischen Hürden, denen sie bei der Erstellung und Durchführung solcher Arbeitszeitregelungen gegenüberstehen, aber sie schaffen es nur selten, sie auch zu überwinden. Die notwendigen Kompromisse in Sachen Karriere sind verschwommen, wenn sie überhaupt angesprochen werden. Schlecht mit der Realität abgestimmte Erwartungen treten daher häufig bei beiden Parteien auf.

Karriereselbstmord durch Flexibilität?

Flexible Arbeitszeitregelungen haben in allen Unternehmensstrukturen die an sie gestellten Ansprüche nicht erfüllt. Bei Rechnungsprüfern zum Beispiel fand das American Institute of Certified Public Accountants heraus, dass flexible Arbeitszeitregelungen nicht genug Mitarbeiter, die damit rangen, ihre Karriere und ihr Privatleben miteinander in Einklang zu bringen, auch wirklich in ihren Jobs hielten. Die meisten Wirtschaftsprüfungsgesellschaften haben in den letzten Jahren nahezu aggressiv flexible Arbeitszeitregelungen eingeführt, aber dennoch sind die zwei Hauptkündigungsgründe noch immer: 1) Arbeitsbedingungen (Arbeitszeiteinteilung, lange

Arbeitszeit, zugewiesene Arbeit), die 90 Prozent der Frauen und 80 Prozent der Männer angaben, und 2) das Verhältnis zwischen Arbeit und Privatleben, angegeben von 86 Prozent der Frauen und 70 Prozent der Männer.[4]

Bei vielen *Fortune*-500-Unternehmen bewegt sich die Kündigungsrate von Frauen noch immer über der von Männern, obwohl flexible Arbeitszeitregelungen eingeführt wurden, um den Unternehmen fähige Mitarbeiterinnen zu erhalten.[5] Während Frauen fehlende Flexibilität am Arbeitsplatz bei Kündigungen schon lange als einen Hauptgrund angegeben haben, zeigen sich mittlerweile auch Männer deutlich darüber besorgt. Unter vor kurzem eingestellten Mitarbeitern gaben mehr Männer als Frauen die Vereinbarkeit von Beruf und Privatleben als einen Hauptgrund für ihren Jobwechsel an, wie eine Studie unter Mitarbeitern von mittelgroßen und Großunternehmen diverser Branchen im Jahre 2006 zeigte.[6] Wenn flexible Arbeitszeitregelungen wirklich funktionierten, warum sind dann die Probleme, die sie lösen sollten, immer noch unter den Hauptkündigungsgründen?

Die Inanspruchnahme flexibler Arbeitszeitregelungen ist ein weiterer Hinweis darauf, dass diese Systeme einfach den Bedürfnissen von Mitarbeitern nicht entsprechen. Obwohl 96 Prozent aller Anwaltsfirmen flexible Regelungen anbieten, nutzen zu einem beliebigen Zeitpunkt nur etwa 4 Prozent aller Anwälte diese Programme auch wirklich.[7] Ist es aber tatsächlich wahr, dass 96 Prozent der Juristen kein Interesse oder keinen Bedarf an mehr Flexibilität in ihrem Arbeitsleben haben? Dem ist nicht so, denn ganz im Gegenteil zeigen mehr als ein Viertel weiblicher und ein Fünftel männlicher Angestellter in Anwaltsfirmen Interesse an einer Reduzierung ihres Arbeitspensums.[8] Zusätzlich würden über die Hälfte aller Juristen zumindest gelegentlich Arbeitsarrangements, die vom Standard abweichen, in Anspruch nehmen, wenn sie sicher sein könnten, damit ihre Karriere nicht zu gefährden. Im Moment jedoch sind die meisten Juristen der Ansicht, man werde als nicht engagiert genug angesehen oder lande sogar auf einer schwarzen Liste, was für die Karriereaussichten natürlich negativ wäre, und daher ziehen sie flexible Arbeitszeitregelungen nicht in Betracht.[9]

Das flexiblen Regelungen anhaftende Stigma der Karrierezerstörung ist vielfach dokumentiert worden. Das Families and Work Institute, eine angesehene Expertenkommission für Arbeits- und Belegschaftsfragen, fand heraus, dass beinahe 40 Prozent werktätiger Eltern, also eben jener Gruppe, für die flexible Regelungen geschaffen wurden, glauben, sie gefährdeten ihre Stellen, wenn sie ihre Arbeit flexibler gestalteten.[10]

Sogar die Mehrheit leitender Führungskräfte gab zu Protokoll, sie nähmen keine flexiblen Arbeitszeitregelungen in Anspruch, da sie negative Auswirkungen auf ihre Karriereentwicklung voraussähen. Nur 15 Prozent der Frauen und 20 Prozent der Männer meinten, flexible Regelungen würden ihrer weiteren Karriere nicht schaden. Darüber hinaus meinten nur 24 Prozent der Frauen und 33 Prozent der Männer, sie könnten aus familiären oder privaten Gründen eine Beförderung ausschlagen, ohne ihre Karriereentwicklung zu behindern.[11] Es zeigt sich also ganz eindeutig, dass jegliche Abweichung von der Norm kontinuierlicher Vollzeitarbeit selbst denjenigen, die sich ganz oben auf der Karriereleiter befinden, riskant erscheint.[12]

Was ist also schiefgegangen, wenn der steigende Bedarf nach flexiblen Lösungen und die gut gemeinten flexiblen Arbeitszeitregelungen scheinbar perfekt ineinander greifen, aber dennoch keine positiven Ergebnisse erzeugen? Die Antwort ist, dass die meisten flexiblen Regelungen nicht auf den strukturellen Konflikt eingehen, der zwischen der starren Karriereleiter und dem Bedürfnis der Mitarbeiter nach Karrierewegen besteht, die mit den sich ständig ändernden Prioritäten ihres Privatlebens vereinbar sind.

Flexible Arbeitszeitregelungen stellen im Endeffekt nur eine Kompromisslösung dar, während das Ideal weiterhin der hergebrachte Vollzeitbeschäftigte ist, der um jeden Preis die Karriereleiter hinaufsteigen will. Auf diese Weise bestärken flexible Arbeitszeitregelungen die geradlinige und kontinuierliche traditionelle Karrierestruktur sogar, da sie nicht als realistische Option für ambitionierte, aufstiegswillige Mitarbeiter angesehen werden. Flexible Lösungen gelten schlicht nicht als Weg nach oben.

Ganz im Gegenteil werden sie oftmals als Zeichen mangelnder Ambitionen und fehlenden Aufstiegswillens ausgelegt. Zu demselben Schluss kamen auch Phyllis Moen und Patricia Roehling in ihrem Buch *The Career Mystique: Cracks in the American Dream*: »Mitarbeiter werden nur dann flexible Arbeitszeiten und Karrieremöglichkeiten in Anspruch nehmen, wenn sie keine Einbahnstraße weg von einer echten Stelle mit Karriereaussichten, sondern legitime Auszeiten oder alternative Wege nach oben darstellen.«[13] Wenn Flexibilität als nebensächliches Thema mit flexiblen Arbeitszeitregelungen angegangen wird, ist es verständlich, dass die Ergebnisse nicht beeindruckend sein können.

Eine abschreckende Lösung für Männer

Betrachten wir das Thema der flexiblen Arbeitszeitregelungen als unzureichende Reaktion auf die neue Belegschaft noch von einem anderen Blickwinkel. Während Frauen sich bereitgefunden haben, ihre potenziellen Karrierechancen im Austausch für größere Flexibilität zu kompromittieren, haben Männer sich darauf bisher nicht eingelassen. Unter Männern aller Altersgruppen hat sich aber die Einstellung darüber, wie wichtig es ist, sein Leben bezahlter Arbeit und dem Aufstieg auf der Karriereleiter zu widmen, durchaus geändert, wie wir in Kapitel 2 schon gesehen haben.

Für 31 Prozent der befragten Männer war das Verhältnis zwischen Arbeit und Privatleben ein Hauptgrund für Unzufriedenheit, laut einer Studie unter festangestellten Mitarbeitern mittlerer und großer Unternehmen im Jahr 2006.[14] Flexible Arbeitslösungen sollten also theoretisch eine gute Wahl für viele Männer darstellen, zum Beispiel in Form komprimierter Arbeitswochen, Teilzeitarbeit, Jobsharing und so weiter. Die überwiegende Mehrheit männlicher Arbeitnehmer jedoch lehnt flexible Arbeitszeitregelungen als reine Frauenangelegenheit ab und sieht sie als Todesurteil für ihre Karrieren, ganz gleich, wie erfolgreich und unersetzlich sie in den Augen ihrer Kollegen und Vorgesetzten sind.[15] »Es wird weithin so gesehen, dass flexible Arbeitszeitregelungen nur etwas für Frauen sind, die nicht Vollzeit arbeiten und ihre Arbeitszeit auf drei Tage pro Woche reduzieren wollen«, sagte uns eine leitende Führungskraft bei einem großen Beratungsunternehmen. »Ich würde wetten, in unserem Unternehmen gibt es keinen einzigen Mann mit einer flexiblen Arbeitszeitregelung.«

Die Karriereveränderung eines schnell aufsteigenden Bereichsleiters, den wir Rafael nennen wollen, beleuchtet das Problem, das besonders Männer mit flexiblen Arbeitszeitregelungen haben. Man könnte Rafael für einen idealen Kandidaten für eine flexible Regelung halten. Er mochte die Arbeit mit den Kunden, bei der er eine neunjährige Berufserfahrung in der Wirtschaft und herausragende Erfolge vorzuweisen hatte, zuvor hatte er zehn Jahre als Pilot bei der Marine gedient und nebenbei auch noch einen MBA-Abschluss erworben. Obwohl seine Frau ihre drei Kinder aufzog, bereiteten ihm seine langen Arbeitszeiten jedoch zunehmend Sorgen, als seine Familie einem schwerwiegenden Problem gegenüberstand: Sein ältester

Sohn, ein Teenager, entwickelte eine Hormonstörung, die zu unvorhersehbaren Verhaltensschwankungen führte. Als verantwortungsbewusster Vater beschloss Rafael, dass er mehr Zeit mit seinem Sohn verbringen müsse, bei eventuellen Problemsituationen sofort verfügbar sein wollte und mit seiner Familie vom Mittleren Westen an die Westküste der USA umziehen sollte, um in der Nähe seiner alternden Eltern zu sein.

Als Lösung kreierte er mit seinen Vorgesetzten eine neue Vollzeitstelle mit firmeninternem Fokus: Innovative Dienstleistungen und Kundenangebote, die aber andere Mitarbeiter anbieten und verkaufen würden. Rafael selbst würde wegen der unberechenbaren Zeitplanung im Außendienst nicht mit seinen langjährigen Kunden arbeiten. Es ist interessant, dass bei diesen Diskussionen eine flexible Arbeitszeitregelung nie zur Wahl stand. Rafaels Vorgesetzter begründete dies damit, dass eine flexible Arbeitszeitregelung Rafaels Chancen auf eine Beförderung zerstören würde. Außerdem sei eine flexible Regelung nicht angemessen, da Rafael ja weiterhin Vollzeit arbeiten wolle. Was zeigt uns das? Dass viele leitende Führungskräfte und normale Mitarbeiter flexible Arbeitszeitregelungen für Männer als Karriereselbstmord ansehen.

Um es brutal auszudrücken, halten Arbeitgeber Mitarbeiter mit flexiblen Arbeitszeitregelungen für unzuverlässig. In besonderem Maße gilt dies, wenn die flexible Lösung aufgrund von Betreuungsverpflichtungen des Mitarbeiters beantragt wurde. Wie in dem Bericht *Beyond Bias and Barriers* der National Academy of Sciences dargestellt wird, sehen sich arbeitstätige Eltern, deren häusliche Betreuungsverpflichtungen an ihrem Arbeitsplatz wohlbekannt sind, oft subtilen, unterbewussten Vorurteilen bezüglich ihrer Kompetenz und ihres Engagements ausgesetzt: »Mütter begegnen geschlechtsspezifischen Vorurteilen hinsichtlich ihres Aufgabenbereichs und des bei ihrer Arbeit erwarteten Standards, aber auch bei anderen Annahmen über sie und ihre Arbeit. Wenn zum Beispiel ein Mann abwesend ist, wird angenommen, er halte irgendwo eine Präsentation; wenn aber eine Frau nicht da ist, nimmt man an, sie sorge für ihre Kinder … Im gleichen Sinne bekommen auch Väter, die Elternurlaub oder eine kurze Auszeit nehmen, um sich um Familienangelegenheiten zu kümmern, weniger Boni und schlechtere Leistungsbewertungen und werden generell als weniger engagiert angesehen.«[16]

Besonders unter den Generationen X und Y suchen immer mehr Männer nach Lösungen, die dem Karrieregitter ähneln statt der bestehenden

Karriereleiter. Dennoch werden unseren Erwartungen nach nur wenige Männer flexible Karriereregelungen als realistische Option in Betracht ziehen, wenn sie erwägen, wie sie am besten ihre Karriereeinstellungen für Geschwindigkeit, Arbeitspensum oder die anderen Karrieredimensionen verringern können. In der Welt der Karriereleiter steigt man entweder die Leiter hinauf oder man fällt herunter. Normalerweise gibt es nämlich kaum eine Möglichkeit, die Leiter hinunterzusteigen. Statt also mit flexiblen Arbeitszeitregelungen herumzuexperimentieren, werden, wie wir glauben, mehr Männer die Karriereleiter verlassen, so wie es bisher die Frauen getan haben.

Dies geschieht in der Tat schon. Männer der Generation X im Alter von Ende 20 oder Anfang 30 sehen laut *New York Times* »die Rutschen als ebenso interessant an wie die Leitern«, kündigen und nehmen sich danach bereitwillig Wochen oder Monate frei, um ihren persönlichen Ausgleich zwischen Karriere und Privatleben zu finden, bevor sie wieder eine Arbeit annehmen.[17] Jesse Keller, ein damals 32-jähriger Software-Ingenieur, kündigte im Jahr 2006 nach zehn Jahren bei der gleichen Firma, um alle 58 US-Nationalparks zu besuchen. »Während das Rentenalter sich immer weiter nach hinten verschiebt und die finanzielle Altersvorsorge immer unsicherer wird, erschien es mir nahezu unvertretbar, die Gelegenheit zum Reisen nicht jetzt auszunutzen, während ich jung, gesund und finanziell abgesichert bin«, sagte er gegenüber der *New York Times*. Keller erklärte, mehr als über die Jobsuche nach seiner Tour der Nationalparks sei er eher besorgt, sich in einem neuen Job wieder ausgebrannt zu fühlen. »Der Trick ist, einen Job zu finden, der ein ausgeglichenes Verhältnis zwischen Arbeit und Privatleben gleich mit eingebaut hat, damit ich mich nicht wieder in ein großes Abenteuer stürzen muss, um mich von der Arbeit zu erholen«, legte er dar.[18]

Den Arbeitgeber zu wechseln ist eine normale und oft wiederkehrende Aktivität im Arbeitsleben der Generationen X und Y. Laut einer Untersuchung des Families and Work Institute ist die Wahrscheinlichkeit, dass Mitarbeiter der Generation Y ihre Stelle kündigen, um 18 Prozent höher, als sie es für die geburtenstarken Jahrgänge im gleichen Alter war.[19] Flexible Arbeitszeitregelungen erfüllen nicht die zunehmend komplexen Bedürfnisse der Belegschaft, da sie nicht darauf eingehen, was Mitarbeiter der Generation Y sich von ihrer Arbeit erhoffen und welche Kompromisse sie einzugehen willens sind, um diese Ziele zu erreichen.

Es ist allerdings wahr, dass flexible Arbeitszeitregelungen für einige Gruppen funktioniert haben – und es auch weiterhin tun. Heutzutage wird der größte Teil flexibler Regelungen von Frauen benutzt, und besonders von werktätigen Müttern, die ihre Arbeitszeiteinteilung gewöhnlich um Kindererziehung und Schulzeiten herum gestalten müssen. Viele Mitarbeiter mit flexiblen Arbeitszeitregelungen, besonders wiederum Frauen, sagten, dass sie ihr Unternehmen verlassen hätten, wenn ihnen diese Lösung nicht offengestanden hätte.[20]

Trotz vereinzelter Erfolge jedoch haben es nur wenige Firmen geschafft, ihre flexiblen Arbeitszeitregelungen zu einer unternehmensweiten Strategie zur Bindung von Mitarbeitern auszuweiten. Als zum Beispiel im Jahr 2005 ein Beratungsunternehmen, das acht Milliarden Dollar wert ist, über einen Zeitraum von drei Monaten 13 interne Diskussionsforen einrichtete, bestätigten 50 Prozent der Teilnehmer, dass ihre flexiblen Arbeitszeitregelungen für sie gut funktionierten. Die restlichen 50 Prozent jedoch sagten kategorisch, für sie funktionierten ihre flexiblen Regelungen nicht. Diese klare Spaltung verdeutlicht, wie schwierig es für Unternehmen ist, einheitliche Qualitäts- und Effektivitätsstandards bei flexiblen Arbeitsprogrammen zu erreichen.

Die Wahrheit über flexible Arbeitszeitregelungen: Was viele ahnen, aber niemand sagt

Um eine offene Diskussion über flexible Arbeitszeitregelungen anzuregen, wollen wir nun einen Überblick über ihre Tücken und Begrenztheit geben.

Flexible Arbeitszeitregelungen sind nicht klar abstufbar

Selbst gut organisierte flexible Arbeitsprogramme werden normalerweise relativ spontan eingerichtet und als Einzelfälle diskutiert. Der spontane Ansatz bringt aber zwei Hauptprobleme mit sich: Erstens ist es extrem schwierig, Gleichheit, also sowohl objektiv messbare wie auch subjektiv wahrgenommene Gleichheit, zwischen allen Fällen zu erreichen. Zweitens ist es nahezu unmöglich, flexible Arbeitszeitregelungen abzustufen. Nehmen wir als Beispiel Citigroup, wo es schon seit Jahren ein Programm für flexibles Arbeiten gibt. Hans Morris, ein Citibank-Vorstandsvorsitzender und Leiter der Einheiten Märkte und Bankwesen, sagt: »Ich würde es als eine spontane Regelung beschreiben. Wir beginnen gerade erst, einen systematischen Ansatz zu suchen. Es gibt gewisse Aspekte, die schon geregelt sind, aber wenn man diese Pläne und Richtlinien mit anderen, wie zum Beispiel dem allgemeinen Gehaltsplan für das ganze Jahr, vergleicht, erkennt man, dass Letzterer extrem hoch entwickelt ist, Ersterer aber ganz klar noch in der frühen Planungsphase steckt. Wir sind uns durchaus bewusst, dass wir da noch viel machen müssen, denn wir wollen, dass sich bei uns Karrieren individueller und weniger geradlinig entwickeln können.«[22]

Manche Gründe sind wichtiger als andere – aber nur inoffiziell

Aus gesetzlichen Gründen können flexible Regelungen nicht nur für Mütter verfügbar sein, sondern auch für Väter. In der Realität aber sind viele Vorgesetzte eher bereit, flexible Arbeitszeiten mit einer Mutter kleiner Kinder zu diskutieren und auch zu bewilligen als mit einem Mann, der sein Arbeitspensum reduzieren will, da seine Frau ebenfalls außer Haus arbeitet. Obwohl der Grund keine Rolle spielen sollte, haben viele Vorgesetzte ihre eigene Meinung darüber, welche Gründe »wichtiger« sind als andere, und dies fließt regelmäßig und systemlos in den Entscheidungsprozess mit ein.

Keine Flexibilität für Führungskräfte?

Flexible Lösungen scheinen hauptsächlich bei Personen zu funktionieren, die sich auf der Ebene einfacher Mitarbeiter bewegen, nicht aber für Vorgesetzte und Führungskräfte. Doch diese einfachen Mitarbeiter arbeiten sich am Ende in leitende Positionen oder ins Management hoch. Eine flexible Arbeitszeitregelung auf den höheren Ebenen erfolgreich umzusetzen ist aber schwieriger, und viele Unternehmen wollen dies gar nicht erst versuchen. Gap Inc. zum Beispiel, eine Handelskette mit 150 000 Mitarbeitern und einem Umsatz von 16 Billionen Dollar, schrieb seine Richtlinien für flexible Arbeit so um, dass sie explizit bestimmen, leitende Führungskräfte hätten Vollzeit zu arbeiten.[23] Und das ist keineswegs ungewöhnlich, wenn es auch üblicherweise nicht publik gemacht wird. Viele Unternehmen schließen Mitarbeiter mit reduzierter Arbeitszeit von Beförderungen in Leitungspositionen aus. Diese »Endstation Mama« ist es, die ambitionierte, talentierte Mitarbeiter von flexiblen Arbeitszeitregelungen abschreckt.

Passt die neue Stelle auch zum Mitarbeiter?

Wenn ein Vorgesetzter einen Antrag für eine flexible Lösung auf den Tisch bekommt, ist eine gängige Reaktion, den Mitarbeiter auf eine auf den ersten Blick relativ passende Stelle zu versetzen. Einer Forschungskraft mag etwa eine Verwaltungsrolle zugewiesen werden oder einem Vertreter ein Bürojob. Wenn als Auswahlkriterium bei der Stellenwahl aber nur die Erfüllung der beantragten Flexibilität, nicht aber die Stärken, Fähigkeiten und die Ausbildung des Mitarbeiters eine Rolle spielen, dann kann der Mitarbeiter in seiner neuen Position versagen. Und dieses Versagen wird dann in den Augen der Vorgesetzten, der restlichen Abteilung und anderer Kollegen der flexiblen Arbeitslösung zugeschrieben, nicht aber der unzureichenden Paarung der jeweiligen Fähigkeiten und der neuen Besetzung.

Vorgesetzte können es keinem recht machen

Bei vielen Unternehmen beruht die Mittelzuweisung für Mitarbeiterzahlen, Boni und andere Festkosten auf Vollzeitstellen. Es erweist sich oft als schwierig, dies für Teilzeitstellen, Jobsharing-Stellen oder Mitarbeiter, die Voll- oder Teilzeit von zu Hause aus arbeiten, anzupassen. Besondere Schwierigkeiten wirft dies für Mitarbeiter auf, die über das Unternehmen gesundheitsversichert sind oder sonstige Vergünstigen beziehen. Pro Arbeitsstunde kann eine flexible Stelle wesentlich teurer sein als eine normale Vollzeitstelle, was die Abteilungsbudgets für allgemeine und Verwaltungskosten verzerren kann. Zusätzlich zu diesen Kosten können Mitarbeiter mit einer flexiblen Regelung auch erheblich mehr Betreuungszeit in Anspruch nehmen. Schlechte Erfahrungen mit diesen materiellen und ideellen Kosten können dazu führen, dass Vorgesetzte Anträge für flexible Lösungen ablehnen und mitunter gar nicht erst erwägen. Andererseits gibt es auch Vorgesetzte, die Zeit und Energie investieren, um flexible Regelungen erfolgreich zu betreuen, aber oft dafür keine Anerkennung erfahren. Obwohl sie die Mitarbeiterfluktuation senken und interne und externe Ressourcen optimal gebrauchen, um Leistungsziele zu erreichen, wird ihnen dies nicht angerechnet. Infolgedessen führen den neuen Bedürfnissen schlecht angepasste Bonusregelungen dazu, dass Vorgesetzte, obwohl eigentlich wohlmeinend, sich dennoch von flexiblen Arbeitszeitregelungen fernhalten.

Probleme durch »Gleiches Recht für alle«

Obwohl flexible Arbeitszeitregelungen keine Sozialleistungen sind, werden sie doch oft fälschlich als allen gleichermaßen zugängliche Vergünstigung wahrgenommen. Wenn also ein Vorgesetzter einem sehr leistungsstarken Mitarbeiter eine flexible Lösung bewilligt, kann es vorkommen, dass auch leistungsschwächere Kollegen darauf bestehen, sie hätten ein Anrecht auf dasselbe Arrangement – das sei schließlich nur »fair«. Um dies zu vermeiden, lehnen manche Vorgesetzte flexible Regelungen rundum für alle Mitarbeiter ab oder handeln mit ihren besten Mitarbeitern Sonderregelungen aus, die nicht Teil des Systems sind. Solche Sonderlösungen verursachen jedoch neue Probleme. Zum einen führen sie unter Umständen zu Unmut unter den Kollegen, speziell wenn die Bedingungen der Regelung nicht klar zu erkennen sind. Zum anderen ist die Koordination problematisch, besonders wenn die Anzahl der Sonderregelungen steigt, da sich mehr und mehr Mitarbeiter darum bewerben. Und während wir beim Thema Vorgesetzte sind, sollten wir auch erwähnen, dass manche der Idee flexibler Lösungen aus dem einfachen Grunde ablehnend gegenüberstehen, weil sie selbst nicht auf jene Weise die Karriereleiter hinaufgestiegen sind.

Leistungsbewertungen werden schwieriger

Viele Kriterien bei der Leistungsbewertung eines Mitarbeiters sind subjektiv schwer messbar. Selbst wenn die Kriterien für Vollzeitbeschäftigte so abgeändert werden, dass sie für Mitarbeiter mit einer reduzierten Arbeitszeit passen, was nicht immer getan wird, besteht immer noch das Problem, wie zusätzlicher Einsatz einfließen sollte. Vollzeitkräfte tragen durch Mentortätigkeit, Anwerben neuer Mitarbeiter, Einsatz im Büro und Mithilfe in der Gemeinschaft zum Unternehmenserfolg bei. Zu welchem Grad sollte man diese Aktivitäten auch von einem Mitarbeiter mit reduzierter Arbeitszeit erwarten? Und was passiert, wenn der Mitarbeiter diese zusätzliche Zeit nicht aufwenden will, eben weil er eine flexible Regelung für seine Arbeitszeit hat?

Zum Thema Arbeitszeit kommt noch hinzu, dass besonders bei leitenden Wissensunternehmen ein großer Unterschied dazwischen besteht, was Arbeitgeber und Mitarbeiter unter einer Drei-Tage-Woche verstehen: Drei Tage oder 24 Stunden? Nehmen wir Anna als Beispiel, eine Führungskraft, die genau wie ihre Kollegen normalerweise mindestens 50 Stunden pro Woche arbeitete. Sie bewarb sich erfolgreich um eine Reduzierung ihrer Arbeitszeit auf drei Tage pro Woche. Sie interpretierte dies als 24 Stunden pro Woche, also drei Arbeitstage von je acht Stunden, ihr Arbeitgeber erwartete jedoch drei Tage von je zehn Stunden – 60 Prozent einer Fünf-Tage-Woche von 50 Stunden. Ohne einheitliche Richtlinien für Vorgesetzte sind solche individuellen Faktoren schwer zu regeln. Und zusätzlich dazu gibt es noch das Problem, dass für manche Systeme zur Leistungsbewertung eine Rangfolge unter den Mitarbeitern erstellt werden muss. Ist es gerechtfertigt, einer Vollzeitkraft mit langer Arbeitszeit, die also im persönlichen Bereich zurücksteckte, die gleiche oder sogar eine niedrigere Bewertung zu geben wie einer Teilzeitkraft, die sehr gute Leistung erbrachte? Die Antwort ist, dass dies selten passiert.

Die Kompromisse werden nicht klar ausgesprochen

Die Erwartungen innerhalb flexibler Regelungen werden oft nicht verdeutlicht, und daher sind Missverständnisse chronisch. Und warum? Weil die Beteiligten nicht über die nötigen Kompromisse sprechen wollen. Der offensichtliche Kompromiss wird oft diskutiert, nämlich gekürztes Gehalt im Verhältnis zu gekürzter Arbeitszeit und Arbeitsleistung, aber andere Kompromisse bleiben ungelöst oder werden übersehen. Hierunter fällt zum Beispiel die Frage, welche und wie viele Aufträge jemandem, der zwei oder drei Tage pro Woche von zu Hause aus arbeitet, offenstehen sollten, oder inwiefern sich eine Arbeitszeitreduzierung auf die Beförderungschancen auswirken kann. Oft werden diese Themen übersehen, da flexible Lösungen inmitten einer Krisensituation zusammengeflickt werden, wenn ein Mitarbeiter kurz davor ist, das Unternehmen zu verlassen. Der Mitarbeiter und der Vorgesetzte konzentrieren sich verständlicherweise beide auf eine schnelle Lösung für die unmittelbare Situation. Oft hat auch keiner von beiden große Erfahrung mit flexiblen Arbeitszeitregelungen, was dazu führt, dass das weite Thema der langfristigen Auswirkungen auf die zukünftige Karriere nur selten angeschnitten wird.

Wer macht das, was liegen bleibt?

Ein weiteres Problem, das eine flexible Lösung untergraben kann, ist die Frage, wer die übrig gebliebene Arbeit erledigt, wenn ein Kollege seine Arbeitszeit reduziert hat. Wenn Mitarbeiter jeden Tag im Büro sind, schleicht sich bei ihnen oft das Gefühl ein, dass sie die Einzigen sind, die Überstunden machen, wenn ein Abgabetermin naht. Kollegen mit flexiblen Arbeitszeitregelungen verschlimmern diesen Groll noch. James J. Sandman, früher leitender Teilhaber der Anwaltsfirma Arnold & Porter, sagt: »Wer keine Familie hat, schließt oft, dass familiäre Verpflichtungen beruflich akzeptierte Gründe sind, um nicht spät oder am Wochenende arbeiten zu müssen. Wenn man selber andererseits Freunde zu Besuch hat, die extra angereist sind, wird das nicht als akzeptabler Grund angesehen, um Überstunden zu verweigern.«[24]

Minderwertigkeitsgefühle durch flexible Lösungen

Aufgrund solcher Reaktionen anderer fühlen sich Mitarbeiter mit flexiblen Arbeitszeitregelungen öfters unzulänglich. Wenn sie sowohl zu Hause wie auch bei der Arbeit großes Engagement und qualitativ hochwertige Leistungen zeigen wollen, führt das oft nur dazu, dass sie sich so fühlen, als würden sie in Wirklichkeit beides nur mittelmäßig und nichts richtig gut machen. Sie fühlen sich desillusioniert, da sie sozusagen zwei Jobs haben

– einen bei der Arbeit und einen zu Hause –, ihre Bemühungen aber in keinem von beiden Bereichen anerkannt werden. Ihr Leben wird zu einem komplexen Gewirr aus Zeitplänen, Verpflichtungen und Terminen, die oft miteinander kollidieren oder gegeneinander arbeiten. Oftmals fühlen sich solche Mitarbeiter, als ob sie ständig Unannehmlichkeiten bereiten, da sie immer wieder auf ihre Zeitplanung hinweisen müssen. Wenn das Team beschließt, seine Besprechungen mittwochs zu halten, erwähnt der betreffende Mitarbeiter, dass er mittwochs frei hat, und wartet, normalerweise stillschweigend, auf den frustrierten und verärgerten Seufzer, der unweigerlich folgt. Solche täglichen Demonstrationen, dass sie mit dem Arbeitsrhythmus der Kollegen nicht übereinstimmen, kann auch die hartnäckigsten und motiviertesten Arbeitnehmer zermürben.

Engagement wird bezweifelt

Zusätzlich entstehen Misstrauen und Verwirrung, wenn Mitarbeiter mit flexiblen Arbeitszeitregelungen fühlen, dass ihr Engagement infrage gestellt wird. Sie werden oftmals als ihrem Unternehmen und ihrer Karriere weniger verpflichtet angesehen als Vollzeitbeschäftigte. Wie schon erwähnt, haben zahlreiche Studien das mit flexiblen Arbeitszeitregelungen verbundene Stigma untersucht, ob subjektiv so wahrgenommen oder objektiv existierend, und die Kosten für die Karriere dokumentiert.[25] Als Resultat ergibt sich ein Teufelskreis: Die vorherrschende Meinung unter Vorgesetzten und Kollegen ist, dass Mitarbeiter mit flexiblen Arbeitszeitregelungen weniger engagiert sind als ein Vollzeitbeschäftigter. Vorgesetzte werden daher nicht ebenso viel in sie investieren wie in eine Vollzeitkraft. Da Mitarbeiter mit flexiblen Regelungen infolgedessen das Unternehmen als ihnen gegenüber weniger engagiert sehen, ist es durchaus wahrscheinlich, dass sie sich langsam ausklinken und in der Tat ihr Engagement der Firma gegenüber verlieren. Dieser Teufelskreis entmutigt Mitarbeiter mit flexiblen Lösungen ebenso wie ihre Arbeitgeber. Solche Mitarbeiter haben oft das Gefühl, ihre Kollegen und Vorgesetzten warteten nur darauf, dass sie einen Fehler machen, anstatt ihre Bemühungen als Engagement und Entschlossenheit anzuerkennen. Arbeitgeber andererseits glauben oftmals, dass der Zeitaufwand und die Mühe, die sie aufwenden, um eine flexible Regelung auch zum Laufen zu bekommen, von den betreffenden Mitarbeitern nicht anerkannt werden. Sie meinen, diese Mitarbeiter zeigten eher Interesse an der Wahrung ihrer flexiblen Arrangements als am Erfolg ihrer Abteilung. Darüber hinaus sind viele Vorgesetzte der Überzeugung, Mitarbeiter mit flexiblen Lösungen würden in der überwiegenden Mehrheit ohnehin nicht auf eine traditionelle Vollzeitstelle zurückkehren.

Die bisher genannten Punkte stellen im besten Fall einen schwierigen Hochseilakt zwischen Vorgesetzten und Mitarbeitern dar – wenn beide die Balance halten, entwickelt sich das Arrangement manchmal zu einer erfolgreichen langfristigen Zusammenarbeit, die sich für beide Seiten lohnt. Normalerweise führt jedoch die Kombination all dieser Punkte zu einer ganzen Kette von Misserfolgen und Enttäuschungen, welche die knappen Ressourcen des Unternehmens und die Talente und Hoffnungen der Mitarbeiter vergeuden. Im schlimmsten Fall allerdings bekommen manche Mitarbeiter gar nicht erst die Chance, eine Einzelfallregelung aushandeln zu können.

Das Beispiel Sheilas – oder von unzähligen anderen in derselben Lage

Sheila Eisel war eine höchst erfolgreiche Verkaufsangestellte bei einem weltweiten Software-Unternehmen, als sie ihrem Vorgesetzten mitteilte, sie sei schwanger. Kein Problem. Die Firma wollte sie definitiv in einer aktiven Rolle weiterbeschäftigen, und sie kehrte Teilzeit für drei Tage pro Woche nach ihrem Erziehungsurlaub zur Arbeit zurück. »Ich dachte, ›das ist perfekt‹, und es funktionierte auch wirklich fantastisch – für die ersten drei Monate«, sagte sie in einem Beitrag in *60 Minutes* auf CBS News im Jahr 2005.[26] Obwohl Sheila nämlich eine Stelle für drei Tage pro Woche hatte, passte das Unternehmen ihr Arbeitspensum oder ihre Verkaufsposition dieser neuen Arbeitszeiteinteilung nicht an. Was daher von beiden Seiten als flexible Lösung gedacht war, scheiterte.

Schon nach kurzer Zeit arbeitete Sheila 40 Stunden »in einer ruhigen Woche« und oft auch 50 oder 60 Wochenstunden, wie sie sagt. Darüber hinaus wurden die begehrtesten Kunden, die zuvor ihre Fälle waren, nun von Kollegen betreut. Als Antwort auf ihre Beschwerden hörte sie von ihrem Vorgesetzten: »Wie kann ich dir denn die besten Kunden geben, wenn du nur drei Tage pro Woche hier bist?«

Die Antwort hierauf, sagt Sheila, wäre es gewesen, ihr Arbeitspensum auf die Betreuung nur eines Kunden zu beschränken. Sheila gab im Nachhinein zu, es habe durchaus der Wahrheit entsprochen, dass sie nicht gleichzeitig mehrere Spitzenkunden betreuen, Teilzeit arbeiten und zu Krabbelgruppen gehen konnte. »Aber wenn ich nur einen einzigen Spitzenkunden gehabt hätte«, sagt sie, hätte es funktionieren können. Aber niemand in einer Entscheidungsposition dachte daran, ihre Rolle oder ihr Arbeitspensum ihrer neuen Teilzeitstelle anzupassen – oder aber eine ganz neue Arbeitszeiteinteilung auszuarbeiten, die sich mit ihren neuen Arbeitsanforderungen vertragen hätte. Trotz ihrer Teilzeitposition arbeitete Sheila normalerweise 50 Stunden oder mehr pro Woche, und wie so viele andere gab sie letztlich auf und kündigte.

So muss es aber nicht ausgehen. Da Unternehmen immer intensiver versuchen, talentierte Mitarbeiter zu finden und auch zu halten, wird das Problem mittlerweile von denjenigen Firmen angegangen, die verstanden haben, dass die Strukturprobleme flexibler Lösungen, die Verbreitung nicht traditioneller Familienverhältnisse und den sich daraus ergebenden Konflikten mit traditionellen Arbeitsstrukturen, der Haltung jüngerer Generationen, der sich ändernden Einstellung von Männern und der zunehmenden Bedeutung von Frauen am Arbeitsplatz alle miteinander verbunden sind.

Unternehmer, die »jahrelang« in talentierte Frauen investiert hatten, sagten oft, ihr Unvermögen, diese Frauen dann auch zu halten, mache sie »verrückt«, sagte Kim B. Clark, der damalige Dekan der Harvard Business School, in demselben *60 Minutes*-Nachrichtenprogramm, in dem Sheila das Scheitern ihrer flexiblen Lösung beschrieb. Das Problem dieser Unternehmer sei es, meinte Clark, dass »sie die falsche Frage stellen. Die richtige Frage ist: Wie können wir uns ›verändern‹, um diese begabten Mitarbeiterinnen aktiv und dem Unternehmen loyal verbunden zu halten?« Dem können wir nur zustimmen. Wir wollen allerdings hinzufügen, dass auch die schwindende Bedeutung der Karriereleiter durch die geänderte Grundhaltung männlicher und weiblicher Mitarbeiter von Unternehmen aufgrund des Symptoms der »falschen Frage« falsch interpretiert wird.

Im Endeffekt läuft es auf Folgendes hinaus: Flexible Arbeitszeitregelungen funktionieren nicht, weil sie viele tagtägliche und auch langfristige

Aspekte der Karriere eines Mitarbeiters nicht berücksichtigen. Sie funktionieren nicht, weil sie oft spontane Einzelfallregelungen sind, die kaum oder gar nicht auf die Mitarbeiterentwicklungssysteme Bezug nehmen, welche Rollen und Verantwortungsbereiche, Fortbildungs- und Entwicklungsmöglichkeiten, Kriterien zur Leistungsbewertung, Vergünstigungen, Bezahlung, Beförderungsplanung und ähnliche Programme klar definieren.

Flexible Regelungen funktionieren nicht, weil sie nicht das Arbeitsleben eines Mitarbeiters als Ganzes betrachten – Karriereschritte, weitere Entwicklung, die nächste Stufe der Karriere und so weiter. Sie funktionieren nicht, weil sie nicht wie beabsichtigt die Zufriedenheit und Loyalität der Mitarbeiter erhöht haben. Um es kurz zu fassen, sind flexible Arbeitszeitregelungen nicht die Lösung, weil sie für die Mitarbeiter nicht funktionieren – und daher auch für den Arbeitgeber nicht, und umgekehrt.

Der strukturelle und ideologische Wandel von der Karriereleiter zum Karrieregitter zeichnet sich schon ab. Innerhalb der nächsten paar Jahre werden flexible Arbeitszeitregelungen zunehmend als eine Behelfslösung des 20. Jahrhunderts betrachtet werden, als eine Übergangslösung, mittels derer Mitarbeiter inmitten historischer Veränderungen der Gesellschaft und der Belegschaft die neuen Ansprüche ihrer Arbeit und ihres Privatlebens zu vereinbaren versuchten. Flexible Arbeitszeitregelungen bieten nicht die Lösung zum Problem des drohenden Mangels an begabten Mitarbeitern, und sie sind nicht die Lösung, die Mitarbeiter benötigen, um in ihren Unternehmen lang anhaltende Karrieren aufzubauen.

Henri Matisse war einer der bedeutendsten Künstler des 20. Jahrhunderts. Als junger Mann erlernte er zunächst festgelegte Stilrichtungen, bevor er sich »viel freieren und expressiveren« Stilen und letztlich dem neuen Medium simpler Collagen zuwandte.[27] Unserer Meinung nach ist eine ähnliche Transformierung nun im Kommen, da Unternehmen den traditionellen Arbeitsplatz und die nicht traditionelle Belegschaft in Einklang zu bringen versuchen. Die MCC bietet Managern und Mitarbeitern ein alternatives System, das Privatleben und Arbeit der Mitarbeiter als veränderlich und voneinander abhängig ansieht und sie daher beide zusammen und langfristig berücksichtigen muss. Im folgenden Kapitel beschreiben wir, wie man diese Transformation herbeiführen kann, und zeigen einige Anzeichen auf, dass sie schon in der Entwicklung ist.

Kapitel 4
Mass Career Customization

Das System, um den Arbeitsplatz mit der Belegschaft kompatibel zu machen

> Wenn man Menschen eine Weltklasseumgebung bietet,
> werden sie Weltklasseleistungen erzielen.
> Bill Strickland

Um ein Unternehmen, das auf einem Karrieregitter beruht, aufzubauen, bedarf es vor allem eines neuen Denkmodells. Wie in Kapitel 1 schon erwähnt, werden Gitter unter Mathematikern als unvergleichbar elegante Strukturen geschätzt, die in jeder Größenordnung in der Theorie wiederholbar sind. In der Realität sind Gitter Strukturen, die Pflanzen auf vielen verschiedenen Wegen nach oben wachsen lassen. Dies ist genau das neue Unternehmensmodell, das Wissensarbeiter anstreben, um ihre Karrieren parallel zu ihren sich ändernden Lebensumständen weiterzuentwickeln.

Ein Karrieregitter im Unternehmen aufzubauen ist auch aus reinen Geschäftsgründen sinnvoll. Wie in Kapitel 2 beschrieben, nehmen wir als Grundlage die folgenden unbestreitbaren Tatsachen: Das verfügbare Angebot an qualifizierten Mitarbeitern sinkt, das Zahlenverhältnis von Frauen zu Männern innerhalb von Wissensunternehmen steigt, und die Familienstrukturen ändern sich. Zusätzlich kommt zu diesen Faktoren noch hinzu, dass jüngere Generationen im Vergleich zu Männern der geburtenstarken Jahrgänge die Alles-oder-Nichts-Lotterie der Karriereleiter weniger motivierend empfinden und sich der Kompromisse in Sachen Privatleben stärker bewusst sind. Die Kombination dieser gesellschaftlichen Faktoren unterstreicht für Arbeitgeber noch die neue Realität, dass für ihre Mitarbeiter variable Karrieregeschwindigkeiten und -strukturen nötig sind.

Diese neue Normalität ist typisch für die moderne, nicht traditionelle Belegschaft, die komplex und facettenreich ist. Für den Arbeitsplatz ergibt sich daraus eine dringliche Herausforderung, deren Lösung Lichtjahre von der traditionellen Kultur der Karriereleiter entfernt ist, welche die meisten Unternehmensführer des 21. Jahrhunderts akzeptierten, als ihre eigene Karriere begann.

Dies ist auch der Grund, warum das neue Denkmodell der Gitterstruktur – zusammen mit den dazugehörigen Systemen, Ansätzen und Abläufen – dringend notwendig ist, um begabte Mitarbeiter in einer Art und Weise zu identifizieren, zu entwickeln und zu befördern, die weit über die Sonderlösungen flexibler Arbeitszeitregelungen hinausgehen. Die MCC ist eben dieses System. (Vergleiche Abbildung 4.1, warum wir den Begriff *Mass Career Customization* verwenden.)

Abbildung 4.1: Warum der Name »Mass Career Customization«?

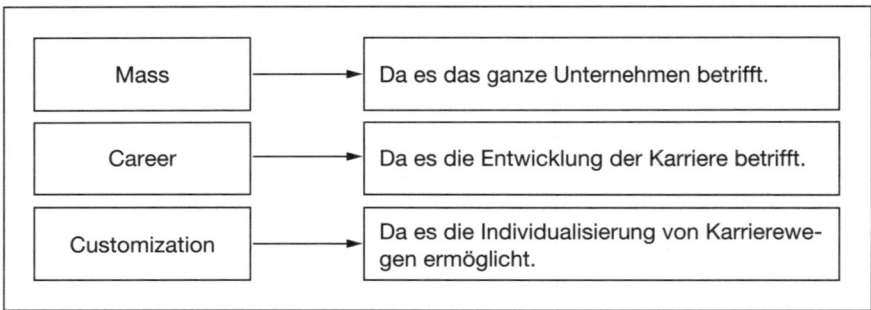

In diesem Kapitel wird die MCC detailliert beschrieben – ihre Hauptmerkmale, Prinzipien und Elemente. Darauf folgt in Kapitel 5 und 6 eine Diskussion, wie man beginnen sollte, die MCC einzuführen. Innerhalb dieser drei Kapitel bieten wir Ratschläge und auch einige Warnungen, um Ihnen zu helfen, einen unternehmensweiten Ansatz zur Karriereentwicklung und Karriereplanung zu organisieren, zu standardisieren und abstufbar zu machen, um individuellen Mitarbeitern die Möglichkeit zu bieten, ihre Berufsbiografie zu individualisieren. Wir haben das Ziel hoch gesteckt, aber die Zeit dafür ist reif.

MCC basiert auf einem individualisierten Verständnis von Karrierefortschritt, innerhalb dessen der Mitarbeiter für seine eigene Weiterentwicklung mitverantwortlich ist, und dadurch signalisiert die MCC, dass dem Unternehmen die optimale Entwicklung jedes einzelnen Mitarbeiters wichtig ist. Zusätzlich bewirkt sie eine engere Verbindung zum Mitarbeiter auf vergleichbare Weise, wie Mass Customization (individualisierte Massenfertigung) die Kundentreue steigert.

Die Individualisierung ganzer Bereiche gibt es überall

In unserem Leben gibt es immer mehr Produkte, mit deren Hilfe wir diverse Aspekte unseren individuellen Vorlieben und Wünschen anpassen können. So kann man zum Beispiel die Lieferung von Paketen auf den individualisierten Internetseiten seines bevorzugten Paketdienstes verfolgen. Man kann Preisänderungen seiner Aktienpakete überprüfen oder auf einer individualisierten Internetseite des *Wall Street Journal* Nachrichten über bestimmte Themen abfragen. Man kann unter www.mymms.com sogar unter 200 000 Kombinationsmöglichkeiten farbiger M&Ms wählen (vergleiche den Kasten »Meine M&Ms: 200 000 Wahlmöglichkeiten für Kunden durch Mass Customization«).

Meine M&Ms:
200 000 Wahlmöglichkeiten für Kunden durch Mass Customization

Seit 2004 können Kunden den Online-Einkaufsservice My M&Ms nutzen und so zumindest theoretisch 200 000 verschiedene Bestellkombinationen der Schokoladenstücke, die es in 21 Farben wie unter anderem hellblau, dunkelrosa und teichgrün gibt, planen. Dies ist ein alltägliches Beispiel von Mass Customization und weit entfernt von den ersten 20 Firmenjahren des Süßwarenherstellers, in denen Forrest Mars Senior den Kunden die Schokolade in jeder beliebigen Farbe verkaufte – solange es dasselbe Braun war, in dem er M&Ms ursprünglich an amerikanische Soldaten im Zweiten Weltkrieg verschifft hatte. Der Beweis, dass diese Änderung funktionierte, zeigt sich an den Zahlen: Die verkaufte Menge an M&Ms hat sich durch die individualisierten Online-Produkte seit 2005 jedes Jahr verdoppelt, sodass mittlerweile jeden Tag mehr als 2 000 Bestellungen eingehen.[a]

Mass Product Customization gibt es schon überall. Nehmen wir etwas so Normales wie Briefmarken – in den USA kann man sein Lieblingsfoto auf seinen Briefmarken haben. Oder man kann zum Beispiel sein nächstes Paar Sport-

---

schuhe entwerfen – die Farben, die Sohle und die Größe wählen – oder seinen Computer so spezifizieren, dass er speziell nach den eigenen Angaben zusammengebaut wird. Wann immer man auf diese Art einkauft, ist es Wasser auf den Mühlen der Mass Product Customization. Es hat sowohl den Kunden Vorteile gebracht, da sie mehr Auswahlmöglichkeiten haben, als auch Herstellern, da die Kunden zufriedener sind und sich die Kundentreue erhöht, während gleichzeitig auch die Marke als Ganzes gestärkt wird.

Rapide fortschreitende Technologien wie kostengünstige Kommunikationstechnologie, Internetzugang und computerbasierte Design- und Herstellungsmöglichkeiten ließen die ersten Anbieter von Mass Product Customization in den 90er Jahren das Licht der Welt erblicken. Heutzutage gibt es als Folge davon wichtige – und konkurrenzfähige – neue Produktpaletten, die diese Technologien mit Marktforschung, Marketing-Kommunikation, Produktinnovation und Verkauf verschmelzen.

[a] *Kristi Ledford, in einer E-Mail an Jenna Carl, 7. November 2006.*

Frank Piller, ein Professor am Massachusetts Institute of Technology und Experte auf dem Gebiet der Mass Customization, identifizierte in einer Studie unter dem Titel »Macht sich Mass Customization bezahlt?« im Jahr 2004 drei Aspekte von Mass Customization, die der Wirtschaft nutzen: Dass Kunden willens sind, mehr für individualisierte Produkte zu zahlen; dass die Kosten innerhalb der Lieferkette sinken; und dass die Kundentreue steigt.[1]

Diese Vorteile lassen sich, wie wir glauben, recht einfach auf die MCC übertragen. Wenn nämlich Kunden und Produzenten gleichermaßen finden, dass die größere Beteiligung der Kunden am Produktdesign mittels individualisierter Optionen beim Einkauf vorteilhaft ist, warum sollte sich dasselbe Grundkonzept dann nicht auch auf das Arbeitsverhältnis zwischen Arbeitgeber und Mitarbeiter anwenden lassen?

Mass Career Customization bewegt Unternehmen weg von dem Ansatz, dass eine einheitliche Standardkarriereentwicklung existiert, und richtet sie so aus, dass sie vielfältige Karrierewege ermöglichen, die jeweils in ständiger Zusammenarbeit zwischen dem Arbeitgeber und dem jeweiligen Mitarbeiter entworfen und umgesetzt werden. Es ist aber natürlich so, dass das Unternehmen die Parameter der Wahlmöglichkeiten bestimmt. Der springende Punkt hierbei ist, dass die MCC die Struktur für eine bessere Zusammenarbeit zwischen Mitarbeitern und ihren Vorgesetzten ermöglicht und eine praktikable, abstufbare Lösung für das Problem bietet, wie man das mittlerweile veraltete Arbeitszeitmodell der sich weiterentwickelnden modernen Belegschaft anpassen kann.

Die Hauptmerkmale der MCC

Die MCC basiert auf der Annahme, dass in den Wissensunternehmen des 21. Jahrhunderts die Berufsbiografie vieler Mitarbeiter einer Sinuskurve mit steigenden und fallenden Phasen ähneln wird. Unternehmen, in denen die Karriereleiter die Grundlage bildet, werden, selbst wenn sie vorbildliche flexible Arbeitszeitregelungen eingeführt haben, mit diesen variablen Phasen, in denen mal die Karriere und mal das Privatleben die Oberhand hat, kaum umgehen können und sie nicht abzustufen vermögen. Um einen individualisierten, wellenförmigen Karriereweg zu ermöglichen bedarf es ständiger Zusammenarbeit zwischen dem Unternehmen als Ganzem, dem Vorgesetzten und dem Mitarbeiter. Diese Zusammenarbeit muss auf der von allen Beteiligten akzeptierten Idee beruhen, dass Wahlmöglichkeiten für die Karriereentwicklung essenziell sind – Wahlmöglichkeiten, die den Bedürfnissen des Unternehmens und der individuellen Mitarbeiter entsprechen, und zwar nicht nur im Moment, sondern auch in der Zukunft.

»Unternehmen, die MCC anwenden, sagen ihren Mitarbeitern nicht: Ich will nur eure guten Jahre oder die Jahre, in denen ihr maximale Leistungen erbringen könnt«, sagte Harvard-Professorin Myra M. Hart. Ihrer Meinung nach teilen diese Unternehmen ihren Mitarbeitern stattdessen mit: »Wir wollen ein Arbeitsverhältnis, das ein ganzes Leben anhält. Wir verstehen, dass ihr in manchen Jahren mehr leisten werdet und in anderen Jahren weniger. Und das ist kein Problem, solange wir das so mit einplanen können, dass es für beide Seiten funktioniert und sinnvoll ist.« Sie fügte hinzu: »Das ist ein ganz neuer Ansatz, um Mitarbeiter für das Unternehmen zu erhalten.«[2]

Die MCC geht davon aus, dass es eine begrenzte, und nicht eine endlose Anzahl von Optionen innerhalb von vier Karrieredimensionen gibt, und sie bietet ein System, um diese Optionen zu artikulieren und zu handhaben. Die MCC behandelt diese Wahlmöglichkeiten somit als alltägliche Ereignisse statt als einmalige Sonderlösungen. Mitarbeiter individualisieren ihre Karriere zu beliebigen Zeitpunkten, indem sie innerhalb der vier Dimensionen die Einstellung auswählen, die sich am besten mit ihren Karrierezielen verträgt, während sie gleichzeitig ihre eigenen Lebensumstände und die Bedürfnisse des Unternehmens berücksichtigen. Entscheidungen für jede Option werden in Diskussionen mit Vorgesetzten getroffen und periodisch neu besprochen. Die gewählten Einstellungen werden auf einem MCC-Profil eingetragen, wie Abbildung 4.2 zeigt.

Abbildung 4.2: Ein typisches MCC-Mitarbeiterprofil

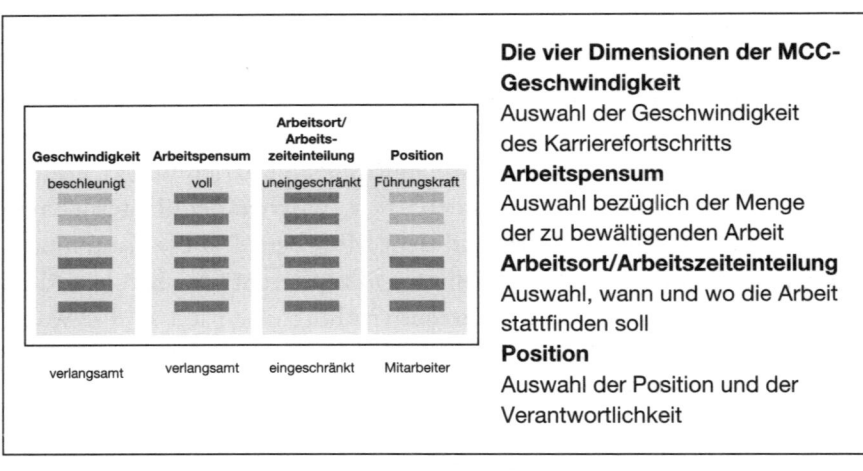

Abbildung 4.2 ist eine bildliche Darstellung eines Zeitpunkts in der Karriere eines Verkaufsleiters. Sie trägt die Beschriftung »typisch«, was zeigt, dass sein Profil über 90 Prozent der Mitarbeiterprofile zu einem beliebigen Zeitpunkt ähnelt. Betrachten wir nun kurz die Einstellungen für jede der vier Dimensionen, und wie sie seine gegenwärtige Situation widerspiegeln. Die Einstellung für Geschwindigkeit bewegt sich etwa in der Mitte: Er ist also auf einem mittleren Beförderungsweg mit steigender Autorität und Verantwortung. Er arbeitet Vollzeit ohne Einschränkungen, was heißt, er reist wenn nötig, und seine Einstellung für den Arbeitsort ist unbeschränkt. In anderen Worten sind seine Einstellungen für Arbeitspensum »voll« und für Arbeitsort/Arbeitszeiteinteilung »unbegrenzt.« Die Einstellung für

seine Position, wiederum in der Mitte der Skala, zeigt, dass er eine mittlere Führungskraft ist.

Das MCC-Profil bietet einen Überblick über die Karriere dieses Verkaufsleiters zu einem beliebigen Zeitpunkt, und es kann im Lauf der Zeit individuell geändert werden. Wir vergleichen dies gern mit den Einstellungen am Verstärker einer Stereoanlage, bei der man Regler senkrechte Skalen (Bässe, Höhen, Balance und so weiter) hinauf- oder hinunterschiebt, um den gewünschten Klang zu erzielen. Die Skalen definieren die verfügbaren Dimensionen – die Variablen für den Klang. Leuchtdioden zeigen an, wie laut oder leise der Klang ist. Durch Bewegen der Regler kann man die optimale Mischung wählen.

Ebenso wie man die Regler bei einer Stereoanlage bewegt, um den Klang einzustellen, erlaubt die MCC Mitarbeitern, ihre Karrierewege mittels variabler Einstellungen innerhalb der vier Dimensionen individuell zu gestalten und verschiedenen Lebensabschnitten anzupassen. Wie bei einer Stereoanlage zielt die MCC darauf ab, die Einstellungen so zu justieren, dass man jederzeit die gewünschte Mischung erzielt. Abbildung 1.3 in Kapitel 1 zeigte, wie sich diese im Lauf der Zeit ändern können. Die Anpassungen bei den Einstellungen in Tinas fünf Profilen spiegeln die relativ geringen Veränderungen hinsichtlich Geschwindigkeit, Arbeitspensum, Arbeitsort/Arbeitszeiteinteilung und Position wider, die Tina im Lauf ihrer Karriere wählte. Wenn man alle Karrieredimensionen zusammen betrachtet, erkennt man, dass sich Tinas Karriere über fünf sich deutlich unterscheidende Entwicklungsphasen hinweg wellenförmig entfaltete.

Bevor wir jedoch detaillierter auf die vier Karrieredimensionen und ihre Beziehung zueinander eingehen, wollen wir zunächst einen Blick auf die Hauptmerkmale werfen, durch die sich die MCC als Prozess zur Karrierehandhabung auszeichnet:

Die MCC ist variabel. Sie ersetzt die geradlinigeren, binären Merkmale der Karriereleiter, die man entweder hinaufsteigt oder gänzlich herunterfällt, mit einem anpassungsfähigen System. Ihrem ganzen Wesen nach fördert die MCC Anpassungsfähigkeit und langfristigeres Denken als Kernkompetenzen sowohl der Vorgesetzten als auch der Mitarbeiter. Dadurch haben alle Mitarbeiter des Unternehmens ein besseres Verständnis der vielfältigen Karrierewege, die ihnen ihr Arbeitsplatz bietet. Die Fähigkeit, zu diskutieren und zu bewerten, wie Arbeit verrichtet wird, und Veränderungen herbeizuführen, die direkt auf die sich ändernden Bedürfnisse des einzelnen Mitarbeiters und des Unternehmens reagieren, wird zu einem Teil der Unternehmenskultur. In unserer sich immer schneller ändernden Welt ist es ein Ziel vieler führender Unternehmen, mit Wandel erfolgreich umzugehen.[3] Regelmäßige Gespräche und Transparenz bezüglich der breit gefächerten Wahlmöglichkeiten der Karrierewege sind Teil der variablen Natur der MCC und führen zu einer besseren Angleichung zwischen Mitarbeiterentwicklungsprogrammen und den Geschäftszielen.

Die MCC ist multidimensional. Erstens identifiziert die MCC die vier Karrieredimensionen und arbeitet mit ihnen – Geschwindigkeit, Arbeitspensum, Arbeitsort/Arbeitszeiteinteilung und Position. Diese vier Dimensionen sind voneinander abhängig und sollten immer als solche behandelt werden, nicht voneinander isoliert. Zweitens fügt die MCC den Faktor Zeit in Bezug auf Karrieren hinzu und erkennt somit an, dass sich Bedürfnisse und Prioritäten im Lauf des Arbeitslebens einzelner Mitarbeiter wandeln.

Mit der MCC als Kernstück des Karrierebetreuungssystems werden Vorgesetzte und Mitarbeiter es als normal empfinden, zu diskutieren, wie sich die Bedürfnisse und Prioritäten des jeweiligen Mitarbeiters im Lauf seiner Karriere vermutlich ändern werden. Ebenso können Vorgesetzte mittels der MCC die Unzahl verschiedener Prioritäten der unterschiedlichen Generationen innerhalb der Belegschaft einfacher identifizieren, verstehen und darauf reagieren.

Die MCC lässt sich unternehmensweit anwenden. Sie ist daher die neue Norm für mögliche Karrierewege in Unternehmen, die das Karrieregitter eingeführt haben. Dass die MCC zur Norm innerhalb des ganzen Unternehmens wird, ist der Hauptunterschied zwischen der MCC und flexiblen Arbeitszeitregelungen: Flexible Regelungen sind nur auf Antrag als Sonderlösung verfügbar und sind daher Ausnahmeregelungen innerhalb des unflexiblen Einheitssystems, das seit langem bei Vollzeitstellen üblich ist. Obwohl Unternehmen Kriterien aufstellen mögen, die den Zugang zum System der MCC begrenzen, werden zumindest alle Berechtigten an der MCC teilhaben. Im Lauf der Zeit wird dieses System zum Teil des gängigen Wortschatzes bei Leistungsbewertungen, bei Gehaltsverhandlungen, beim Setzen von Zielen und bei ähnlichen Gesprächen werden, die heutzutage Teil der Unternehmensroutine sind.

Die MCC ist leicht nachzuvollziehen. Die Klarheit des Systems der MCC beruht darauf, dass für alle Mitarbeiter das gleiche vierdimensionale Profil angewendet wird, das darstellt, wie ihre Karriere sich hinsichtlich Geschwindigkeit, Arbeitspensum, Arbeitsort/Arbeitszeiteinteilung und Position zu diesem Zeitpunkt gestaltet. Das klare Verständnis der eigenen Karriereoptionen führt beinahe automatisch dazu, dass alle Mitarbeiter und ihre Vorgesetzten ihre potenziellen Karrierewege öfteres neu überdenken. Das vermindert auch zwischenmenschliche Probleme, die sich aus als ungleich oder als Vorzugsbehandlung wahrgenommenen Regelungen für bestimmte Kollegen ergeben können.

Abbildung 4.3: Vergleich zwischen flexiblen Arbeitszeitregelungen und MCC

Flexible Arbeitszeitregelungen	Mass Career Customization
• Basiert auf Ausnahmen	• Allgemeingültige Grundlage für das restliche System
• Punktspezifisch	• Befasst sich sowohl mit längerfristigem Karrierefortschritt als auch damit, wo die Arbeit und wie viel Arbeit zu leisten ist
• Befasst sich nur damit, wo die Arbeit und wie viel Arbeit zu leisten ist	• Karrierefördernd
• Wird generell als Karrierehindernis aufgefasst	• In die Unternehmenskultur eingebettet
• Nicht Teil der Unternehmenskultur	• Abstufbar
• Einzelfallregelung; schwer abstufbar	• Proaktiv
• Reagiert auf ein Problem	• Klar nachvollziehbar

Auf diese Weise definiert die MCC das Konzept von Fairness um: Statt eines festen Zustands – dass nämlich alle Mitarbeiter außer jenen mit einer flexiblen Regelung dem traditionellen Standard der Vollzeitarbeit entsprechen müssen – wird Fairness zu einem dynamischeren, flexibleren Konstrukt, das jeweils auf dem Profil des individuellen Mitarbeiters aufbaut.

»Das System der MCC baut auf einem weiter gefassten Verständnis von Fairness auf«, sagt Shelly Lazarus von Ogilvy & Mather. »Die Fairness erlaubt den Mitarbeitern genug Freiraum, um so zu arbeiten, wie es ihren Bedürfnissen und ihren Lebensumständen entspricht. Es ist also ein abstrakteres Konzept von Fairness als nur Arbeitszeit, Arbeitsort oder Ähnliches.«[5]

Diese Kernpunkte der MCC sind eine Reaktion auf die begrenzte Effektivität und die grundlegenden Probleme flexibler Arbeitszeitregelungen, die in Kapitel 3 detailliert dargestellt wurden: das Stigma, das mit diesen Sonderlösungen verbunden ist, und die Tatsache, dass sie zeitpunktspezifisch sind. (Vergleiche Abbildung 4.3 für eine Gegenüberstellung weiterer Unterschiede zwischen der MCC und flexiblen Arbeitszeitregelungen.) Die MCC nimmt den Karrierefortschritt des Mitarbeiters über einen Zeitraum hinweg als Maßstab, nicht die momentane Arbeitssituation. Die MCC schafft ein Netzwerk flexibler Karrierewege und beseitigt dadurch die veralteten Annahmen und Vorurteile in Unternehmen mit Karriereleitern, dass ununterbrochene Vollzeitarbeit das ganze Arbeitsleben hindurch erwartet wird und für Beförderungen in den meisten Fällen eine Grundvoraussetzung darstellt.

Zu pausieren oder die Karriere sonstwie zu unterbrechen wird in Karriereleiter-Unternehmen als Ausnahme betrachtet und gilt daher, wie im letzten Kapitel dargestellt, bei Managern oft als Anzeichen mangelnden Engagements. Wenn man als Norm nun die Karriereleiter mit einem Karrieregitter ersetzt, wird sich im Lauf der Zeit das Stigma, das in den meisten Unternehmen allen Abweichungen von der Norm noch anhaftet, vermindern und zu guter Letzt gänzlich verschwinden.

Die Wahl zu haben heißt nicht, sie unbedingt nutzen zu müssen

Gibt es also in einem beliebigen MCC-Unternehmen ebenso viele verschiedene Profile wie Angestellte? Ganz im Gegenteil, denn es ergab sich, dass zu einem beliebigen Zeitpunkt die überwiegende Mehrheit der Mitarbeiterprofile, mehr als 90 Prozent nämlich, dem Standardprofil in Abbildung 4.2 entspricht.

Wenn dem aber so ist, warum sollte man sein Unternehmen dann auf das Karrieregitter umstellen? Die Antwort ist, zumindest teilweise, dass sich Menschen einfach gerne so fühlen, als ob sie die Wahl haben. Untersuchungen haben bewiesen, dass sich Mitarbeiter zufriedener zeigen, wenn sie bezüglich ihrer Arbeit und ihrer Karriere Entscheidungen und eine Auswahl treffen können.[6] In der Tat ist es wichtiger für Mitarbeiter, generell die Kontrolle hinsichtlich ihrer flexiblen Auswahlmöglichkeiten zu haben, als den Zugang zu einer bestimmten Option.[7] Wenn Mitarbeiter den Eindruck haben, sie hätten ein gewisses Maß an Kontrolle oder Auswahl beim Setzen ihrer Prioritäten und in der Unterstützung, die das Unternehmen ihnen gewährt, sind sie zufriedener, loyaler und produktiver.[8] »Unsere Angestellten wissen, dass wir mit ihnen etwas ausarbeiten würden, wenn sie Änderungen in ihrer Arbeitssituation vornehmen müssten. Es ist mir extrem wichtig, das allen Mitarbeitern zu vermitteln«, erklärt Lazarus.

Es ist gut für die Psyche von Arbeitnehmern, wenn sie wissen, dass die Wahlmöglichkeiten existieren, falls sie sie später einmal benötigen, selbst wenn sie im Augenblick keinen Bedarf haben, vom Standard der Vollzeitarbeit abzuweichen. Viele Mitarbeiter finden es beruhigend zu wissen, dass es ein firmeninternes System gibt, das es ihnen erlaubt, ihre Arbeitsverpflichtungen zu verringern oder auch zu erhöhen, wenn sie das wollen. Ein typisches Beispiel einer Mitarbeiterin, die ihr Unternehmen verließ, weil eben diese Optionen nicht bestanden, ist Ruby, früher eine leistungsstarke Managerin mit hohem Potenzial bei einem Dienstleistungsunternehmen. »Ich mochte meine Arbeit und die Firma sehr, aber ich konnte wirklich keine Möglichkeit finden, sie mit meinem Kind zu vereinbaren«, erklärt sie. »Im Endeffekt kündigte ich und baute eine neue Karriere in einem Bereich und mit einem Arbeitgeber auf, bei dem alles einfacher zu planen ist.«

Aus dem Blickwinkel der Mitarbeiter ist es ein bedeutender Vorteil der MCC, dass sie ihnen Wahlmöglichkeiten bietet. Der Mangel an möglichen Optionen war ein Hauptgrund für Amys Entscheidung, welche Stelle sie annahm, wie wir schon in Kapitel 2 gesehen haben. Nachdem Amy die Harvard Business School abgeschlossen hatte, lehnte sie ein Stellenangebot von einem angesehenen Unternehmen ab, da sie den Eindruck hatte, es würde dort schwierig sein, ihr Arbeitspensum ihren veränderten Lebensumständen anzupassen, wenn sie Kinder bekäme. Besonders Frauen ab

Anfang 20 überlegen sich schon lange im Voraus, *wie* und *ob* sie ihre Karrierewünsche und ihre persönlichen Ambitionen erfüllen können. Wenn sie dazu keine Möglichkeit in ihrer momentanen Firma sehen, dann gehen sie eben anderswo hin. Und auch Männer tun mittlerweile in zunehmendem Maße dasselbe.

Die MCC beeinflusst auch die Werte der Unternehmenskultur. Sie erfordert gut organisierte Gespräche zwischen Mitarbeitern und Arbeitgebern, um die Auswahlmöglichkeiten innerhalb der vier Dimensionen und die mit der jeweiligen Option verbundenen Kompromisse zu diskutieren. Die MCC macht die Auswahl klarer und eindeutiger. Dabei tragen Vorgesetzter und Mitarbeiter gemeinsam die Verantwortung dafür, die Optionen und Kompromisse der verschiedenen Karrierewege – also mit verringerten Verpflichtungen, mit erhöhten Verpflichtungen oder auch einfach gleichbleibend – zu regeln. Es ist ebenso eine gemeinsame Verantwortung, die getroffene Wahl periodisch im Rahmen der normalen Gespräche zur Karriereplanung oder Zielsetzung neu zu besprechen, da Karriereentscheidungen oft – explizit oder implizit – aus diesen Gesprächen hervorgehen.

Das klare Verständnis bezüglich Karriereplanung und die gemeinsame Verantwortung dafür, die sich aus diesen strukturierten Gesprächen ergeben, sind zentrale Bestandteile des Karrieregittersystems und der Unternehmen, die auf dem Karrieregitter aufbauen. Eine bessere Partnerschaft zwischen Arbeitgeber und Mitarbeiter beim Planen und Umsetzen einer Karriere führt auf beiden Seiten zu erhöhter Zufriedenheit. Die einzelnen Mitarbeiter können sich bei ihren Entscheidungen sicherer fühlen, da sie umfassendere Informationen und ein besseres Verständnis des ganzen Angebots an Auswahlmöglichkeiten bei der Entscheidungsfindung zur Verfügung haben. Vorgesetzte bekommen einen klareren und realistischeren Eindruck davon, wie viel ihre Mitarbeiter gerade zum Unternehmen beitragen können. Dadurch können sie die Verteilung von Arbeit und Ressourcen besser aufeinander abstimmen und unerwarteten Auszeiten oder Kündigungen vorbeugen – besonders bei dem leistungsstärkeren Teil der Belegschaft, der außerhalb wie innerhalb der Firma relativ einfach Alternativen finden kann. Die MCC hält diese Versuchung in Grenzen, da Mitarbeiter durch ihre Einbindung in ihre eigene Karriereplanung größere Loyalität dem Unternehmen gegenüber aufbauen.

Die Bestandteile des Systems der MCC

Werfen wir nun einen Blick auf die vier Dimensionen einer Karriere: Geschwindigkeit, Arbeitspensum, Arbeitsort/Arbeitszeiteinteilung und Position. Diese Karrieredimensionen der MCC sind hier generell gehalten, damit die Mehrheit aller Unternehmen sie problemlos übernehmen kann. Es steht jedoch jedem Unternehmen offen, diese Begriffe und die Endpunkte der Skalen den speziellen Bedürfnissen des Geschäftsmodells, der Struktur, der Unternehmenskultur, den Schwerpunkten innerhalb der Mitarbeiterentwicklungsprogramme und der jeweiligen Firma anzupassen. Dies ist wichtig, da nicht alle MCC-Systeme genau gleich aussehen können und sollen, obwohl sie alle die Entwicklung vom System der Karriereleiter zu dem des Karrieregitters widerspiegeln.

Alle dazu berechtigten Mitarbeiter bekommen ein MCC-Profil, obwohl die meisten davon praktisch gleich aussehen, da sie den Normalfall darstellen: Vollzeitarbeit, ohne Beschränkungen und mit dem üblichem Karrierefortschritt. Während es jedoch durchaus zu erwarten ist, dass der Großteil der Belegschaft zu einem beliebigen Zeitpunkt beinahe identische Profile hat, ist es höchst wahrscheinlich, dass nicht alle Mitarbeiter ihr ganzes Arbeitsleben hindurch ununterbrochen nur dieses Standardprofil haben.

Bei den folgenden Beschreibungen der einzelnen MCC-Dimensionen muss man, wie in diesem Kapitel schon gesagt, daran denken, dass sie in ihrer Gesamtheit voneinander abhängen. Wenn man also in einer Dimension die Skaleneinstellung erhöht oder senkt, können auch in einer oder mehreren der anderen Dimensionen Änderungen nötig werden.

Geschwindigkeit

Die erste Dimension, Geschwindigkeit, bezieht sich darauf, mit welcher Geschwindigkeit es vorgesehen ist, dass ein Mitarbeiter in Positionen mit größerer Verantwortung und Entscheidungsbefugnis aufsteigt. Diese Entwicklung erfolgt normalerweise durch formale Beförderung von einer Ebene auf die nächste. Im Bereich des Brand Management zum Beispiel verläuft der Beförderungsablauf oft so: zwei Jahre als Assistenzproduktmanager, dann ein oder zwei Jahre als Produktmanager, gefolgt von zwei oder drei Jahren als Leitender Produktmanager.

Die Skala verläuft von »beschleunigt« zu »verlangsamt« mit den entsprechenden Abstufungen dazwischen. Diese Begriffe sind relativ und spiegeln wider, welche Kompetenzen, Erfahrungen, Dauer des Arbeitsverhältnisses und Eigenschaften auf jeder Stufe von dem jeweiligen Unternehmen für nötig erachtet werden. Geschwindigkeit ist die Dimension, in der das Element der Zeit am deutlichsten eine Rolle spielt. Geschwindigkeit bezieht sich auf eine Reihe von Arbeitsleistungen und Boni, die sich über Monate und Jahre hinweg entwickeln, und daher nicht auf die tagtägliche Arbeit an sich.

Der sogenannte *tenure track* an amerikanischen Universitäten ist ein klassisches Beispiel, in dem die Dimension »Geschwindigkeit« bisher klar definiert war, denn man musste hierbei eine bestimmte Art von Stelle für einen bestimmten Zeitraum besetzt haben, um eine Festanstellung erreichen zu können. In den letzten Jahren aber wurde dieses System von den Universitäten geändert, da sie erkannten, dass manche Professoren nicht ununterbrochen Vollzeitarbeit leisten können, während sie eine Stelle innerhalb des tenure track innehaben. Die Universität Princeton ist eine der hochrangigen Universitäten, die eine automatische Verlängerung des tenure track für Angestellte beiderlei Geschlechts eingeführt haben, sobald sie Kinder haben. Auch das Massachusetts Institute of Technology verlängert automatisch die Dauer der tenure für Frauen, die ein Kind bekommen. In ähnlichem Sinne verlangt die University of California in Berkeley von ihren Gutachtern, dass sie in den Lebensläufen von Bewerbern eventuelle Zeitverlängerungen aus Familiengründen ignorieren.[10]

Anwaltsfirmen haben ebenso das Prinzip der Teilhaberschaft modifiziert, damit auch Mitarbeiter, die nicht ununterbrochen Vollzeit arbeiten, aufsteigen können, wenn auch langsamer als Vollzeitkräfte. Vinson & Elkins zum Beispiel verlängern den Zeitrahmen für die Beförderung zum Teilhaber für Mitarbeiter mit verringertem Arbeitspensum, und zwar je nachdem, wie viel Prozent einer Vollzeitstelle der jeweilige Angestellte innehat.

Arbeitspensum

Die Dimension Arbeitspensum bezieht sich auf die geleistete Arbeitsmenge und wird üblicherweise in Stunden oder Tagen pro Woche, pro Bezahlungszeitraum oder pro Monat gemessen. Wir benutzen als Endpunkte der Skala für Arbeitspensum »voll« und »reduziert«, da diese Begriffe bei Beschreibungen von Vollzeit- und Teilzeitarbeit in Unternehmen schon verwendet werden. Das Arbeitspensum kann man im Zusammenhang mit der Leistungsmessung sehen: Wenn zum Beispiel ein Vollzeitbeschäftigter 50 Stunden pro Woche zu arbeiten hat und dies auf 80 Prozent reduzieren will, heißt das 40 Stunden pro Woche. Oder wenn ein Verkaufsleiter auf einer Vollzeitstelle 5 Millionen Dollar Umsatz zu erreichen hat, dann würde sich daraus für einen Verkaufsleiter mit einer Arbeitslast von 60 Prozent ein Verkaufsziel von 3 Millionen Dollar ergeben.

Es ist bei der Berechnung des Arbeitspensums wichtig, auch Aktivitäten miteinzubeziehen, die zwar erwartet, aber nicht Teil der eigentlichen Arbeitsleistung sind, wie zum Beispiel das Anwerben neuer Mitarbeiter, Mentortätigkeiten und das Organisieren von Firmenveranstaltungen.

Unternehmen experimentieren seit einiger Zeit mit allen möglichen Konzepten, von Projektarbeit bis zum Aufspalten von Stellen in einzelne Arbeitsmodule. Das von der Sloan Foundation finanzierte Business Opportunities for Leadership Diversity Projekt, das CEOs helfen soll, durch Innovation am Arbeitsplatz Marktvorteile auf dem Weltmarkt zu schaffen, testete die Umorganisation in Teams in mehreren Unternehmen, wie zum Beispiel bei der Chubb Group, Pitney Bowes Inc., Johnson & Johnson, PepsiCo und Puget Sound Energy. In jedem Unternehmen organisierten ausgewählte Teams ihre Arbeitszeiteinteilung und ihr Arbeitspensum so, dass sie die Leistungsziele des Unternehmens erreichten, aber gleichzeitig die persönlichen Bedürfnisse der Teammitglieder erfüllten. Die Resultate waren vielversprechend, da Produktivität und Arbeitsmoral beträchtlich stiegen.[11]

Arbeitsort/Arbeitszeiteinteilung

Diese Karrieredimension vereint, *wo* die Arbeit ausgeführt wird (Arbeitsort) und *wann* dies geschieht (Arbeitszeiteinteilung). Diese zwei Aspekte zusammen stellen einen Großteil der tagtäglichen Realität dar, *wie* die Arbeit geleistet wird. Die Spanne, wie viel Reisen (Arbeitsort) oder Veränderungen (Arbeitszeiteinteilung) möglich sind, bewegt sich auf einer Skala von »uneingeschränkt« bis »eingeschränkt«. Einschränkungen können

sich in vielerlei Form manifestieren: als Telearbeit, komprimierte Arbeitswochen, Arbeit außerhalb der üblichen Kernstunden (also zum Beispiel
von 12 bis 20 Uhr anstatt von 9 bis 17 Uhr) oder Ähnliches.

Das traditionelle Verständnis von Arbeitsort/Arbeitszeiteinteilung wird
noch immer von Betriebskulturen dominiert, die explizit oder implizit die
regelmäßige Anwesenheit von Mitarbeitern für eine bestimmte Zeit voraussetzen. Obwohl also technologischer Fortschritt die Optionen in dieser Dimension schon beträchtlich erhöht hat, müssen sich auch die Haltungen der
Vorgesetzten und das Unternehmensklima so verändern, dass sie mehr Flexibilität dabei gewähren, wo und wann die Arbeit geleistet werden kann.

Betrachten wir daher einmal das sogenannte Results-Oriented Work Envi-
ronment (ROWE), ein Experiment des Unternehmens Best Buy. Die daran
beteiligten Mitarbeiter können »wann und wo sie wollen« arbeiten, »solange
sie die Arbeit erledigen«.[12] Die Angestellten stellen ihre eigenen Zeitpläne
auf, müssen aber nachweisen, dass sie damit die Arbeit auch bewältigen können. Sie können an verschiedenen Tagen verschiedene Arbeitszeiten wählen;
sie dürfen zu Hause, im Büro oder sonstwo arbeiten, wenn sie wollen.

ROWE begann im Jahr 2002 mit 300 Angestellten, aber bis 2005 war
es schon auf 3 500 beteiligte Mitarbeiter angewachsen. Es ist immer noch
ein Experiment. Abteilungen finden heraus, wie sie sich selbst verwalten
können, und viele von ihnen führen unterschiedliche Systeme ein, um sicherzustellen, dass die Teammitglieder in Kontakt bleiben, und dass die
Arbeit erledigt wird, obwohl sie keine einheitlichen Arbeitszeiten oder gemeinsame Arbeitsorte haben. Das schnelle Wachstum und die Popularität
dieses Experiments zeigen deutlich, dass Nachfrage nach dieser Art von
Arbeitszeitregelung besteht, und dass es potenziell erfolgreich sein kann.
Die Resultate für das Unternehmen sind auch positiv, da die Produktivität
in den beteiligten Abteilungen stark anstieg und die durchschnittliche Anzahl freiwilliger Kündigungen dramatisch fiel.[13]

Position

Bei den meisten Unternehmen ist vermutlich »Position« diejenige Dimension, die am stärksten dem Geschäftsbereich angepasst werden muss. Position bezieht sich auf die Kategorie des Berufs eines Mitarbeiters, seinen
Aufgabenbereich und seine Kompetenzen.

Innerhalb unterschiedlicher Unternehmen, Gewerbe und Berufsrichtungen kann die Dimension Position, wie das MCC-System widerspiegelt, stark variieren: Vom einzelnen Mitarbeiter, der klar definierte Aufgaben ausführt, selbst wenn diese Aufgaben komplex sind, wie zum Beispiel bei einem Wissenschaftler in einem Forschungsprojekt, bis zum Manager auf einer höheren Führungsebene, der Arbeitsverhältnisse, Arbeit und Leistung überwacht.

Bei weltweit operierenden Unternehmen kann Position auch Auslandsstellen beinhalten. Bei Dienstleistern hingegen bewegt sich die Variation innerhalb der Dimension von Stellen mit Kundenkontakt, also üblicherweise etwa 80 Prozent des Unternehmens, bis zu intern arbeitenden Stellen, wie zum Beispiel im Vertrieb, in der Finanzabteilung, im Personalwesen und in der EDV. Um sie allgemein anwendbar zu halten, benutzen wir daher als Endpunkte der Skala die Begriffe »Mitarbeiter« und »Führungskraft«.

American Express hat mit der Dimension der Position in einem Pilotprojekt in seinem OPEN genannten Bereich experimentiert, wobei Mitarbeiter als betriebsinterne Berater an bestimmten Projekten anstatt in ihrer normalen Rolle arbeiten konnten.[14] Aus diesem Pilotprojekt entwickelten sich nützliche Verfahren, um das Angebot an begabten Mitarbeitern (also das Angebot an Beratern) und was diese Mitarbeiter wollen (Projektarbeit) zu analysieren und ein System auszuarbeiten, wie man beides miteinander vereinen kann. Um nun alle MCC-Dimensionen noch einmal auf einen Blick zu sehen, vergleiche Tabelle 4.1.

Warum sind diese vier Dimensionen letztendlich so stark voneinander abhängig? Zum Beispiel hat eine Arbeitszeiteinteilung von drei Arbeitstagen pro Woche Auswirkungen auf die Dimension »Arbeitsort/Arbeitszeiteinteilung«, aber wahrscheinlich auch auf »Arbeitspensum«, es sei denn, es handelt sich um eine komprimierte Arbeitswoche. Das beeinflusst auch die Dimension »Geschwindigkeit«, da ein geringeres Arbeitspensum weniger der Erfahrungen und Fähigkeiten bietet, die für eine Beförderung nötig wären. Oder eine Führungsrolle zum Beispiel kann durchaus erfordern, dass man zu bestimmten Zeiten erreichbar ist, was sich also auf die Dimension »Arbeitszeiteinteilung« auswirkt. Ein Mitarbeiter ohne Führungsverantwortung andererseits muss anderen in höheren, niedrigeren oder gleichwertigen Stellen wahrscheinlich nicht im gleichen Maße zur Verfügung stehen.

Tabelle 4.1: Zusammenfassung der MCC-Dimensionen

Dimension	Beschrei-bung	Ausmaß	Endpunkte der Skala
Geschwin-digkeit	Optionen bezüglich der Ge-schwindig-keit des Karrierefort-schritts	• welche Dauer in einer Position und welche Zeit bis zur Beförderung er-wartet werden • was für sinnvolle und wahrscheinliche Karrie-rewege erwartet werden	• von beschleu-nigt bis ver-langsamt
Arbeits-pensum	Optionen bezüglich der Menge der Arbeits-leistungen	• Anzahl der Arbeitsauf-träge • Art der Arbeitsaufträge • Zusätzliche Tätigkeiten – Mitarbeiter anwerben, Aktivitäten zur Hebung der Arbeitsmoral, Mitar-beit in gemeinnützigen Projekten etc.	• von voll bis reduziert
Arbeitsort/ Arbeitszeit-einteilung	Optionen, wann und wo die Ar-beit geleis-tet werden kann	• Fähigkeit, zu reisen • Arbeit im Büro oder Te-learbeit • Arbeitszeit in Tagen pro Woche (oder anderen Zeiteinheiten)	• von uneinge-schränkt bis eingeschränkt • zu Hause oder im Büro
Position	Optionen bezüglich Rolle und Verantwort-lichkeit	• Rolle • Verantwortlichkeit • Arbeitsaufträge • Ausmaß von Führungs-tätigkeiten	• Linienposition versus Stabsposition • vom Mitarbei-ter zur Füh-rungskraft

Denken wir kurz an das anschauliche Beispiel von Sheila Eisels in der Fernsehsendung *60 Minutes* zurück, das in Kapitel 3 behandelt wurde. Sheila arbeitete statt fünf nur noch drei Tage pro Woche, aber ihr Vorgesetzter reduzierte ihr Arbeitspensum nicht im gleichen Verhältnis wie ihre Arbeitszeit. Dennoch entzog er ihr die Betreuung ihrer Spitzenkunden und veränderte dadurch ihre Position. Ohne das System der MCC konnten weder Sheila noch ihr Vorgesetzter ihren Karriereweg ihren Lebensumständen richtig anpassen, was letztlich zu ihrer Kündigung führte. Tabelle 4.2 stellt dar, wie die vier Dimensionen einander beeinflussen.

Tabelle 4.2: Der Einfluss der MCC-Dimensionen aufeinander

Als Zielsetzung	Geschwindigkeit	Arbeitspensum	Arbeitsort/ Arbeitszeiteinteilung	Position
Geschwindigkeit		Wunsch nach beschleunigter Geschwindigkeit kollidiert wahrscheinlich mit reduziertem Arbeitspensum	Wunsch nach beschleunigter Geschwindigkeit kann Optionen bezüglich Arbeitsort/ Arbeitszeiteinteilung reduzieren	Wunsch nach verlangsamter Geschwindigkeit kann die Option bezüglich Stellen mit Führungsverantwortung unmöglich machen
Arbeitspensum	Wunsch nach reduziertem Arbeitspensum kann die Geschwindigkeit reduzieren		Wunsch nach reduziertem Arbeitspensum kann gegebenenfalls mit Einschränkungen der Arbeitsortes einhergehen, zum Beispiel Telearbeit	Wunsch nach reduziertem Arbeitspensum kann zu einer Rolle als Mitarbeiter ohne Führungsverantwortung führen
Arbeitsort Arbeitszeiteinteilung	Wunsch nach reduzierter Arbeitszeiteinteilung kann Geschwindigkeit verlangsamen; aber der Wunsch, in begrenztem Maße von zu Hause aus zu arbeiten, muss die Geschwindigkeit nicht beeinträchtigen	Wunsch nach reduzierter Arbeitszeiteinteilung resultiert wahrscheinlich in verringertem Arbeitspensum		Wunsch nach Einschränkungen bezüglich Arbeitsort/Zeitpensum kann eine Position, die Reisen oder Anwesenheit im Büro erfordert, unmöglich machen

Als Ziel-setzung	Geschwin-digkeit	Arbeits-pensum	Arbeitsort/ Arbeitszeitein-teilung	Position
Position	Wunsch nach einer bestimm-ten Art von Rol-le kann die Ge-schwindigkeit des Karrierefort-schritts und den Zielpunkt be-stimmen	Wunsch nach einer bestimm-ten Rolle kann die Optionen für Veränderungen des Arbeitspen-sums verringern oder auch erhö-hen	Wunsch nach einer bestimm-ten Rolle kann die Optionen für Einschränkun-gen von Ar-beitsort/Arbeits-zeiteinteilung verringern	

Die Einbettung der Dimensionen ins Unternehmen

Die vier Dimensionen und die Auswirkungen, die sie aufeinander haben, bilden den Kern des Systems der MCC, aber dieses System ist weder sta-tisch noch kann es isoliert betrachtet werden. Stattdessen sollte die MCC als Teil des weiteren Rahmens der Mitarbeiterentwicklungsprogramme eines Unternehmens fungieren. Denn die MCC bietet einen einheitlichen Wortschatz, dem man nutzbringend in vielen Mitarbeiterentwicklungsver-fahren anwenden kann und sollte, wie zum Beispiel:

- bezüglich Rollen und Verantwortlichkeit,
- bei Zeitplanung und Personaleinsatz,
- beim Setzen von Zielen,
- bei der Karriereplanung,
- bei beruflicher Aus- und Weiterbildung,
- bei der Nachfolgeplanung,
- bei der Leistungsbewertung,
- bezüglich Bezahlung und Boni.

Die zwei Hauptgründe für die Einbettung der MCC in oder sonstige Ver-knüpfung der MCC mit bestehenden Mitarbeiterentwicklungprogrammen sind, dass sie dadurch unternehmensweit aufgenommen wird, und sich die Systeme wechselseitig stärken. Weitere Gründe sind:

- die Möglichkeit zur sofortigen Abstufung zu bieten;

- Karriereplanung zum Hauptthema zu machen, da sie sich von einem zufälligen zu einem eingeplanten Diskussionsthema wandelt;
- die Auswirkungen von MCC auf die Mitarbeiterentwicklung leichter verfolgen zu können;
- Vorgesetzten und Mitarbeitern Richtwerte an die Hand zu geben, welche die Grenzparameter der Wahlmöglichkeiten und die von beiden Parteien geteilten Unternehmensziele klar definieren;
- einen Wortschatz zu schaffen, der in Einzelgesprächen zwischen Vorgesetztem und Mitarbeiter wie auch in formlosen Diskussionen innerhalb von Teams, Abteilungen und dem Unternehmen im Ganzen verwendet wird;
- ein klareres Verständnis von Karriereentscheidungen innerhalb von Teams und im Verhältnis zwischen Arbeitgeber und Mitarbeiter zu fördern.

Wir sind uns durchaus bewusst, dass es nicht einfach ist, das System der MCC in die Zielsetzungsverfahren und die zyklischen Mitarbeiterentwicklungprogramme einzufügen. Unserer Erfahrung nach führt die Anwendung des MCC-Systems in Gesprächen zur Zielsetzung und Leistungsbewertung jedoch zu einem allgemeinen Standard, der dann als Basis für handfestere Gespräche dient und die Wirksamkeit der Mitarbeiterentwicklung verbessert. Unsere in mehreren MCC-Pilotprojekten gesammelten Erfahrungen werden im nächsten Kapitel behandelt. Wenn man das System der MCC nutzt, um die im Verhältnis zu den gesetzten Zielen erbrachte Leistung zu bewerten, führt dies zu einer handfesteren Bewertung, da die vier MCC-Dimensionen speziell einerseits auf das Profil des individuellen Mitarbeiters und andererseits auf die Erwartungen, die das Unternehmen an die Leistungen und den Fortschritt dieses Individuums stellt, zugeschnitten wurden.

Karriereplanung wird unserer Ansicht nach im Augenblick nicht konsequent genug betrieben. Allzu vielen Unternehmen mangelt es an Disziplin und an gründlicher Begabtenbetreuung in dieser Sache, außerdem wird innerhalb von Abteilungen und auch über ganze Bereiche hinweg oft nicht vorausgedacht, was für Möglichkeiten bestehen, und welche Kompromisse sich ergeben könnten. Viele Vorgesetzte nehmen zum Beispiel an, dass der beste Weg zu einer bestimmten Position für einen beliebigen Mitarbeiter eben der Weg ist, den sie selbst genommen haben. Die meisten Unternehmen bieten keine Veranlassung, diese grob vereinfachende Annahme zu überdenken.

Gespräche über die Karriereplanung und individuellen Bedürfnisse eines Mitarbeiters schneiden notwendigerweise sehr persönliche Themen an. Auf der einen Seite stehen die Mitarbeiter und ringen damit, ob und wie viele Details sie ihren Vorgesetzten mitteilen, und wo sie die Grenze ziehen sollten. Auf der anderen Seite sind die Vorgesetzten mit ihren Zweifeln, was für gesetzliche Grundlagen und Zwänge sie in diesen Gesprächen berücksichtigen müssen. Wir verstehen daher durchaus, dass die Verpflichtung, für jedes MCC-Profil ein solches Gespräch führen zu müssen, ein sensibles Thema für Mitarbeiter und Vorgesetzte ist, besonders, wenn das Arbeitsverhältnis noch recht neu ist, oder keine wirkliche Vertrauensbasis existiert.

Aus eben diesem Grund ist es wichtig, diese Gespräche als Teile schon bestehender und wohletablierter Systeme einzuführen. Wenn ein Mitarbeiter an Einzelgespräche mit seinem Vorgesetzten gewöhnt ist und das System der MCC und den dazugehörigen Wortschatz alltäglich benutzt, können beide Seiten weitaus natürlicher mit der Diskussion umgehen, die nötig ist, wenn persönliche Umstände eine Veränderung der Arbeitssituation erfordern, zum Beispiel aufgrund der Geburt eines Kindes oder der Erkrankung eines Elternteils. Wenn man an solche Unterhaltungen gewöhnt ist, selbst wenn sie sich bisher immer nur um die Bestätigung eines traditionellen Karriereweges für den nächsten Zeitabschnitt gedreht haben, ist es wesentlich einfacher, ein sensibles Gespräch zu beginnen. In der Tat zeigten frühe Studien, dass ein wichtiger Vorteil der MCC ist, dass sie eine Struktur für Unterhaltungen bietet, die zuvor keinerlei Richtlinien oder Grenzwerte hatten und daher keine optimalen Ergebnisse erbringen konnten.

Es ist wichtig, alle dazu berechtigten Mitarbeiter mit einem MCC-Anfangsprofil zu versehen, das ihre gegenwärtige Arbeitssituation mittels der vier Dimensionen darstellt. Wie schon erklärt wurde, sollte dieses Profil in nachfolgenden Unterhaltungen über Ziele, Leistungsbewertung, Karriereplanung und Ähnlichem benutzt werden. Wir sagen »berechtigte Mitarbeiter«, da einige Unternehmen es vielleicht vorziehen, nicht alle Mitarbeiter zu ihrem MCC-System oder -Programm zuzulassen. Ein mögliches Zulassungskriterium wäre die bisherige Dauer des Arbeitsverhältnisses, ein oder zwei Jahre zum Beispiel, da dies dem Mitarbeiter Zeit gibt, das Unternehmen kennen zu lernen und formale und formlose Netzwerke aufzubauen. Für Vorgesetzte hieße das Kriterium der Arbeitsdauer, dass sie den Mitarbeiter besser kennen lernen und seine Leistungen in verschiedenen Situationen bewerten können, bevor sie ihn zum MCC-System zulassen.

Das Erbringen einer Mindestleistung wäre ein anderes mögliches Zulassungskriterium, zum Beispiel als »erfüllt Erwartungen« formuliert, und könnte mittels einer Fünf-Punkte-Skala von »übertrifft Erwartungen deutlich« bis zu »erfüllt Erwartungen nicht« bewertet werden. Einige Unternehmen mögen hierbei ihre Zulassungsschwelle bei dem mittleren Wert »erfüllt Erwartungen« setzen, andere vielleicht bei »übertrifft Erwartungen« oder noch höher. Natürlich schließen die beiden genannten Zulassungskriterien sich gegenseitig nicht aus, und einige Unternehmen werden vielleicht sowohl die Dauer des Arbeitsverhältnisses als auch eine Leistungsbewertung als Zulassungskriterien verwenden.

Zulassungskriterien müssen allerdings nicht notwendigerweise Teil des MCC-Systems sein. Bezüglich des Für und Wider von Zulassungskriterien muss man mehrere Aspekte gegeneinander abwiegen. Manche Unternehmen betrachten die begrenzte Teilnahme am MCC-System, besonders in den ersten Jahren nach der Einführung der MCC, als einen Zusatzbonus für leistungsstarke Mitarbeiter, der deren Leistungen belohnt und anderen als Anreiz dient. Genau die gegenteilige Meinung ist natürlich auch möglich, nämlich, dass unter den vom MCC-System ausgeschlossenen Mitarbeitern Verbitterung aufkommen kann, die das ganze System untergraben kann.

Unsere persönliche Meinung zu diesem Thema hat sich im Lauf unserer Arbeit mit dem System der MCC entwickelt. Erst glaubten wir, dass es aus den schon genannten Gründen nützlich wäre, die Dauer des Arbeitsverhältnisses und vielleicht sogar die Arbeitsleistung als Zulassungskriterien zu nutzen. Dann haben wir unsere Ansicht etwas geändert. Denn man muss auch berücksichtigen, dass der Aufwand, mehrere voneinander unhängige Systeme zu betreiben, also einige Mitarbeiter zur MCC zuzulassen und andere nicht, höher sein kann als der Nutzen, den Zulassungskriterien bringen.

Wenn das System der MCC vollständig eingeführt ist, hat jeder Mitarbeiter, oder eben nur diejenigen, die das Unternehmen zulässt, ein MCC-Profil. Wie schon beschrieben bietet jedes Profil mittels der vier Dimensionen einen Überblick über den gegenwärtigen Zustand des individualisierten Karrierewegs des betreffenden Mitarbeiters. Im Lauf der Zeit werden sich möglicherweise in verschiedenen Unternehmen Änderungen der Dimensionen oder der Endpunkte der Skalen ergeben, da mit wachsender Erfahrung die Endpunkte der spezifischen Struktur den Arbeitsverläufen und Anforderungen des jeweiligen Unternehmens angepasst werden. Auf ähnliche Weise werden sich auch die mit der MCC verbundenen Systeme und Prozesse weiterentwickeln, wodurch das bestehende Mitarbeiterentwicklungssystem anpassungsfähiger und flexibler wird – was genau den Bedürfnissen moderner Wissensarbeiter entspricht.

MCC-Profile ändern sich mit der Zeit

Um nun den Wert und die Anwendbarkeit des MCC-Systems für Mitarbeiter wie für Arbeitgeber über einen längeren Zeitraum hinweg zu bewerten, möchten wir den Karrierefortschritt und den Wandel in den persönlichen Lebensumständen eines Mitarbeiters im Lauf von 30 Jahren betrachten. Die MCC ist allerdings ein ganz neues System, sodass es noch keine Studien über einen konkreten Zeitraum hinweg gibt. Wir haben daher eine Lebensgeschichte zusammengestellt, die auf der alltäglichen Arbeitssituation und auf persönlichen Aussagen typischer Mitarbeiter beruht, und schufen so einen Durchschnittsangestellten, den wir Gary nannten. Üblicherweise wird ein MCC-Profil einmal im Jahr oder sogar seltener besprochen, es sei denn, unerwartete Ereignisse im Arbeits- oder Privatleben eines Mitarbeiters erfordern häufigere Anpassungen des Profils. Unser Beispiel konzentriert sich auf fünf Karrierephasen und die jeweiligen Veränderungen in den vier Dimensionen.

Abbildung 4.4 verdeutlicht die ständigen Anpassungen auf den Skalen des MCC-Profils, die, wie schon erwähnt, einer Art Sinuskurve ähneln. Die Auswahl höherer oder niedrigerer Einstellungen ermöglicht es Mitarbeitern und Vorgesetzten das ganze Arbeitsleben hindurch, jederzeit die richtige Balance der Dimensionen zu finden, wie Garys Profil zeigt.

Gary ist unverheiratet, 27 Jahre alt und verfügt über eine MBA-Qualifikation, als ihn eine weltweit tätige Konsumgüterfirma anstellt und ihn einem beschleunigten Programm zuweist, das Brand Management mit Marketing kombiniert. Dieses Unternehmen mit Sitz in den USA hat über

30 verschiedene Produktlinien, einen Gesamtumsatz von 12 Milliarden Dollar, verkauft seine Produkte in 75 Ländern und beschäftigt weltweit 35 000 Mitarbeiter, davon 25 000 in Nordamerika.

Abbildung 4.4: Stufenweise Entwicklung von Garys MCC-Profil

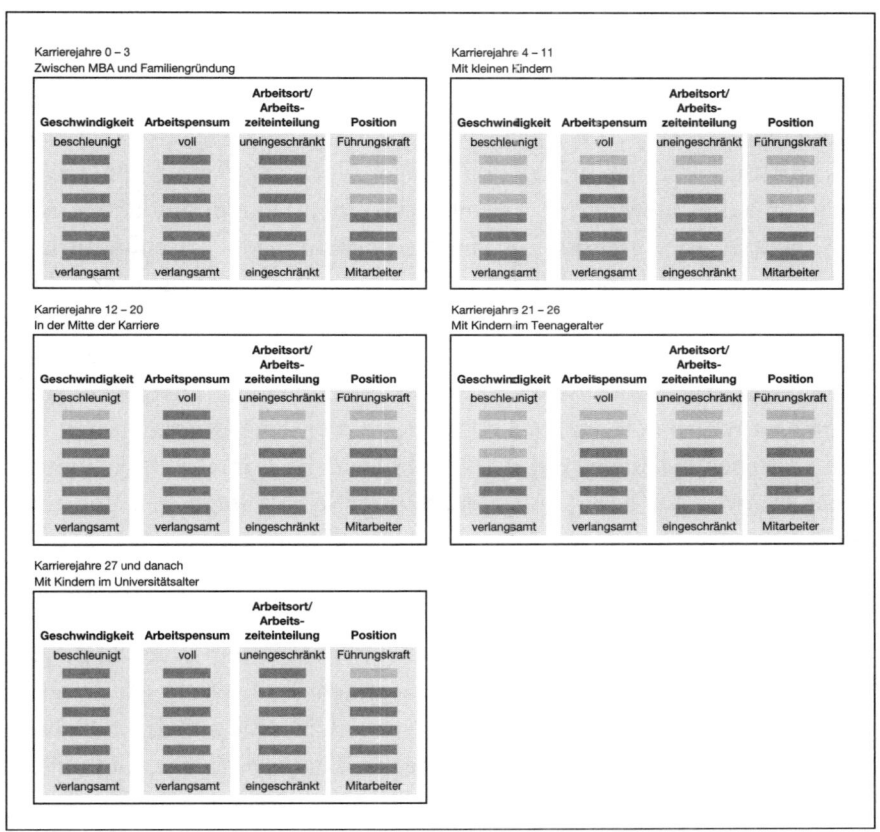

Gary arbeitet zunächst als Assistenzproduktmanager. Hierfür ist er etwa 15 Tage pro Monat auf Geschäftsreisen unterwegs, um das Gewerbe kennen zu lernen und an Werbekampagnen, Verbraucherforschung und Produktentwicklung teilzunehmen. Ein Jahr später wird er zum stellvertretenden Produktmanager befördert, einen Monat nach seiner Hochzeit mit einer Studienkollegin, die ebenfalls einen MBA hat. Im folgenden Jahr wird er zum Produktmanager für Fußballtrikots und verwandte Produkte ernannt, wodurch er die Verantwortung für einen Verkaufsumsatz von 50 Millionen Dollar und für eine ihm direkt unterstellte Abteilung mit zwölf Mitarbeitern übernimmt. Wie sein MCC-Profil zeigt, ist er auf einem Karrierekurs mit beschleunigter Geschwindigkeit, vollem Arbeitspensum, keinen Einschränkungen für Arbeitsort/Arbeitszeiteinteilung und befindet sich in einer Managerposition.

Nach der Geburt seines ersten Kindes, Gary ist mittlerweile 31 Jahre alt, nimmt er im Anschluss an den dreimonatigen Erziehungsurlaub seiner Frau eine dreimonatige Auszeit und kehrt dann zu seiner Stelle als Produktmanager zurück. Er arbeitet weiterhin Vollzeit, begrenzt aber seine Geschäftsreisen auf zehn Tage pro Monat. Nach der Geburt seines zweiten Kindes drei Jahre später nimmt Gary erneut eine dreimonatige Auszeit, diesmal im Anschluss an einen sechsmonatigen Erziehungsurlaub seiner Frau. Nach seiner Rückkehr arbeitet er zwar nur noch vier Tage pro Woche, ist aber mit der Leitung mehrerer Produktlinien betraut und trägt zur Verbraucherforschung sowie zur Unternehmensstrategie bei. Diese Neuausrichtung ermöglicht es ihm, mehr Zeit und Energie auf seine Familie zu verwenden. Im Folgenden begrenzt er seine Geschäftsreisen auf fünf bis sieben Nächte pro Monat, bleibt bei den rasanten Entwicklungen seiner Branche auf dem Laufenden, vertieft seine Fähigkeiten und trägt mit seiner unbestreitbaren Erfahrung als Produktmanager zum Unternehmenserfolg bei, zum Beispiel als Mentor. Im Alter von 37 Jahren hat sich seine Beförderungsgeschwindigkeit somit im Vergleich zu seinen Anfangsjahren verlangsamt, aber sein Vorgesetzter ist mit ihm einer Meinung, dass er sich in einer starken Position befinden wird, wenn sein jüngstes Kind in den Kindergarten kommt und er sich wieder auf den normalen Beförderungsweg für Führungskräfte begibt. Die Anpassungen auf seinem Profil zu diesem Zeitpunkt zeigen eine mittlere Geschwindigkeit, ein etwas reduziertes Arbeitspensum, Einschränkungen bezüglich Arbeitsort/Arbeitszeiteinteilung und eine Position in der Mitte zwischen Mitarbeiter und Führungskraft.

Nach weiteren zwei Jahren wird Gary im Alter von 39 zum Vizepräsidenten befördert, er betreut drei Produktlinien, hat seine Arbeitszeit auf 50 Stunden über fünf Tage pro Woche erhöht und ist durchschnittlich für zehn Tage pro Monat auf Geschäftsreisen. Seine Beförderungsgeschwindigkeit erhöht sich erneut, und vier Jahre später steigt er zum Vizegruppenpräsidenten auf mit der Verantwortung für sechs Produktlinien und über 500 Millionen Dollar Jahresumsatz. Sein MCC-Profil zeigt beschleunigte Geschwindigkeit, volles Arbeitspensum, leichte Einschränkungen bei Arbeitsort/Arbeitszeiteinteilung und eine Rolle als Führungskraft. Im Alter von 47 Jahren, als seine Kinder 16 und 13 Jahre alt sind, entschließt sich Gary, sein Arbeitspensum, seine Geschäftsreisen und seine Arbeitszeiteinteilung zu vermindern, um mehr am Leben seiner Teenager teilhaben zu können. Infolgedessen verwaltet er nur noch vier Produktlinien, deren Umsatz sich auf 350 Millionen Dollar beläuft, und übernimmt die Führungsposition in einem firmeninternen Projekt. Auf seinem Profil zeigen sich diese Änderungen als mittlere Geschwindigkeit, ein etwas begrenztes Arbeitspensum und leicht eingeschränkter Arbeitsort/Arbeitszeiteinteilung, und seine Position bewegt sich in der Mitte zwischen Mitarbeiter und Führungskraft.

Weitere fünf Jahre später sind seine Kinder auf der Universität, und Gary ist, was seine Arbeit betrifft, wieder hoch motiviert und ambitioniert. Er ändert seine MCC-Einstellungen erneut, diesmal nach oben, indem er seinen Aufgabenbereich auf acht Produktlinien ausweitet und Vollzeit ohne Einschränkungen für Arbeitsort/Arbeitszeiteinteilung arbeitet. Im Alter von 55 Jahren wird er zum Leitenden Vizepräsidenten mit der Verantwortung für eine Milliarde Dollar Jahresumsatz befördert. Sein Profil spiegelt dies mit erhöhten Einstellungen für Geschwindigkeit, Arbeitspensum, Arbeitsort/Arbeitszeiteinteilung und Position wider.

Die Vorteile der MCC

Wenn Arbeitgeber und Mitarbeiter ihren Verantwortungen innerhalb des Systems der MCC nachkommen, sind die potenziellen positiven Ergebnisse für das Unternehmen und den einzelnen Angestellten erstaunlich. Auf der untersten Ebene bietet die MCC Mitarbeitern praktische Lösungen, um ihr Leben effektiver zu gestalten, und dem Unternehmen die Möglichkeit, seine Belegschaft besser zu verwalten. Auf einer anderen Ebene jedoch, wie wir im nächsten Kapitel darstellen möchten, kann die MCC die Qualität des Verhältnisses zwischen Unternehmen und Mitarbeitern regelrecht transformieren, was beiden Parteien weitreichende Vorteile bringt.

Die Stärke des Systems der MCC liegt darin, dass es von Anfang an die Form eines permanenten Gesprächs zwischen Arbeitgebern und Mitarbeitern annimmt. Die MCC bildet praktisch das Sprungbrett zu vielerlei Karrieremöglichkeiten, und in ihrer Gesamtheit bilden diese Karrieren für das Unternehmen ein erfolgreiches, marktführendes Reservoir begabter Mitarbeiter.

Für Arbeitgeber ist die MCC ein Werkzeug, um hochwertige Mitarbeiter anzuziehen und an sich zu binden und um die Produktivität der Belegschaft zu erhöhen – Gründe genug, um die MCC einzuführen. Hinzu kommen aber noch zwei Aspekte von weitreichender Bedeutung: dass die MCC im Lauf der Zeit das Verhältnis zwischen Arbeitgeber und Angestellten nachhaltig verändert und dass sie Unternehmen ihre Humankapitalressourcen weit besser vorhersagen lässt. Ein besseres Verständnis der Stärken und Schwächen, der Bedürfnisse, Hoffnungen und Lebenspläne ihrer Mitarbeiter ermöglicht es Arbeitgebern, ihre Unternehmen gewinnbringender zu strukturieren und zu lenken. Infolgedessen sind sie besser dazu in der Lage, die Bedürfnisse talentierter Mitarbeiter genauer vorherzusehen, Kosten zu reduzieren, die Nachfolgeplanung zu verbessern und Wachstumsmöglichkeiten effektiver zu nutzen. Darüber hinaus erhöhen sich unter den Mitarbeitern die Arbeitszufriedenheit und die Loyalität – was beides von großer Bedeutung ist, da der Arbeitskräftemangel zunehmend akut wird.

Wie dieses Kapitel zeigte, haben viele Unternehmen innerhalb der letzten Jahre gelernt, dass es gut für das Geschäft ist, den Kontakt der Kunden mit dem Produkt zu individualisieren. Diese effektive Verkaufsstrategie – die individualisierte Massenfertigung oder *Mass Product Customization* – nutzt neue Kommunikations- und Herstellungstechnologien, um die Gewinnspanne und die Kundenzufriedenheit zu erhöhen und um Markentreue aufzubauen und langfristig zu erhalten. Warum nun sollte man dieselben Grundprinzipien nicht auch auf die Belegschaft und die Arbeitswelt anwenden können?

Die MCC bietet das System, die Prinzipien und die Verfahren, um das Engagement der Mitarbeiter, ihre Zufriedenheit, Loyalität und ihre langfristige Karriereplanung innerhalb ihres Unternehmens zu stärken. Die MCC setzt darauf, ein neues Verhältnis aufzubauen, mit dessen Hilfe Mitarbeiter ihre Karriere sowohl ihren Karrierezielen als auch ihrem Privatleben anpassen können, und zwar nicht nur im Moment, sondern ihre ganze Karriere hindurch. Arbeitgeber verschaffen sich durch die MCC einen Marktvorteil darin, talentierte Mitarbeiter anzuziehen, zu binden und weiterzuentwickeln, und sie werden infolgedessen ihre langfristigen Geschäftsziele erfolgreicher erreichen.

Die MCC fördert bei Vorgesetzten und Mitarbeitern Flexibilität und langfristiges Denken als Kernkompetenzen und macht den Arbeitsplatz mittels vielfacher Optionen für Karrierewege durchschaubarer. Die MCC konzentriert sich auf diese Weise auf die wirtschaftliche Notwendigkeit, leistungsstarke Mitarbeiter mit hohem Potenzial anzuwerben und sie dann dem eigenen Unternehmen trotz der ständig steigenden Nachfrage des Marktes nach talentierten Angestellten auch zu erhalten. Sie schlägt für Unternehmen die Brücke vom bestehenden, traditionellen System der Karriereleiter zu dem pragmatischeren, flexibleren Modell des Karrieregitters.

Nachdem nun also die vielen Merkmale der MCC eingeführt wurden, ist es an der Zeit, die Umsetzung der MCC in der Wirklichkeit zu betrachten. Im nächsten Kapitel untersuchen wir zunächst drei erfolgreiche Unternehmen, die der MCC praktisch entsprechende Verhaltensweisen zeigen, und beschreiben danach die Erfahrungen unseres eigenen Unternehmens, das mit der strukturierten Umsetzung der MCC experimentierte. In Kapitel 6 bauen wir dann auf diese in der Praxis gewonnenen Erkenntnisse auf und geben klare Empfehlungen, wie man die MCC in seinem eigenen Unternehmen einführen kann.

Kapitel 5
Der Weg zum Karrieregitter

Wir befinden uns, wie es scheint, an der Schwelle zu einer neuen Arbeitswelt.
Thomas W. Malone

Einige Unternehmen zeigen schon seit Jahren ein Talent dafür, verschiedene Prinzipien der Philosophie des Karrieregitters zu kombinieren und in die Tat umzusetzen. Ihre Unternehmenskulturen enthalten Prinzipien und Systeme, die praktisch denen der Mass Career Customization entsprechen. Diese Unternehmen haben zwar vielleicht kein strukturiertes System und keinen spezifischen MCC-Wortschatz entwickelt, aber ihre Taten sprechen dennoch für sich.

Die engagierte Umsetzung von MCC-ähnlichen Prinzipien und Systemen beginnt an der Unternehmensspitze durch starke Führungspersonen und wird in Unternehmenskulturen durchgeführt, die sich massiv auf das Halten und die Entwicklung ihrer Mitarbeiter konzentrieren. Diese Unternehmen stärken die langfristige Karriereentwicklung ihrer Mitarbeiter durch eine Reihe von Positionen, die jeweils den Fähigkeiten wie auch den persönlichen Umständen der Mitarbeiter angepasst sind. Sie verstehen, dass dies ein bedeutender Unterschied zu den Einzelfalllösungen ist, die einfach dazu dienen, Kündigungen geschätzter Mitarbeiter zu vermeiden oder hinauszuzögern.

In diesem Kapitel wollen wir beispielhaft drei Unternehmen untersuchen, die solche Prinzipien in die Tat umgesetzt haben und deren Führungskräfte dabei sind, dem Karrieregitter ähnelnde Unternehmenskulturen zu schaffen, um ihren bisherigen, lang andauernden wirtschaftlichen Erfolg weiter auszubauen. Als Beispiele dienen uns hierbei die Unternehmen SAS, Arnold & Porter und Ogilvy & Mather. Daran anschließend beschreiben wir die Anfangsphase der Einführung eines strukturierten MCC-Systems bei dem Unternehmen Deloitte.[1]

SAS: Wie man das intellektuelle Kapital
ans Unternehmen bindet

SAS ist die größte private Softwarefirma der Welt. Zu ihrem 30-jährigen Bestehen im Jahr 2006 beschäftigte sie 10 000 Mitarbeiter und erwartete ein weiteres Rekordjahr mit zweistelligem Einnahmenwachstum, geschätzt auf etwa 1,9 Milliarden Dollar. Darüber hinaus gilt SAS aber auch als fortschrittlicher Innovator in Sachen Harmonisierung des Arbeits- und Privatlebens und bei Familienvergünstigungen.

Es ist zwar nützlich, wenn diese zwei Faktoren – zukunftsfähiges Wirtschaftswachstum und eine fortschrittliche Belegschaftsstrategie – in einem Unternehmen schon bestehen, aber sie sind keinesfalls notwendige Voraussetzungen beim Aufbau eines Karrieregitters in einer Firma. Solche Unternehmen mit nachhaltigem Wachstum und fortschrittlichen Belegschaftsverfahren schaffen kontinuierlich neue Rollen, neue Karrieremöglichkeiten und neue Optionen für Mitarbeiter, um ihre Arbeitsverpflichtungen vermindern oder erhöhen zu können. Wie viele Unternehmen in dieser Situation bevorzugt es auch SAS, diese neu geschaffenen Stellen intern zu besetzen, da die jeweiligen Mitarbeiter schon mit dem Unternehmen und seinen Verfahrensweisen vertraut sind.

SAS ist ein starkes Unternehmen mit Sitz in Cary, North Carolina, in den USA. Es ist führend in dem Sektor der Softwarebranche, die das schnellste Wachstum aufweist, nämlich der Business Intelligence. Dies bildet einen Teil seines weitreichenden Produktangebots im Feld der Data-Mining- und analytischen Software. Die Abkürzung SAS ist, nebenbei bemerkt, von »statistischer Analysesoftware« abgeleitet, dem Produktbereich, der noch immer die Haupteinnahmequelle der Firma bildet. Kunden wie zum Beispiel Harrah's Entertainment, das Spielkasinos betreibt, benutzen Software von SAS, um Datenmengen zu segmentieren. Dies ermöglicht es ihnen unter anderem, die profitbringendsten Kunden oder auch Kunden, die eine Konkurrenzfirma verlassen möchten, zu identifizieren.[2] SAS-Software ist so weit verbreitet, dass wahrscheinlich auch in Ihrer Firma irgendwo ein Softwareprogramm von SAS installiert ist.

Über seinen wirtschaftlichen Erfolg hinaus gilt SAS aber auch als begehrter Arbeitgeber, der über 200 Bewerbungen für jede im Internet ausgeschriebene Stelle erhält. Aus diesem Angebot sucht sich SAS hauptsächlich die erfahrenen Bewerber aus – Mitarbeiter im Alter von oftmals schon 40 oder 50 Jahren, die durch den zyklischen Aufstieg und Fall von Hochtechnologiefirmen arbeitslos wurden und sich daher besonders für die Stabilität interessieren, welche die Belegschaft von SAS genießt. SAS befindet sich in der obersten Liga, weil es eine effektive Mischung der folgenden Elemente gefunden hat: Unternehmenswachstum, attraktive Karrieremöglichkeiten sowie Arbeitsplatzstrategien, welche die Bindung begabter Mitarbeiter zur strategischen Priorität für das ganze Unternehmen erheben. Jeffrey Pfeffer, Professor für Unternehmensverhalten bei der Stanford Business School, schätzt die jährliche Ersparnis bei SAS auf 60 bis 80 Millionen Dollar, da die Firma ungewöhnlich erfolgreich darin ist, ihre Mitarbeiter an sich zu binden.[3] SAS weist eine niedrige Mitarbeiterfluktuation von durchschnittlich nur 3 Prozent auf, und das in einer Branche, in der sich diese Quote üblicherweise auf 20 Prozent beläuft. SAS ist außerdem extrem gut darin, auch ihre Kunden zu halten – 98 Prozent ihrer Kunden bleiben der Firma Jahr für Jahr treu.

SAS hält Belegschaftsstabilität für ein wertvolles Verkaufsargument, besonders wenn sie mit Konkurrenten um neue Kunden wettstreitet. »Im Lauf der Jahre habe ich gelernt, dass loyale Mitarbeiter zu loyalen Kunden, erhöhten Innovationsraten und hochwertigerer Software führen«, sagt James Goodwin, der CEO und Gründer von SAS.[4]

Der Fall Kecia Serwins beweist, dass Goodwin hierbei nicht nur in Klischees verfällt.[5] Kecia, in ihren eigenen Worten eine energische Verkaufsleiterin, wurde rapide befördert, nachdem sie im Jahr 1990 bei SAS zu arbeiten begonnen hatte. 2002 wurde sie Generalmanagerin für gewerbliche Verkäufe bei der intern neu gegründeten »Health and Life Sciences Business Unit«. Innerhalb von vier Jahren half sie dabei, den ursprünglich minimalen Umsatz auf 110 Millionen Dollar zu steigern und ein Verkaufsteam von über 80 Personen in diversen regionalen Niederlassungen aufzubauen. Die jährlichen Gesamteinnahmen wuchsen im Zeitraum von 2003 bis 2005 um jeweils 8 bis 10 Prozent, aber diese Entwicklung beschleunigte sich im Jahr 2006 auf 14 Prozent. Dies war ein Ergebnis ganz nach dem klassischen Schema der extrem leistungsstarken zukünftigen Führungskraft mit hohem Potenzial. Kecia arbeitete aber auch sehr hart für ihren Erfolg, verbrachte oft 70 Stunden pro Woche im Büro und acht bis zehn Tage pro Monat auf Geschäftsreisen, um das Unternehmen aufzubauen; sie gab mehrfach Urlaubstage für den Job auf und ließ sich nicht einen einzigen Tag krankschreiben. Als sie und ihr Mann, ein Verkaufsingenieur, im April 2005 ihr erstes Kind bekamen, war sie nur für zehn Wochen nicht bei der Arbeit: sechs im offiziellen Mutterschaftsurlaub und vier Wochen im normalen Urlaub.

Kurz nachdem Kecia ihre Arbeit wieder aufgenommen hatte, stand sie plötzlich vor einer ernsten Familienkrise. Zu Beginn des Jahres 2006, sechs Monate nach ihrem Erziehungsurlaub, wurden ihr Stiefvater und ihr Vater mit Krebs im Endstadium diagnostiziert. Ihr Stiefvater verstarb kurz darauf im März. Zu diesem Zeitpunkt entschloss sich Kecia, für unbegrenzte Zeit den beschleunigten Beförderungsweg komplett zu verlassen, da sich der Zustand ihres Vaters verschlechterte und sie ja selber noch dabei war, sich an die Anforderungen, die ein Baby an seine Mutter stellt, zu gewöhnen. »Irgendetwas musste das Nachsehen haben«, erinnert sie sich hierzu. »Ich hatte einfach nicht genug Zeit für alles, was gemacht werden musste.« Kecia erklärt, dass während der gründlichen Planung im Vorfeld ihrer zeitlich unbegrenzten Abwesenheit auch ihr Vertreter ernannt wurde, Kurt Kaliebe, der Leiter der Strategieabteilung ihres Teams.

Kurz bevor Kecia im April ihre Stelle verließ, kündigte ihr Vorgesetzter unerwartet, und die Informationswege der oberen Führungskräfte wurden umorganisiert. Plötzlich sollte Kecia direkt an den CEO Goodwin berichten. Sie sorgte sich, sie müsste die Bedingungen für ihre Auszeit neu verhandeln. Und falls ihr Vorgesetzter dies ablehnen sollte, würde sie sich gezwungen sehen, SAS zu verlassen? Dieses Problem wurde jedoch schnell und erfolgreich gelöst, als Kecia es mit Goodwin besprach. Laut Kecia war Goodwins Reaktion: »Tun Sie, was Sie tun müssen, und kommen Sie zu uns zurück, wenn Sie dazu bereit sind.« Fünf Monate später, nachdem ihr Vater verstorben war, trafen sich die beiden wieder. Kecia teilte ihm mit: »Ich bin jetzt bereit, zurückzukommen und 100 Prozent für SAS da zu sein. In welchem Bereich brauchen Sie mich?«

Seine Antwort war, in ihrer alten Stelle als Leiterin des »Health and Life Sciences«-Teams zu bleiben. Das war natürlich ein gutes Resultat für Kecia, aber was sollte nun mit dem Strategiespezialisten Kurt geschehen, der Kecia während ihrer fünfmonatigen Abwesenheit erfolgreich vertreten hatte? Er hatte weiter Kontakt zu Kecia, blieb aber auch weiterhin in einer Managerrolle, nämlich als Leiter eines regionalen Verkaufsteams. In dieser Position trug er größere Verantwortung, hatte ein höheres Profil und konnte besser Führungsqualitäten aufbauen als in seiner vorherigen strategiebezogenen Rolle. Hieran erkennt man ein weiteres wichtiges Merkmal von MCC-Umgebungen: Wenn ein Mitarbeiter seine Arbeitszeit reduziert, bietet dies anderen die Möglichkeit, diese Lücke zu füllen. Im Fall von Kurt bildeten die fünf Monate von Kecias Vertreter eine Brücke zu einer neuen Führungsrolle und einem daraus folgenden Karriereweg, der andernfalls entweder unmöglich gewesen wäre oder sich wesentlich langsamer entwickelt hätte.

Abbildung 5.1: Die stufenweise Entwicklung von Kecias MCC-Profil

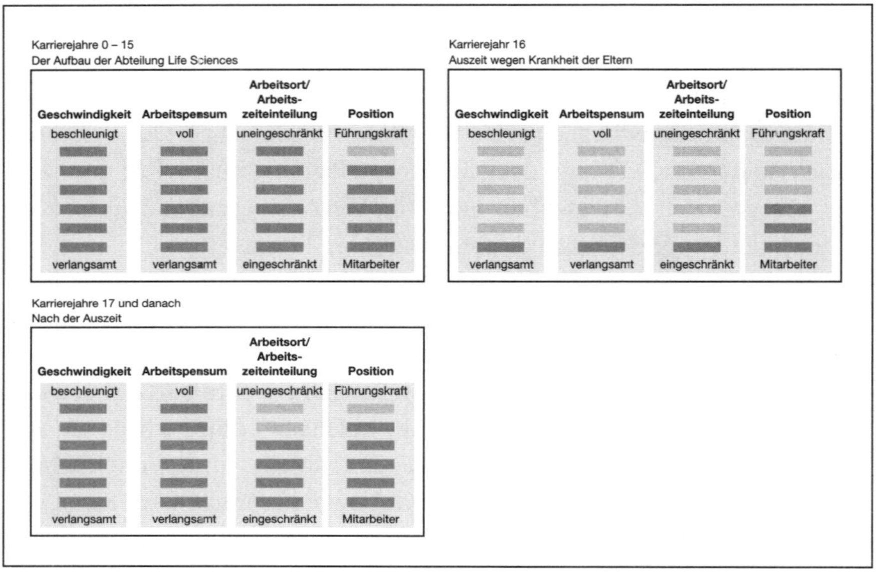

Karrierejahre 0 – 15
Der Aufbau der Abteilung Life Sciences

Geschwindigkeit	Arbeitspensum	Arbeitsort/ Arbeitszeiteinteilung	Position
beschleunigt	voll	uneingeschränkt	Führungskraft
verlangsamt	verlangsamt	eingeschränkt	Mitarbeiter

Karrierejahr 16
Auszeit wegen Krankheit der Eltern

Geschwindigkeit	Arbeitspensum	Arbeitsort/ Arbeitszeiteinteilung	Position
beschleunigt	voll	uneingeschränkt	Führungskraft
verlangsamt	verlangsamt	eingeschränkt	Mitarbeiter

Karrierejahre 17 und danach
Nach der Auszeit

Geschwindigkeit	Arbeitspensum	Arbeitsort/ Arbeitszeiteinteilung	Position
beschleunigt	voll	uneingeschränkt	Führungskraft
verlangsamt	verlangsamt	eingeschränkt	Mitarbeiter

Wenn Kecia zur Zeit ihrer Abwesenheit ein MCC-Profil gehabt hätte, wäre die Einstellung für ihr Arbeitspensum auf die unterste Position verringert worden (vergleiche Abbildung 5.1). Nach ihrer Rückkehr hätte sich diese Einstellung wieder erhöht. Sie setzte sich auch formlos selbst neue Grenzen bei Arbeitsort/Arbeitszeiteinteilung: 50-Stunden-Wochen und eine starke Reduzierung ihrer Geschäftsreisen auf nur noch etwa eine Woche pro Monat. Heute habe sie mehr Kontrolle über ihre Arbeitszeiteinteilung, sagt sie. Sie denkt auch schon über den Schulbeginn ihrer Tochter in vier Jahren nach und überlegt, ob ein reduziertes oder Teilzeit-Arbeitspensum dann den neuen Bedürfnissen ihres Privatlebens besser entsprechen würde. Kecia sagt: »Im Augenblick glaube ich, dass ich es so machen muss, um mehr

Zeit mit meiner Tochter verbringen zu können. Ich habe nichts dagegen, einen normalen Arbeitstag von 9 bis 17 Uhr zu haben, sodass ich auf der Arbeit als Mitarbeiterin ohne Führungsverantwortung oder im Management produktiv tätig sein kann, aber alles im Büro lassen kann, wenn ich nach Hause gehe. Ich persönlich halte das für die gegenwärtige Herausforderung und/oder Möglichkeit, der sich Unternehmen gegenübersehen. Langfristig zu denken ist nicht nur gut, sondern es ist definitiv die richtige Art und Weise, ein Unternehmen zu leiten. Wir wissen alle, dass neue Bewerber heute hart umkämpft werden. Und wenn sich sonst alle Faktoren die Waage halten, dann arbeitet man doch sicher lieber in einem Unternehmen, das sich um einen kümmert, und zwar nicht nur zeitweilig auf einer bestimmten Stelle, sondern die gesamte Karriere hindurch.«

Jeff Chambers, der Vizepräsident für Personalfragen bei SAS, erkennt an, dass die MCC potenziell dazu in der Lage ist, die noch relativ unstrukturierten Regelungen in seiner Firma zu vereinheitlichen. Ein formaleres MCC-System »ist etwas, das wir sehr ernsthaft in Betracht ziehen«, sagt er. »Wir müssen das intellektuelle Kapital behalten, weil es unersetzlich ist.«[6] Chambers führte dieses Argument als Gastredner bei der Konferenz »Chief Human Resource Officer Executive Forum« im Jahr 2005 weiter aus: »Einer der Hauptgründe für unseren Erfolg ist, dass wir keine stockende Karriereleiter haben, wo man von Softwareentwickler Ebene 1 zu Softwareentwickler Ebene 2, und dann 3 und dann 4 befördert wird. Unsere Mitarbeiter bewegen sich relativ ungebunden im Unternehmen hin und her, und wir fördern das. Es ist einer der Gründe, warum sie sich persönlich und professionell weiterentwickeln, unterschiedliche Fähigkeiten erwerben und für das Unternehmen bedeutsamer werden. Sie sind einfach gereifter.«[7]

Arnold & Porter: Kunden wissen Kontinuität zu schätzen

Arnold & Porter ist eine angesehene Kanzlei für Wirtschaftsrecht, die vielleicht weltweit am besten für ihre Tätigkeit bei Kartellverfahren und bei der Verteidigung von Wirtschaftsunternehmen bekannt ist. Da sie ihren Sitz in Washington, D. C., hat, leistet sie auch sehr geschickt und erfolgreich Rechtsbeistand für verschiedene Ministerien der US-Regierung. Zu seinen 630 Mitarbeitern zählt Arnold & Porter demzufolge auch mehrere ehemalig hochgestellte Beamte des Federal Reserve Board, der U.S. Securities and Exchange Commission, des Auswärtigen Amtes sowie der Justiz- und Finanzministerien.

Die Angestellten bei Arnold & Porter schätzen ihre Kanzlei als einen der begehrtesten Arbeitgeber des gesamten amerikanischen Anwaltsstands. So wurde die Firma auch vier Jahre lang auf der Liste der »100 besten Arbeitgeber« aufgeführt, die jedes Jahr in der Zeitschrift *Fortune* erscheint. Im Jahr 2006 schaffte es Arnold & Porter nicht nur auf die Liste von *Fortune*, sondern befand sich auch unter den »100 besten Unternehmen« der Zeitschrift *Working Mothers* und war somit das einzige Unternehmen, dem diese doppelte Ehre zuteil wurde.[8]

Diese öffentliche Anerkennung hat gute Gründe. Arnold & Porter ist bahnbrechend, da es seinen Juristen ein breites Angebot an flexiblen Optionen bietet. An jedem beliebigen Tag arbeiten 40 bis 50 Angestellte Teilzeit, haben sich eine zeitlich begrenzte Auszeit genommen, machen Telearbeit oder sind Teil anderer flexibler, nicht traditioneller Arbeitszeitregelungen, die ihnen auf vielfache Weise helfen, mit ihren Vollzeit arbeitenden Kollegen und ihren Klienten engen Kontakt zu halten. In anderen Worten bedeutet dies, dass 7 bis 8 Prozent der bei Arnold & Porter angestellten Juristen alternative Arbeitszeitregelungen genießen, ein Prozentsatz, der doppelt so hoch ist wie der Durchschnitt aller Anwaltskanzleien. Anstatt aber die Hoffnung aufgeben zu müssen, jemals Teilhaber zu werden, benutzen diese Associates eine dem Karriereregitter ähnliche Struktur, um ihr Arbeitsleben mit ihren Bedürfnissen zu vereinen und dennoch zum Teilhaber oder noch weiter aufsteigen zu können. Denn die Firma hat in der Tat Teilhaber und Associates, die nicht durchgängig Vollzeit gearbeitet haben.

Zu diesem Thema bemerkt James J. Sandman, ein leitender Partner mit Verantwortung für die flexiblen Arbeitszeitregelungen bei Arnold & Porter von 1995 bis 2005: »Uns war schon seit Jahren klar, dass ein breites Angebot möglicher Karrierewege die begabtesten Mitarbeiter anzieht und auch an uns bindet.«[9] Während Arnold & Porter dies schon seit 30 Jahren umsetzt, wird es, wie er sagt, in der Zukunft auch für andere Wissensunternehmen immer bedeutsamer werden.

»Nicht nur die Harmonisierung des Arbeits- und Privatlebens, sondern alle Einflüsse, die höhere Fluktuationen zwischen verschiedenen Branchen verursachen, werden immer wichtiger werden,« erklärt er mit Bezug auf den hohen Marktwert leistungsfähiger Mitarbeiter, der dazu führt, dass Anwälte andere Juristenberufe ergreifen oder sogar das Anwaltswesen ganz verlassen und in andere Branchen wechseln. »Wenn ein Unternehmen bei dem Thema Arbeitsleben/Privatleben, das diese Karrierewechsel verursacht, keine Fortschritte erzielt, wird es einfach davon überrannt werden.« Variable Arrangements für Geschwindigkeit, Arbeitspensum, Arbeitsort/Arbeitszeiteinteilung und Position anzubieten, die sich individuell den beruflichen und privaten Bedürfnissen der Anwälte anpassen lassen, sieht Sandman als eine Methode, um Loyalität aufzubauen: »Unter Mitarbeitern schwinden der Loyalitätssinn und das Engagement ihren Arbeitgebern gegenüber zusehends, was zum Teil daran liegt, dass Arbeitgeber diese Loyalität nicht zu erwidern scheinen. Daher sagen sich die Mitarbeiter: ›Warum soll ich mich hier voll einsetzen, wenn ich noch nicht einmal weiß, ob ich hier eine Zukunft habe, oder mir in ein paar Jahren gekündigt wird?‹ Sie wären durchaus gern loyal, aber für dumm verkauft werden wollen sie nicht. Sie brauchen einfach eine Bestätigung, dass die Loyalität wechselseitig ist. Diese Ansichten sind, denke ich, in der gesamten Wirtschaft verbreitet.«

Sandman gibt zu, dass der Erfolg seiner Firma in dieser Hinsicht auf Führungspersönlichkeiten zurückgeht. In seinen zehn Jahren als leitender Teilhaber brachte er selbst die wirtschaftlichen Gründe für die Regelungen, welche die Harmonisierung von Arbeits- und Privatleben erlauben, auf und vertrat sie den anderen Teilhabern gegenüber sowie auch in öffentlichen Diskussionsforen. Unter anderem beschrieb er die Erfolgsgeschichten von Mitarbeitern, »die der Firma erhalten blieben und ihr großen Nutzen brachten, aber auch die Kosten unseres Versagens – Mitarbeiter, die das Unternehmen verließen, weil sie keine praktikable Lösung fanden, und die Nachteile, die unseren Klienten und der Firma als Ganzem daraus entstanden.«

Sandmans Bemühungen, die Loyalität seiner Anwälte zu stärken, wirken sich direkt auf die Treue seiner Kunden aus, was zunächst überraschend erscheint. Wollen Klienten nicht normalerweise jederzeit und überall Zugang zu ihren Anwälten haben können? »Ganz im Gegenteil, viele der größten Fans unseres Programms sind direkte Klienten von Anwälten, die Teilzeit arbeiten«, meint Sandman. »Sie mögen ihren Anwalt und hassen es, die Kontaktperson zu verlieren, mit der sie so eng zusammengearbeitet haben. Klienten legen bei uns großen Wert auf Kontinuität. Außerdem hat sich gezeigt, dass es gar keinen bedeutenden Unterschied macht, ob ein Anwalt Teilzeit arbeitet oder Vollzeit in der Kanzlei ist, aber mit Fällen diverser Klienten betraut ist. Wie viele Klienten haben wirklich jederzeit 100-prozentigen Zugang zu ihren Anwälten? Nur die wenigsten.«

Ogilvy & Mather: Wie man die Bedürfnisse des Individuums anerkennt

Ogilvy & Mather ist eine der weltgrößten Werbeagenturen und zählt unter anderen Cisco Systems, Motorola und American Express zu seinen Kunden. In Sachen weltweiter Werbung, Marketing und Öffentlichkeitsarbeit sind Ogilvys Programme zur Markenbildung immer extrem erfolgreich.

Kreative Mitarbeiter sind laut Shelly Lazarus schon immer der Schlüssel beim Erringen von Marktvorteilen im Sektor der Werbung gewesen. »Die Leute mit den Ideen sind einfach unbezahlbar«, sagt sie.[10] Bei Unternehmen ist die Nachfrage nach diesen kreativen Mitarbeitern stark angestiegen, da Innovationen und die ständige Weiterentwicklung von Arbeitsprozessen auf dem weltweiten Markt für den Erfolg essenziell sind.

»Früher einmal lebten wir in einer Welt, in der die Angestellten sich den Bedürfnissen und Verfahrensweisen des Unternehmens anzupassen hatten, aber heutzutage muss sich das Unternehmen auf die Bedürfnisse der Mitarbeiter einstellen, wenn es sie nicht verlieren will«, erklärt Lazarus. »Der Kampf um die begabtesten Mitarbeiter ist niemals vorbei. Man kann nie genug Talent in seinem Unternehmen haben.«

Anstatt leitende Führungspositionen extern zu besetzen, ist es bei Ogilvy üblich, potenzielle Führungskräfte in einem frühen Karrierestadium einzustellen und ihnen dann verschiedene Rollen und Verantwortlichkeiten zu übertragen, um sie an die spezielle Unternehmenskultur zu gewöhnen. Bis sie dann in leitende Führungspositionen aufrücken, haben die meisten Manager bei Ogilvy, wie Lazarus sagt, schon an Hunderten von Gesprächen teilgenommen, welche die Karriereplanung von Mitarbeitern zum Thema hatten.

In der Terminologie der MCC bedeutet dies also, dass Mitarbeiter mit erfolgreichen Karrieren bei Ogilvy sich mit Vorgesetzten und Kollegen in einem beständigen Dialog befinden, der sich mit Geschwindigkeit, Arbeitspensum, Arbeitsort/Arbeitszeiteinteilung und Position befasst. Viele Führungskräfte bei Ogilvy haben sich im Lauf der Zeit in dem firmeninternen Karrieregitter seitwärts bewegt, um die Einstellungen ihrer Dimensionen zu verringern oder zu erhöhen, wie Lazarus herausstellt. Ihrer Ansicht nach ist das Wichtigste aber, dass das Vorbild von Kollegen und Vorgesetzten allen Mitarbeitern zu verstehen gibt, dass sie ihre Arbeitsverpflichtungen verringern oder eine Auszeit nehmen können, wenn ihre persönlichen Umstände dies erfordern. »In ihrem Unterbewusstsein wissen sie, dass wir es wahrscheinlich entsprechend einrichten können, wenn sie aus irgendwelchen Gründen ihre Prioritäten verändern müssen. Es ist extrem wichtig, dass ich allen Mitarbeitern dieses Gefühl vermittle.«

Ogilvy-Mitarbeiter können in der Tat im Rahmen der vier Dimensionen aus einem breiten Angebot auswählen. »Wir haben so viele verschiedene Arbeitszeitregelungen, dass ich sie nicht einmal alle auflisten kann«, sagt Lazarus. »Wir haben alle möglichen ungewöhnlichen Arrangements, zum Beispiel sind einige Mitarbeiter weggezogen. Manche Leute arbeiten einen Tag pro Woche von zu Hause aus, aber nicht immer am selben Tag. Einige Mitarbeiter nehmen sich eine Auszeit und kommen dann wieder. Welche flexiblen Arrangements ein Angestellter benötigen wird, ist absolut unvorhersehbar. Unser einziges Kriterium ist, ob die Regelung sowohl für den betroffenen Mitarbeiter als auch für das Unternehmen praktikabel ist, um unseren Kunden weiterhin den richtigen Service bieten zu können.«

Wie auch SAS und Arnold & Porter zeigt Ogilvys Unternehmenskultur Elemente, die dem Karrieregitter ähneln. Es beschäftigt weltweit 18 000 Mitarbeiter in über 120 Ländern, was bedeutet, dass Ogilvy unglaublicher Fachkenntnisse betreffs anderer Kulturen, Länder und ethnischer Gruppen bedarf. Dazu kommt noch, dass die Größe von Ogilvys Operationsgebiet die Herausforderung, den Kunden optimale Kommunikationswege zu bieten, zusätzlich verkompliziert. Für Lazarus ergibt sich, dass sie dem Unternehmen diese extrem wertvollen Kommunikationsarbeiter erhalten will, aber dieses Problem hat zwei Seiten: Einerseits muss sie entscheiden, für welche von ihnen sie die Unternehmensstrukturen etwas flexibler interpretieren will und auf welche Weise dies geschehen kann. Andererseits darf die Qualität der Dienstleistungen für den Kunden nicht sinken. Wie aber kann man das erreichen? Indem den Mitarbeitern durch die ständige, klare Betonung Ogilvys dezentralisierter Unternehmenskultur klar ist, dass sie als individuell wertvoll angesehen werden.

Lazarus meint hierzu: »Als Führungskraft muss ich mir ganz deutlich bewusst sein, wenn wir eine Grenze überschreiten. Ich bin deshalb fanatisch auf Kontinuität und Schlüssigkeit bedacht. Ich will, dass Kontinuität zwischen den Werten, der Philosophie, den Ansätzen und der Kultur des Unternehmens herrscht.« Für Lazarus erfüllt die Freiheit Vorgesetzter, Wahlmöglichkeiten individuell gestalten zu können, eine Schlüsselfunktion. So lehnte sie zum Beispiel einen Vorschlag der Finanzabteilung Ogilvys zur Reduzierung der Büromieten ab, weil dann alle Mitarbeiter mindestens einen Tag pro Woche von zu Hause aus hätten arbeiten müssen. Lazarus hat hierzu eine klare Meinung: »Ein Unternehmen zu führen heißt, zu verstehen, was für Wahlmöglichkeiten existieren und wie sie alle ineinander greifen. Wir bieten unseren Mitarbeitern genügend Freiheiten, um so arbeiten zu können, wie es am besten zu ihren Bedürfnissen und ihrem Privatleben passt. Die meisten unserer Angestellten arbeiten im Büro in der Stadt, wo sie wohnen.«

Die drei Unternehmen, die wir in diesem Kapitel bisher untersucht haben, bauen auf der Überzeugung auf, dass es für das Wachstum einer erfolgreichen Firma als stabile Basis unter anderem unbedingt notwendig ist, langfristige Arbeitsverhältnisse mit den Mitarbeitern – und besonders den hochwertigen, leistungsstarken Mitarbeitern, die dem Unternehmen so viel Potenzial bieten – aufzubauen. Jedes dieser Unternehmen würde bestätigen, dass loyale Mitarbeiter eine Hauptvoraussetzung für langfristige Beziehungen mit den Kunden darstellen, und dass diese Kundenbeziehungen wiederum eine Hauptvoraussetzung für Wirtschaftswachstum bilden.

Diese drei Beispiele zeigen, wie viel Nutzen ein Ansatz bringen kann, der Aspekten der MCC praktisch entspricht. Dennoch sind wir der Ansicht, dass eine formale, systematische Umsetzung des Karriegitters anstelle der existierenden Karriereleiter ein schlüssigeres, abstufbareres System mit länger andauernden Vorteilen aufbaut. Anders als in den drei genannten Unternehmen wäre ein solches System dann auch nicht notwendigerweise von Führungspersönlichkeiten abhängig, die das Karriegitter verstehen und vorantreiben wollen. Auf die grundlegenden Belegschaftsveränderungen muss man mit einer ebenso grundlegenden Transformation reagieren, die auf zwei Ebenen gleichzeitig operiert: Wie die Arbeit geleistet werden kann, und wie Karrieren aufgebaut werden können.

Die Entwicklungen bei Deloitte

Deloitte & Touche USA LLP mit all seinen Tochtergesellschaften, kurz »Deloitte« genannt ist eines der größten Prüfungs- und Beratungsunternehmen der Welt: 40 000 Mitarbeiter auf allen Ebenen, Niederlassungen an 90 Orten in den USA und Indien, und beinahe 9 Milliarden Dollar Umsatz im Jahr 2006.[11] Deloitte gilt als Innovator in Sachen Belegschaftspolitik und hat besonders Frauen, ethnischen Minderheiten und anderen Gruppen weit bessere Möglichkeiten geboten, als normalerweise üblich ist.[12] Deloittes Struktur beruht auf dem Teilhabersystem, was heißt, dass 2 800 Teilhaber und Direktoren die strategische Ausrichtung des Unternehmens beschließen und über die Besetzung leitender Führungspositionen abstimmen.

Bei Deloitte begann die Entwicklung hin zur MCC mit der Fraueninitiative Women's Initiative, die der damalige CEO Michael Cook im Jahr 1993 ins Leben rief. Er stellte sich einen Arbeitsplatz vor, bei dem jeder sein volles Potenzial ausschöpfen und im Unternehmen aufsteigen konnte. Damals verließen weitaus mehr Frauen als Männer das Unternehmen, obwohl Deloitte auf den unteren Ebenen Männer und Frauen in etwa dem gleichen Zahlenverhältnis anstellte und dann bei beiden Geschlechtern stark in Weiterbildungen investierte, um sie auf die Teilhaberschaft vorzubereiten. Bei der Mitarbeiterfluktuation war die Kluft zwischen den Geschlechtern, die sich damals auf 7 Prozent belief, in zweierlei Weise kostspielig. Erstens verursachte die Abwanderung der Frauen Deloitte jedes Jahr Millionen von Dollar, da es nach vorsichtigen Schätzungen etwa das doppelte Jahreseinkommen eines Mitarbeiters kostet, wenn man ihn ersetzen muss. Zweitens wuchsen nicht genügend Führungskräfte nach, um mit der Nachfrage nach Deloittes Dienstleistungen Schritt zu halten, geschweige denn zu expandieren.

Die meisten leitenden Führungskräfte bei Deloitte, sowohl Männer als auch Frauen, nahmen an, dass die Frauen, die kündigten, dies aus Familiengründen taten, um zu Hause zu bleiben, aber nicht zur Konkurrenz gingen oder ihre Karrierewege oder Berufsrichtungen wechselten. Die fortlaufende Abwanderung weiblicher Mitarbeiter akzeptierten sie schlicht als normal, anstatt es als ein Problem für das Unternehmen zu erkennen.[13]

»Um ehrlich zu sein, haben viele der leitenden Teilhaber, ich selbst eingeschlossen, den Exodus der Frauen nicht als Problem gesehen, oder zumindest nicht als unser Problem«, schrieb Douglas M. McCracken, der damalige Vorsitzende, im Jahr 2000 in einem Artikel in der *Harvard Business Review*. »Wir gingen davon aus, dass die Frauen kündigten, um Kinder zu haben und zu Hause zu bleiben. Wenn es also überhaupt ein Problem darstellte, war es ein gesellschaftliches oder ein frauenspezifisches Problem, nicht Deloittes Problem. Es war in der Tat so, dass die meisten Teilhaber sich sicher waren, dass sie alles Menschenmögliche taten, um dem Unternehmen Frauen zu erhalten. Wir waren stolz auf unsere Arbeitsatmosphäre, die offen, kollegial und leistungsbasiert war. Wir lagen absolut falsch, aber schauen Sie nur, wie weit wir uns seitdem entwickelt haben.«[14]

Als Deloitte die Gründe für die unterschiedlichen Fluktuationsraten von Männern und Frauen untersuchte, erhielt es mehrere unerwartete Ergebnisse. Erstens spielten Karrieregründe eine mindestens ebenso große Rolle für die Kündigung wie Familiengründe. Von den abgewanderten Frauen arbeiteten 70 Prozent innerhalb eines Jahres anderswo wieder Vollzeit und weitere 20 Prozent waren teilzeitbeschäftigt. »Die meisten Frauen verließen uns nicht, um eine Familie zu haben«, wie McCracken bemerkte. Zweitens stellte sich heraus, dass Männer sich ebenso viele Gedanken über die Balance zwischen ihrem Arbeits- und Privatleben machten wie Frauen. Die oberste Führungsebene »stellte erstaunt fest, dass die jüngeren Männer im Unternehmen nicht dasselbe anstrebten wie die älteren. Sie arbeiteten nicht, um ihren Frauen einen Lebensstil ohne Erwerbsarbeit ermöglichen zu können.« Stattdessen sagten Männer ebenso wie Frauen, dass sie »nicht willens waren, für 100 000 zusätzlicher Dollar ihre Familien und ihr Leben außerhalb der Arbeit aufzugeben.«

Die Fraueninitiative war vom Unternehmen von Anfang an als Wirtschaftsstrategie angelegt, sollte sich also als Business-Case wirtschaftlich rechnen. Die Resultate belegen, wie wirksam dieser Ansatz war: Der Prozentsatz weiblicher Teilhaberinnen und Direktorinnen stieg von 5 Prozent im Jahr 1993 auf 21 Prozent 2006 und übertraf damit den besten Konkurrenten innerhalb der Big-Four-Prüfungsgesellschaften um mehrere Prozentpunkte.[16]

Im Jahr 2006 waren zudem 32 Prozent aller neuen Teilhaber und Direktoren Frauen, außerdem 35 Prozent aller höheren Führungskräfte und 38 Prozent aller untergeordneten Manager. Somit war die Diskrepanz in den Fluktuationsraten männlicher und weiblicher Mitarbeiter praktisch nicht mehr existent.[17]

Jim Quigley, der letzte CEO von Deloitte & Touche USA LLP, bestätigt den Zusammenhang von Deloittes Erfolg und der Women's Initiative. Im Deloitte-Jahresbericht 2005 der Initiative zur Bindung und Beförderung von Frauen schrieb er: »Stellen wir uns einmal Deloitte ohne die Fraueninitiative vor. Wir wären ein viel kleineres Unternehmen. Wir wären ein weniger profitables Unternehmen. Wir wären ein Unternehmen, dessen Zukunft begrenzt ist.«[18]

Die Fraueninitiative hat sich von Anfang an auf mehrere Themen konzentriert: persönliche und berufliche Weiterentwicklung, Mentorenprogramme und Mitarbeitern Hilfe dabei zu leisten, ihre vielfachen beruflichen und privaten Verpflichtungen miteinander zu vereinbaren. In Deloittes Umfrage »Engagement von Mitarbeitern weltweit«, Global People Commitment im Jahr 2006, deren Antwortrate bei beachtlichen 84 Prozent lag, erhielt das Unternehmen gute Noten für Flexibilität und Auswahlmöglichkeiten. Der Fragebogen definierte dies folgendermaßen: »Eine flexible Arbeitsumgebung zu schaffen, die das Bedürfnis der Mitarbeiter respektiert, ihre vielfachen Verpflichtungen erfüllen zu können, und welche die Harmonisierung von Arbeit und Leben unterstützt und Flexibilität bietet.«[19] Die Unternehmenskultur ermutigt Mitarbeiter bei vielerlei Aspekten, welche die Arbeitsvorgänge betreffen, alltäglich ein gewisses Maß an Kontrolle auszuüben. Ein Teilhaber beschreibt dies so: Man kümmert sich gut um die Kunden und ist erreichbar, wenn man es soll, aber man hat dennoch die Möglichkeit, sich um seine Privatangelegenheiten zu kümmern. Ein Steuermanager fügte in einer Umfrage aus dem Jahr 2003 anonym hinzu: »Solange man seine Arbeit leistet, ist es ganz einem selbst überlassen, wo und wann man sie leistet.« Diese formlose Flexibilität ist hilfreich, um Mitarbeiterfluktuation zu vermeiden, wie 96 Prozent der Manager in einer Umfrage im Jahr 2003 angaben.[20]

Zusätzlich zu dieser Atmosphäre formloser Flexibilität bietet Deloitte auch schon seit über zehn Jahren flexible Arbeitszeitregelungen an. Mehr als 1 000 Mitarbeiter haben an diesen Programmen teilgenommen, von denen einige, wie Tina, deren Geschichte in Kapitel 1 dargestellt wurde, über mehrere Ebenen aufstiegen, während sie eine Reihe von flexiblen Arbeitszeitregelungen in Anspruch nahmen. Tina hatte innerhalb von elf Jahren vier verschiedene flexible Arbeitszeitregelungen, die auch zwei Erziehungsurlaube mit einbezogen. Ihr Arbeitspensum musste mehrfach reduziert werden und bewegte sich zwischen 70 und 90 Prozent des normalen Pensums. In ihrem elften Arbeitsjahr wurde sie zur Teilhaberin ernannt.

Trotz solcher formloser und formaler Programme stellt die Harmonisierung von Arbeit und Privatleben weiterhin ein Problem für beide Geschlechter dar, wie die Umfrage »Engagement von Mitarbeitern weltweit« im Jahr 2006 fand. Frauen nannten dieses Thema als oberste Priorität bei ihren Antworten darauf, »was das Unternehmen tun kann, um das Arbeitsverhältnis mit ihnen zu stärken«, und bei Männern nahm es die dritte Stelle ein. Darüber hinaus zeigten Deloitte-interne Umfragen unter Vorgesetzten mit Verantwortung für flexible Arbeitszeitregelungen, dass die Teilhaber und Direktoren mehr Hilfestellung beim Umgang mit den Kompromissen möchten, die jede der diversen Optionen mit sich bringt. Es wäre hilfreich, »wenn ich wüsste, wie das Gehalt anzupassen ist, wenn eine Teilzeitkraft ihre erforderliche Stundenzahl deutlich überschreitet«, schrieb ein Teilhaber. Ein anderer gab an, »es sollte klarere Richtlinien geben, was ein Mitarbeiter für seinen Karrierefortschritt und seine Beförderungschancen erwarten sollte, wenn er sein Arbeitspensum reduziert«. Ohne ein einheitliches System gab es sicherlich auch Mitarbeiter, die ihren Karriereweg individualisieren wollten, aber keine Möglichkeit dazu sahen. Oder sie versuchten es, aber es schlug fehl, was zu Resignation und Kündigungen geführt haben mag. In anderen Worten litt das flexible Arbeitsprogramm bei Deloitte unter genau den Problemen, die in Kapitel 3 im Abschnitt »Die Wahrheit über flexible Arbeitszeitregelungen« behandelt wurden.

Flexibilität: Eine Bestandsaufnahme

Im Jahr 2004 durchdachte die Fraueninitiative bei Deloitte grundlegend ihre Vision und ihr Programm für die nächsten Jahre. Im Rahmen dieses Projekts wurden interne und externe Untersuchungen durchgeführt, die ein klares Ergebnis zeigten: Flexibilität war bei arbeitstätigen Frauen das Problem Nummer 1. Da dieses Ergebnis so überraschend eindeutig war, wurden weitere Untersuchungen speziell zu diesem Thema in Auftrag gegeben. Es ergab sich eine Reihe interessanter Resultate, von denen wir einige im Folgenden aufführen:

- Eine Bestandsaufnahme der flexiblen Arbeitszeitregelungen fand ganze 69 Programme, die sich mit dem Thema Arbeit/Privatleben befassen. Anekdoten hierzu behaupten jedoch, dass niemand mehr als drei solche Programme nennen konnte. Es bestand also ein klares Kommunikationsproblem, aber das war nicht alles. Während die Anzahl flexibler Programme ständig anstieg, ging die Zufriedenheit mit ihnen über einen Zeitraum von fünf Jahren jedes Jahr leicht zurück. Es war also klar, dass der Problembereich Arbeit/Privatleben nicht dadurch gelöst werden konnte, dass man der ohnehin schon breiten Palette an Optionen noch weitere Wahlmöglichkeiten hinzufügte.
- Teilhaber und Direktoren gaben zwar an, dass sie flexiblen Regelungen positiv gegenüberstünden, aber nur wenige von ihnen gaben den betreffenden Mitarbeitern auch Aufgaben mit Kundenkontakt. Ihre Taten widersprachen also ihren Worten.
- Trotz alledem war der Bedarf an flexiblen Regelungen höher denn je – und weiter im Steigen begriffen. Wenn also keine karriereunterstützenden Maßnahmen für diese steigende Anzahl von Mitarbeitern, die ihre Arbeitszeitregelungen flexibilisieren wollten, gefunden werden könnten, würde die Mitarbeiterfluktuation potenziell eskalieren.
- Die gängigste Lösung, um flexible Arbeitszeitregelungen betrieblich unterzubringen, war es, qualifizierte Kundendienstmitarbeiter von allen Aufgaben mit Kundenkontakt abzuziehen und sie an interne Stellen zu versetzen. Vielfach bestanden hierfür gute Gründe, aber im Großen und Ganzen war es keine praktikable Lösung. Da 80 Prozent aller Mitarbeiter Aufgaben mit direktem Kundenkontakt haben und nur 20 Prozent interne Positionen, war es einfach nicht machbar, Mitarbeiter mit flexiblen Arbeitszeitregelungen von den ertragbringenden Stellen mit Kundenkontakt in interne Verwaltungsjobs zu versetzen.
- Einige der besten Mitarbeiter verließen das Unternehmen, um im selben Wirtschaftssektor neue Stellen anzutreten, obwohl viele von ihnen mit Deloitte bisher zufrieden gewesen waren. Die Unternehmenskultur und ihre berufliche Entwicklung empfanden sie durchaus als positiv. Das Problem war, dass sie keine Möglichkeit sahen, wie sich ihr erhofftes Arrangement von Arbeit und Privatleben in gehobenen Positionen bei Deloitte in der Zukunft umsetzen lassen würde. Sie verließen das Unternehmen also, da sie spätere Probleme mit mangelnder Flexibilität voraussahen. Im Endeffekt sandten ihre Abgangsgespräche die Botschaft:

»Ich weiß, dass hier im Augenblick für mich alles gut läuft, aber wenn sich meine Situation in der Zukunft ändert, passe ich, glaube ich, nicht mehr ins Unternehmen.«

- Die Meinungen über flexible Arbeitszeitregelungen spalteten sich deutlich in der Mitte. Etwa 50 Prozent der Mitarbeiter, die im Rahmen einer flexiblen Regelung arbeiteten oder zuvor gearbeitet hatten, sagten, dass dieses Arrangement für sie durchaus funktioniert habe. Die restlichen 50 Prozent waren ganz klar der Meinung, dass ihre Arrangements für sie nicht gut funktionierten. Dies waren die Ergebnisse der schon in Kapitel 3 angeführten 13 Fokusgruppen, die Deloitte Ende 2004 bis Anfang 2005 abhielt.

- Ein überraschendes Ergebnis war, dass unabhängig davon, ob die Befragten mit ihren derzeitigen flexiblen Arrangements zufrieden waren oder nicht, beinahe alle zu Protokoll gaben, dass die Regelungen ihre berufliche Zukunft nicht zum Thema machten. »Meine Karriere liegt im Niemandsland«, sagte ein Mitarbeiter, und ein anderer fand, »meine Zukunft ist verschwommen« – und diese Ansichten wurden von vielen geteilt.

Deloitte sah sich somit vier unbestreitbaren Problemen gegenüber, die zu lösen schwierig sein würden: 1) Die unbefriedigenden Versuche zu mehr Flexibilität mussten endlich durch einen erfolgreichen Ansatz ersetzt werden. 2) Die Nachfrage nach flexiblen Regelungen aller Art war hoch, aber der Bedarf des kundenorientierten Teils des Unternehmens an Mitarbeitern mit flexiblen Lösungen war niedrig. 3) Die bisherige Vorgehensweise, Mitarbeiter mit flexiblen Regelungen zeitweise an interne Stellen zu versetzen, war in Anbetracht steigender Zahlen nicht länger praktikabel. 4) Flexible Arbeitszeitregelungen befassten sich in keiner Weise mit dem Karriereweg und der zukünftigen Karriereentwicklung der betreffenden Mitarbeiter. Es war also klar, dass das Problem der Flexibilität grundlegend neu durchdacht werden musste.

Das Unternehmen wandte daraufhin seine Aufmerksamkeit der Konsumgüterindustrie zu, um nach einem adaptierbaren Modell zu suchen. Die Idee dahinter war einfach: Wenn man individualisierte Jeans oder Turnschuhe anbieten kann, warum sollte man dann nicht auch eine Karriere individualisieren können? Anleihen bei dem Konzept der individualisierten Massenfertigung (Mass Product Customization) schienen Deloitte eine durchaus logische Idee zu sein, um die Terminologie und Handhabung von Karriereentwicklung und -fortschritt radikal, aber stufenweise zu ändern. Es bestanden keine triftigen Gründe, es nicht damit zu versuchen. Wie Barry Salzberg, der gegenwärtige CEO von Deloitte & Touche USA LLP, sagte: »Lasst uns entscheiden, was wir als nicht verhandelbar betrachten, wie zum Beispiel Werte, Integrität, Unabhängigkeit, Fähigkeiten und Qualität, und dann wird alles andere optional.«[21]

Vom Konzept zur Umsetzung

Seit ihrer Geburt im Jahr 2004 ist die MCC in vielerlei Umgebungen eingeführt und getestet worden, am systematischsten in Pilotprojekten innerhalb der Deloitte Consulting LLP (kurz Deloitte Consulting). Warum aber fand dies im Bereich der Unternehmensberatung statt und nicht in einem der anderen drei Geschäftsbereiche (Wirtschaftsprüfung, Steuerberatung und Finanzberatung)? Weil die Unternehmensberatung der Bereich war, der am problematischsten sein würde. In der Unternehmensberatung sind viele Geschäftsreisen erforderlich, es gibt eine Unzahl weit voneinander entfernter Niederlassungen, und das Arbeitspensum ist weit weniger vorhersagbar als in den anderen Geschäftsbereichen. Jeden Moment kann ein Angebot hereinkommen oder ein Projekt in Auftrag gegeben werden, und infolgedessen werden die Consultants oft praktisch ohne Vorwarnung benötigt. Die Aufträge können in verschiedenen Landesteilen oder auch weltweit die Anwesenheit eines Consultants erforderlich machen. Obwohl die Vorgaben eines Consultants, in welchen Gegenden er eingesetzt werden möchte, immer eine wichtige Rolle bei der Zuteilung von Mitarbeitern spielen, sind auch spezielle Fähigkeiten und ähnliche Aspekte, die sich aus den Erfordernissen des Kunden ergeben, ganz oben auf der Liste.

Die Mitarbeit an einem Projekt kann nur wenige Wochen dauern, aber auch mehrere Jahre. Jedes Projekt ist unterschiedlich, was heißt, dass die Anforderungen an die beteiligten Mitarbeiter stark variieren. Cathy Gleason, die Direktorin bei Deloitte Consulting, die für das MCC-Pilotprojekt verantwortlich war, sagt: »Die Unternehmensberatung war der beste Geschäftsbereich, um das Projekt einzuleiten. Wenn die MCC dort funktionierte, dann würde sie das auch im Rest des Unternehmens tun.«[22]

Ein weiterer praktischer Grund dafür, das Pilotprojekt in der Unternehmensberatung anzusiedeln, war, dass die Führungskräfte gerne daran teilnehmen wollten. Sie hatten die demografischen Veränderungen, das schwindende Angebot an hoch qualifizierten Wissensarbeitern und das wachsende Bedürfnis der Belegschaft – Männer wie Frauen – nach Flexibilität und größerer Auswahl innerhalb des Arbeitsverhältnisses erkannt.

Deloitte Consulting ist wie alle Geschäftsbereiche Deloittes eine Matrixorganisation. Alle Mitarbeiter gehören einer Abteilung an, wie zum Beispiel Strategie oder Technologie, aber die meisten von ihnen haben auch noch eine zweite Berichtsebene. Das Setzen von Zielen, die Karriereplanung, Fortbildung, Leistungsbewertung, Personaleinsatz und Ähnliches werden an den Überschneidungspunkten der zuständigen Unternehmensbereiche entschieden. Zusätzlich dazu berichtet auch jeder Mitarbeiter dem verantwortlichen Projektleiter des jeweiligen Kundenprojekts.

Die Projektleiter haben natürlich großen Einfluss, was projektinterne Aufträge und die sich daraus ergebenden Möglichkeiten zur individuellen Weiterentwicklung der beteiligten Consultants angeht. Die Karriereplanung und Karriereentwicklung der Consultants werden jedoch auf Abteilungsebene von speziell dafür abgestellten Karriereberatern betreut. Diese Karriereberater sind Teil eines größeren Netzwerks, haben mehr Erfahrung als die Mitarbeiter, denen sie zur Seite gestellt werden, und ihre Position ist normalerweise um mindestens zwei Beförderungsebenen höher.

Pilotprojekt-Runde 1: Mehr Auswahl, aber mit Kundenkontakt

Als im Frühjahr 2005 die bevorstehende Umsetzung der MCC-Pilotprojekte ernsthaft durchdiskutiert wurde, war der wichtigste Aspekt, mehr Stellen im Kundendienstbereich zu schaffen, die sich mit den individualisierten MCC-Arrangements vertragen würden. Beim Kundendienstbereich handelte es sich um die 80 Prozent aller Stellen im Unternehmen, die Consultants vor Ort erforderten. Wie schon erwähnt, war aber in der Zeit vor dem Pilotprojekt die Mehrheit der flexiblen Lösungen durch Versetzungen an interne Stellen geschaffen worden. Infolge dieser Problematik konzentrierte sich die erste Runde des Pilotprojekts auf die Ebene des Kundenkontakts. Die erste Zielsetzung war es, innerhalb der vier MCC-Dimensionen (Geschwindigkeit, Arbeitspensum, Arbeitsort/Arbeitszeiteinteilung und Position) Wahlmöglichkeiten zu identifizieren, die sich mit den Erfordernissen des Kundendienstes vereinbaren ließen. Die zweite Zielsetzung war es, die Auswirkungen der jeweiligen Wahlmöglichkeit auf Karrierewege, die Zusammenarbeit der Kundendienstteams und auf die Kundenzufriedenheit zu untersuchen. Als Ausläufer davon mussten zusätzlich auch praktikable neue Mittel gefunden werden, um Kundenprojekte so zu vermarkten und zu organisieren, dass die MCC-Optionen vor Ort auch wirklich voll unterstützt werden konnten.

Abbildung 5.2: MCC Pilotprojekt-Runde 1: Kriterien und Messung

Hauptkriterien	→	Messung
• Leistung des Projektteams		• Beurteilungen vor dem Pilotprojekt
• Kundenzufriedenheit		• Umfrage nach dem Pilotprojekt
• Kosten der Kundenprojekte		• Verfolgung des Status und der Meilensteine des Projekts
• Verbesserte Zufriedenheit bei Teams und Teammitgliedern (vor beziehungsweise nach dem Pilotprojekt)		• Rückmeldungen und Zufriedenheit der Kunden
• Zufriedenheit mit der Leitung des Pilotprojekts		• Kostenersparnis
• Senkung der Mitarbeiterfluktuation		• Interviews mit Management und Teams
		• Daten zur Mitarbeiterfluktuation/Mitarbeiterbindung

Für die Pilotprojekte wurden sechs Kundendienstteams aus verschiedenen Branchen ausgewählt, vom Finanzwesen über Gesundheit bis zur Pharmazeutik, zum Teil auch, weil die jeweiligen Führungskräfte im Bereich der Mitarbeiterentwicklung als fortschrittlich galten. Das Ziel war es, diese Menschen als Vertreter und Befürworter der MCC zu gewinnen. Insgesamt 113 Mitarbeiter auf allen Ebenen des Unternehmens, in allen Gegenden und allen Dienstleistungsbereichen nahmen an den sechsmonatigen Pilotprojekten teil, die im August 2005 begannen. Die Pilotprojektmanager arbeiteten mit Projektleitern und der Personalabteilung zusammen, um die Werkzeuge zur Sammlung der Hauptkriterien zu erstellen (vergleiche hierzu Abbildung 5.2).

Die Ergebnisse der ersten Pilotprojekte waren sowohl ermutigend als auch in mancherlei Hinsicht überraschend. Erstens wollte von den Consultants niemand sein Arbeitspensum reduzieren, außer zwei Teilnehmern, die schon vor dem Pilotprojekt in einer flexiblen Arbeitszeitregelung arbeiteten und das auch weiterhin wollten. Eine zweite Überraschung war, wie effektiv das System der MCC innerhalb des Projekts war. Es ermutigte die Teilnehmer, zu diskutieren, auf welche Weise die Arbeit geleistet werden konnte, und es bot jedem von ihnen Wahlmöglichkeiten innerhalb der vier Dimensionen.

Die Werte für die Zufriedenheit mit der Harmonisierung von Arbeit und Privatleben stiegen unter den Teilnehmern des Pilotprojekts von 68 Prozent in einer Umfrage vor dem Pilotprojekt auf 73 Prozent danach. Die genaue Frage lautete, ob die Berater glaubten, das Unternehmen böte ihnen die notwendige Flexibilität, um ihre Arbeit, ihre Karriere und ihr Privatleben miteinander zu vereinen. In einigen Projektgruppen beliefen sich die Änderungen zwischen den Umfragen vor und nach dem Pilotprojekt auf bis zu 50 Prozent. Danach gaben 88 Prozent der Teilnehmer an, die Optionen innerhalb des Systems der MCC hätten ihre Entscheidung, bei Deloitte zu bleiben, positiv beeinflusst.

Das System der MCC erreichte diese Ergebnisse größtenteils, weil es das Gespräch über das Thema ermöglichte. Anstatt sich Sorgen um die Beurteilung ihres Engagements machen zu müssen, wurden die Teilnehmer des Pilotprojekts ermutigt, die Erfordernisse ihres Arbeits- und Privatlebens zu diskutieren und im Team eine Lösung zu entwickeln, wie die individuellen Bedürfnisse sowie die Erfordernisse des Projekts miteinander vereinbart werden konnten. Da an diesen Diskussionen alle Mitarbeiter teilnahmen, entfielen das Stigma und der Unwille, die so oft aus dem Zugeständnis-Charakter flexibler Arbeitszeitregelungen entsprangen. Noch wichtiger war, dass die Gespräche über die Anpassung ihrer MCC-Dimensionen keine negativen Folgen für die Teilnehmer des Pilotprojekts hatten.

»Durch Mass Career Customization wird man gezwungen, besser darüber nachzudenken und mehr Eigeninitiative zu zeigen, wie man die Arbeit bewältigt«, sagt Beth Kelleher, die Leiterin des Projekts im Bereich Gesundheit.[23] »Man wird manchmal ein bisschen faul dabei, wie man die Erwartungen für die gesamte Arbeitsleistung oder das ganze Projekt handhabt. MCC verbessert unser Projektmanagement, weil es uns zwingt, einander Rechenschaft abzulegen. Dadurch entsteht eine bessere Ausbalancierung von Arbeit und Privatleben, und außerdem verläuft das Projekt problemloser. Unseren Angestellten machte die Arbeit mehr Spaß, sie mussten weniger herumreisen und fanden, dass sich die Balance verbessert hatte. Außerdem waren sie auch produktiver.«

Raj Jayashankar, der Projektleiter für den Kunden aus der Pharmaindustrie, beschrieb, wie MCC zu verbesserter Teamarbeit und klarer durchschaubaren Strukturen für die Teammitglieder führt. Im Gegensatz zu den ziemlich heimlichtuerischen Einzelfallregelungen der flexiblen Arbeitszeitregelungen »fanden wir, dass MCC ein teamorientierter Ansatz ist«, erklärte er. »Das ganze Team hatte Anteil daran. Ein solches Programm verbessert definitiv die Arbeitsmoral, da es den Teammitgliedern zusätzliche Optionen zur Auswahl bietet. Es muss zwar nicht jeder wirklich sein Standardprofil individualisieren, aber alle wissen, dass im Fall einer privaten Problemsituation die Projektmanager und der Kunde mit ihnen zusammen versuchen werden, eine verträgliche Lösung zu finden. Insgesamt gesehen finde ich, dass sich das positiv auf die Produktivität auswirkte.«[24]

Die Haupterkenntnis hierbei ist, dass das System der MCC auf zwei Ebenen arbeitet: Wie Karrieren aufgebaut werden und wie die Arbeit geleistet wird. In der ersten Runde des Pilotprojekts (vergleiche Tabelle 5.1) wurden Auswahlmöglichkeiten in der Dimension Arbeitsort/Arbeitszeiteinteilung geschaffen, was einzelne Mitarbeiter und Teams zu untersuchen ermutigte, wie man seine Arbeitszeit anders einteilen und von anderen Orten als vom Büro aus arbeiten kann. Die Diskussionen über Optionen in der Dimension Position brachte neue Ideen hervor, wie Arbeit in Module oder klar umgrenzte Teile aufgespalten werden kann. Dies ermöglicht es wiederum den einzelnen Mitarbeitern und ihren Managern, Positionen so zu entwerfen, dass sie besser mit den anderen Dimensionen des jeweiligen Mitarbeiterprofils zusammenpassen. Während man nämlich mit den einzelnen Dimensionen der MCC und mit ihrem Zusammenspiel experimentiert, entstehen unweigerlich neue Arbeitsformen, was einen guten Teil des Nutzens ausmacht, den das System der MCC bietet.

Tabelle 5.1: Zusammenfassung: Pilotprojekt-Runde 1

Spezifikationen des Pilotprojekts	• 6 Kundenprojekte an verschiedenen Orten • 113 Berater aus allen Belegschaftsebenen, geografischen Gegenden und Dienstleistungssektoren • Dauer: 6 Monate
Ziele des Pilotprojekts	• das System der MCC innerhalb des Kundendienstes zu erproben • die Verbindung zwischen MCC und verbesserter Mitarbeiterbindung zu prüfen • Vorreiter und Erfolgsgeschichten zu schaffen
Ergebnisse	• Die MCC beeinflusste die Personalbindung positiv. • Laut den Teilnehmern ergab sich eine positivere und praktikable Harmonisierung von Arbeit und Privatleben. • Arbeitsmoral und Produktivität stiegen aufgrund besserer, eigenverantwortlicherer Auswahl, wo und wann die Arbeit geleistet wurde. • Die Qualität der Kundendienstleistungen wurde das ganze Projekt hindurch aufrechterhalten, woraus sich ergibt, dass die MCC im Kundendienst angewendet und abgestuft werden könnte. • Sogar Mitarbeiter mit Standardprofilen meinten, sie könnten ihr Verhältnis Arbeit/Privatleben verbessern, da sie mehr Einfluss hatten, wo und wann sie die Arbeit leisteten. • Mit der MCC kann die Arbeit auf der Projektebene so neu gestaltet und aufgeteilt werden, dass sie mit neu zu entwerfenden Optionen für Mitarbeiter zusammenpasst.
Einschränkungen	• Die Dimensionen Geschwindigkeit und Position wurden nicht sinnvoll getestet: (1) Die Pilotprojekte wurden nicht mit den Zielsetzungs- und Leistungsbewertungsverfahren abgestimmt. (2) Da die Pilotprojekte auf spezifischen Kundenprojekten beruhten, fand die langfristigere Karriereplanung außerhalb des Rahmens dieser Untersuchung statt.
Empfehlung	• Weitere Pilotprojekte sollten in Kundendienstbereichen stattfinden, in denen viele der Talentmanagement-Verfahren – wie Zielsetzung, Leistungsbewertung, Personaleinsatz und Karriereplanung – durchgeführt werden.

Für die Leiter der Projektteams der ersten Runde stellte die MCC einen Marktvorteil bei der Mitarbeiterbeschaffung für ihre Projekte dar. Jayashankar erläuterte dies so: »Der Hauptvorteil von MCC wird sein, dass wir Mitarbeiter anwerben und binden können, die wir als hoch leistungsstark betrachten.« Kelleher stimmte dem zu: »Wir müssen Mittel und Wege finden, damit unsere Mitarbeiter Höchstleistungen erreichen können, und wir müssen Wege suchen, um Mitarbeiter an uns zu binden, die leisten können, was unsere Kunden brauchen. Ich halte das für die größte Stärke der MCC.«

Die Pilotprojekte der ersten Runde schufen bei den Consultants und den Projektleitern ein besseres Verständnis der Wahlmöglichkeiten und erforschten, wie die MCC in Hinsicht auf die Neugestaltung der Arbeit funktioniert. Sie untersuchten jedoch nicht detailliert, wie die MCC-Dimensionen im Lauf der Zeit und durch ihr Zusammenspiel beeinflussen, wie Karrieren aufgebaut werden. Die Dauer der Pilotprojekte war zu kurz, um dieser Frage nachzugehen, und darüber hinaus waren sie nicht mit den jährlichen Gesprächen zur Zielsetzung und Leistungsbeurteilung vernetzt. Während außerdem Optionen beim Arbeitspensum und bei Arbeitsort/Arbeitszeiteinteilung auf der Projektebene angepasst werden können (und es auch wurden), sind die Dimensionen Geschwindigkeit und Position längerfristig ausgerichtet und erfordern Planung und Diskussionen, die über den Arbeitsablauf von Projekt zu Projekt weit hinausgehen. Die nächste Runde an Pilotprojekten sollte sicherstellen, dass jeder Teilnehmer einen individuellen Plan für die Besprechung und das Arrangement längerfristiger Optionen für höhere oder niedrigere Skaleneinstellungen innerhalb der Dimensionen erhielt.

Pilotprojekt-Runde 2: Die Integration von MCC ins System der Mitarbeiterentwicklung

Um die Umsetzung des Systems der MCC noch weiter zu verfeinern, konzentrierte sich die nächste Runde des Pilotprojekts auf einen regionalen Kundendienstbereich, also nur eine Geschäftseinheit. Regionale Kundendienstbereiche üben alle Verantwortlichkeiten der Mitarbeiterentwicklung aus, also unter anderem Zielvereinbarung, Leistungsbewertung und die Stellenbesetzung bei Projekten. Dieser Bereich bot daher gute Voraussetzungen zur Untersuchung der Zielsetzungen der zweiten Runde des Pilotprojekts. Die folgenden Zielsetzungen sollten erreicht werden: 1) das Zusammenspiel der vier Dimensionen der MCC zu verstehen und zu durchschauen, wie sich die Kompromisse, die sich aus Dimensionsanpassungen ergeben, auf die Karrieren einzelner Mitarbeiter auswirken; 2) die Direktoren und leitenden Führungskräfte einzuweisen, wie die MCC-Gespräche über Karriere und persönliche Ziele ihrer Untergebenen am besten abzuhalten sind; 3) den Einfluss der MCC auf die Mittelbeschaffung und den Verkauf der Arbeit einzuschätzen; und 4) den Einfluss der MCC auf das Wirtschaftsmodell des Kundendienstes zu beurteilen. Es stellte sich nun aber die Frage, welcher regionale Kundendienstbereich für das nächste MCC-Pilotprojekt ideal wäre und inwieweit die dortigen Führungskräfte das Projekt unterstützen würden.

Innerhalb der letzten zwei Jahrzehnte ist die Marktnachfrage nach Fachwissen zur strategischen Positionierung, Umstrukturierung, Entwicklung, Aufrüstung und Umsetzung einer Vielzahl von EDV-Dienstleistungen dramatisch gestiegen. Deloitte Consulting erkannte diesen Trend früh und baute einen Technologie-Beratungsdienst auf, der heute einer der branchenführenden Anbieter von EDV-Dienstleistungen ist. Wie allen ihren Konkurrenten droht aber auch dieser Firma ein Mangel an talentierten Mitarbeitern, um diese Dienstleistungen weiterhin liefern zu können. Aus diesem Grunde griff das Führungsteam des Dienstleistungsbereichs Technologie-Integration (TI) sofort zu, als sie von dem zweiten Pilotprojekt hörten.

Eine dieser Führungskräfte, Rick Wackerbarth, der Leiter der TI-Aktivitäten für zwei Regionen der US-Westküste, erklärt dies folgendermaßen: »Unser Hauptproblem in Sachen Firmenwachstum war, dass ständig unsere besten Mitarbeiter abwanderten. Daher war ich absolut dafür, etwas Neues auszuprobieren. Projekte in der TI-Implementation voranzutreiben ist eine Aufgabe, die für längere Zeiträume sehr intensive Anforderungen stellen kann. Es ist infolgedessen gar nicht selten, dass Mitarbeiter bis zur Erschöpfung arbeiten und aus dem Projekt aussteigen wollen. Manche wechseln gleich ganz den Beruf – einer [unserer Mitarbeiter] ist sogar auf die Fischzucht umgestiegen.«[25]

Nach Ansicht des Leiters der amerikanischen Technologie-Integrations-Beratung, Jon Williams, waren flexible Arbeitszeitregelungen keine wirkliche Hilfe zur Bindung von TI-Mitarbeitern, im Besonderen nicht derer, die sich ausgebrannt fühlten. Die meisten flexiblen Regelungen in seiner

Beratungsfirma brachten Änderungen des Arbeitspensums oder des Arbeitsorts/der Arbeitszeiteinteilung mit sich, welche die Mitarbeiter meist zwangen, sich aus Kundenprojekten zurückzuziehen. Williams fand, dass flexible Arbeitszeitregelungen »zur einfachsten Lösung wurden. Anstatt jeweils einen individuellen Plan auszuarbeiten, um das Verhältnis von Arbeit und Privatleben neu auszurichten und eine Weiterbeschäftigung als Consultant zu ermöglichen, wurde immer häufiger einfach auf flexible Arbeitszeitregelungen zurückgegriffen.«[26] Seiner Meinung nach konnten flexible Arbeitszeitregelungen die Hoffnung, die leistungsstärksten Mitarbeiter zu binden, nicht erfüllen, weil die Standards im Umgang mit ihnen »lückenhaft und subjektiv« waren, und weil sie von den meisten Top-Mitarbeitern für beförderungshemmend gehalten wurden. Die wertvollsten Angestellten zogen infolgedessen flexible Regelungen nicht einmal in Betracht.

Die zweite Runde des Pilotprojekts begann in der TI-Beratung im Juni 2006 (am Anfang von Deloittes Steuerjahr) mit den 270 der 415 Mitarbeiter, die sich im Vorfeld zur Teilnahme qualifiziert hatten. Die Teilnahmekriterien waren eine Leistungsbewertung von mindestens drei »erfüllten Erwartungen« und eine Anstellungsdauer von zwei Jahren, da dies laut Wackerbarth lang genug für die Teilnehmer war, um ein Netzwerk von Kollegen und Projektleitern aufgebaut zu haben. Diese Zulassungskriterien wurden allerdings später abgeschafft.

Der erste Schritt war es, im TI-Bereich die Wirksamkeit der bisherigen Praxis bezüglich der Karriereplanung abzuschätzen und Probleme der Mitarbeiter bei der Vereinbarung von Arbeit und Privatleben auszuloten. Das Resultat dieser vor dem Pilotprojekt durchgeführten Umfragen und Fokusgruppen war, dass die Karriereplanung ziemlich schwach war, und die flexiblen Arbeitszeitregelungen den Erwartungen nicht entsprachen. Die Ergebnisse der Untersuchungen vor Beginn des zweiten Pilotprojekts lassen sich wie folgt zusammenfassen:

- Gespräche zur Karriereplanung fassen nur selten mehr als die nächsten ein oder zwei Jahre in den Blick. Bei nur 20 Prozent der Mitarbeiter wurden die Karriereaussichten längerfristig diskutiert.
- Nach Aussage der Mitarbeiter fand ein Drittel der Arbeit unabhängig vom Kunden statt, und es bestand daher keine zwingende Notwendigkeit für sie, vor Ort beim Kunden zu sein. Nur 24 Prozent der Kunden-

kontakte wurden aber auch wirklich so arrangiert – eine Diskrepanz, die von den Mitarbeitern im Sinne unnötiger Geschäftsreisen und Überbeanspruchung interpretiert wurde.

- Ein Drittel aller Mitarbeiter fand, dass die bestehenden flexiblen Arbeitszeitregelungen das Verhältnis von Arbeit und Privatleben nicht zufriedenstellend lösten. Die meisten Angestellten gaben aber an, dass bessere Möglichkeiten zur Harmonisierung von Arbeits- und Privatleben ein entscheidender Faktor seien, ob sie beim Unternehmen bleiben oder es verlassen würden.
- Beinahe die Hälfte der Mitarbeiter konnte nicht absehen, wie eine flexible Arbeitszeitregelung in ihre momentanen Aufträge integriert werden könnte. Eine vergleichbare Anzahl fürchtete, dass ihre Vorgesetzten und Kollegen gegenüber Mitarbeitern mit flexiblen Arbeitszeitregelung negativ eingestellt seien.

Während Wackerbarth und Williams das MCC-Pilotprojekt stark befürworteten, wussten die meisten Leiter im Bereich der Technologie-Integration nicht viel über das System der MCC. Es gab daher unzählige Fragen, wie man es erfolgreich einführen und gleichzeitig die Anforderungen der Kunden und der Wirtschaft weiterhin erfüllen könne. Um diese Zweifel an der MCC zu diskutieren und um Lösungen zu suchen, hielt das Pilotprojekt-Team Gruppen- und Einzelgespräche mit den Leitern ab. Einige von ihnen verstanden den potenziellen Nutzen sofort, viele aber standen dem Projekt skeptisch gegenüber. Die folgenden Punkte wurden hierbei angeführt:

- Wenn Mitarbeiter Optionen hätten, um ihr Arbeitspensum, ihre Geschäftsreisen und so weiter zu reduzieren, würde dies nicht Tür und Tor für Änderungen der Arbeitszeiteinteilung und Ähnliches öffnen? Dies würde den Personaleinsatz bei Kundenprojekten erschweren.
- Würde es nicht schwerer oder sogar unmöglich werden, Wirtschafts- und Leistungsziele für die TI-Beratung zu erfüllen?
- Wie unterscheidet sich dies von den existierenden Programmen?
- Was sei denn so außergewöhnlich an der MCC, besonders in Anbetracht der vielen informellen Arrangements, zu denen die besten Mitarbeiter schon Zugang hätten?
- Sei die MCC nicht nur ein weiterer Fall einer gut gemeinten Neuheit, die enttäuschend enden werde? Skeptiker beriefen sich hierbei auf eine

schnell fehlgeschlagene Reform einige Jahre zuvor, die es den Consultants erlauben sollte, ihre Zeitpläne zu individualisieren und ihre Karrieren selbst zu entwerfen. Die generelle Meinung hierüber war, dass es unter den Consultants größere Hoffnungen geweckt hatte, als die Vorgesetzten erfüllen konnten.

Die Besorgnis, dass man »Tür und Tor öffnen« würde, erwies sich als unbegründet. In einer Befragung der Teilnehmer der zweiten Runde, welche MCC-Wahlmöglichkeiten sie am attraktivsten fänden, gaben die meisten an, sie wollten eine schnellere Geschwindigkeit einstellen, ganz gleich, welche Auswirkungen dies auf die Dimensionen Arbeitspensum und Arbeitsort/Arbeitszeiteinteilung hätte. »Besonders für die Generation Y muss alles schnell, schnell gehen. Sie sagen: ›Ich kann später immer noch zurückschrauben, aber bis dahin bin ich schon weiter gekommen. Ich bin schneller weiter gekommen‹«, meint Cathy Gleason.[27] Infolge dieser Erkenntnis wurde das Training der Karriereberater für die zweite Runde des Pilotprojekts folgendermaßen abgeändert. Sie sollten Mitarbeiter mit beschleunigtem Karriereweg dahingehend beraten, was von ihnen erwartet würde, um auf die nächste Beförderungsebene zu kommen, und wie sie sicherstellen konnten, sich dabei nicht bis zum Burnout zu verausgaben.

Es wurde auch empfohlen, Mitarbeiter zu warnen, sich beim Setzen ihrer Leistungs- und Beförderungsziele nicht zu übernehmen. Gleason sagt: »Ich empfahl zum Beispiel gerade beförderten Managern, ihre nächste Beförderung in drei Jahren anzustreben, nicht innerhalb von zwei Jahren. Drei Jahre sind auch noch schnell genug, aber erlauben es einem, seine Leistungsziele sogar überzuerfüllen. Wenn man drei Bewertungszyklen lang an der Spitze liegt, ist das wesentlich besser, als zwei Jahre lang leicht hinterherzuhinken.«

Was waren die Auswirkungen der MCC auf die Profitabilität und Belegschaftssysteme des betreffenden regionalen Kundendienstbereichs? Bisher decken sich die Ergebnisse der beiden Runden des Pilotprojekts miteinander: Keine negativen Auswirkungen auf die Karriere, keine offensichtlichen Auswirkungen auf die Kundenbetreuung und ein positives wirtschaftliches Ergebnis für das Unternehmen, da höhere Produktivität und weniger Geschäftsreisen die Kosten senkten. (Vergleiche die Zusammenfassung der Ergebnisse in Tabelle 5.2.) Die Arbeitsmoral schien sich in ermutigendem Maße zu verbessern, aber dies ist natürlich kaum objektiv messbar. Die

Teilnehmer zeigten sich zudem erleichtert, dass die Führung der TI-Beratung zugab, dass der Beruf eines Consultants private Kompromisse erfordert, und dass sie daran arbeitete, eine praktikable Lösung für diese Situation zu finden.

Tabelle 5.2: Zusammenfassung: Pilotprojekt-Runde 2

Spezifikationen des Pilotprojekts	• 270 Berater des regionalen Dienstleistungsbereichs für Technologie-Integration • Zulassungskriterien für die Teilnahme: (1) durchschnittliche oder überdurchschnittliche Leistungsbewertungen, (2) bisherige Arbeitsdauer von zwei Jahren • Dauer: 12 Monate
Ziele des Pilotprojekts	• alle vier MCC-Dimensionen gleichzeitig über den Zeitraum eines kompletten Leistungsbewertungszyklus zu testen • den Zusammenhang zwischen MCC und Ergebnissen für das Unternehmen, wie zum Beispiel Mitarbeiterbindung, Produktivität und Kosten, zu testen • Vorkämpfer und Erfolgsgeschichten zu schaffen
Ergebnisse	• Verbesserung der Produktivität, der Zufriedenheit in der Belegschaft und der Arbeitsmoral infolge besserer Auswahlmöglichkeiten, wo und wann die Arbeit geleistet werden kann. (Mehr Mitarbeiter verrichten mehr Arbeit außerhalb der Kundenfirmen – eine Steigerung von 24 auf 29 Prozent.) • Konsequentere und robustere Karrieregespräche, die von Mitarbeitern und Vorgesetzten als sinnvoller wahrgenommen werden. • Die MCC wurde von zwei Dritteln der Mitarbeiter als sehr gut bewertet, die davon ausgehen, innerhalb der nächsten fünf Jahre mindestens eine der MCC-Dimensionen abändern zu müssen. • Wesentlich mehr Mitarbeiter finden, dass sie die nötige Unterstützung für die Harmonisierung ihres Arbeits- und Privatlebens haben (ein Anstieg von 56 Prozent von Anfang bis Ende des Pilotprojekts). • Kundendienststandards wurden aufrechterhalten; Kunden reagierten positiv auf den MCC-Versuch bei der Stellenverteilung und zeigten Interesse an den Ergebnissen des Pilotprojekts. • Positive Auswirkung von MCC auf die Mitarbeiterbindung.

Einschränkungen	• Koordinierung bei der Zuteilung von Ressourcen wurde erschwert, da keine Plattform für den gegenseitigen Zugriff auf Informationen bestand. • Um von der Mentalität, dass flexible Regelungen »Zugeständnisse« seien, zu der MCC-Mentalität der »neuen Normalität« zu kommen, bedarf es Beharrlichkeit und kontinuierlicher Kommunikation. • Zulassungsbeschränkungen, besonders hinsichtlich der bisherigen Arbeitsdauer, führten zu Ressentiments bei den Ausgeschlossenen.
Empfehlung	• Weitere Pilotprojekte in anderen Funktionsbereichen, um die Leistungsfähigkeit des Systems für jeden Unternehmensbereich zu beweisen.

Die längerfristigen Resultate, die sich aus dem Wechsel zu praktikableren Einstellungen für Geschwindigkeit und Reisezeitplan ergaben, weisen alle in die richtige Richtung, sowohl für den einzelnen Mitarbeiter als auch für das Unternehmen als Ganzes. All dies wurde erreicht, ohne dass der Standard des Kundendienstes sank. Darüber hinaus haben die Direktoren begonnen, ihre Erwartungen so umzuformulieren, dass sie Bezug darauf nehmen, wie die Arbeit zu leisten ist. Dies war eine der Zielsetzungen des Pilotprojekts, nämlich die Integration der MCC in die Planung von Projekten. Bisher hat sich diesbezüglich gezeigt, dass die Kunden diesen Diskussionen offen gegenüberstanden, besonders da es durchaus wahrscheinlich ist, dass sie selber bald mit demselben Konflikt zwischen Arbeitssituation und Belegschaft konfrontiert sein werden. In der Tat zeigen die Kunden Interesse an Deloittes Lösung, um sie eventuell selber in ihren Unternehmen umzusetzen.

Eines der Hauptziele der 2. Runde des Pilotprojekts war es, unter Managern die Kompetenz herauszubilden, mit den beteiligten Mitarbeitern MCC-Gespräche anzustoßen und durchzuführen. Im System der MCC ist es für den Erfolg von zentraler Bedeutung, dass Mitarbeiter durchgängig in sinnvollen Rollen arbeiten können, da das Unternehmen sich individuellen Schwankungen in ihren Lebensumständen anpasst. »Für uns ist es der größte anzunehmende Unfall, dass Mitarbeiter sagen, ›Ich bin hier zwar glücklich, aber trotzdem gehe ich jetzt, weil ich sonst alle diese Chancen verpasse, die auf mich zukommen.‹ Langfristige Karrieremöglichkeiten häufiger und besser zwischen Vorgesetzten und Mitarbeitern zu besprechen ist einer der Hauptvorteile der MCC«, meint Gleason.

Nur 20 Prozent der TI-Mitarbeiter führten vor dem zweiten Pilotprojekt Gespräche zur Karriereplanung, was in der Folge auf zwei Drittel anstieg. »Wir haben es den Karriereberatern gegenüber deutlich gemacht, dass wir erwarten, dass sie solche Gespräche jetzt anstoßen«, sagt Gleason. »Dies ist«, laut Jon Williams, »ganz klar ein Problem, das wir lösen müssen. Ich bin optimistisch, dass alle unsere Bemühungen im Rahmen dieses MCC-Pilotprojekts uns als Führungskräften zu lernen helfen. Ich denke außerdem, unsere Mitarbeiter verstehen jetzt besser, dass es ein Zeichen von Stärke, nicht Schwäche, ist, dieses Thema zu erkunden. Menschen, die sich aufgrund von Konflikten in ihrem Privatleben in ihrem Arbeitsleben unglücklich oder in Frage gestellt fühlen, sind nicht so produktiv, wie sie es sein könnten oder wollen.«[28]

Abbildung 5.3: Beispiel: Definitionen Arbeitspensum

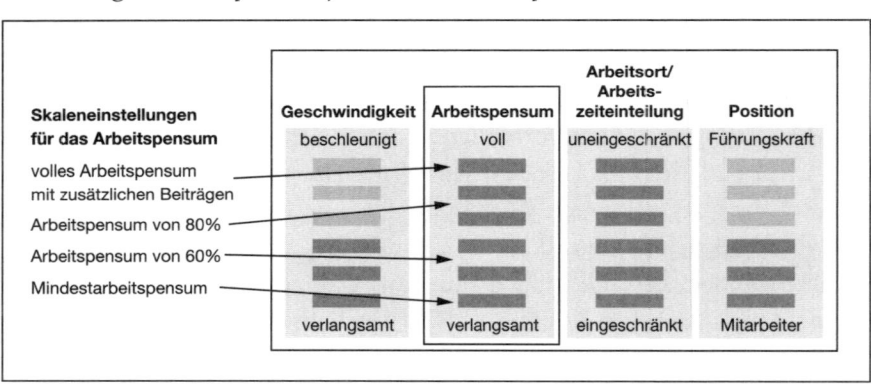

Das System der MCC unterstützt solche Karrierebesprechungen, indem es ihnen eine Struktur und einen gemeinsamen Wortschatz bietet – dies beginnt mit der Bestimmung der vier Karrieredimensionen und des Zusammenhangs zwischen ihnen. Die Teilnehmer des zweiten Pilotprojekts nahmen die Definitionen der Skalenpunkte für die vier Dimensionen problemlos an, wünschten sich aber eine klarere Beschreibung der mittleren Einstellungen. Leiter und Mitarbeiter fanden, die Definitionen würden in Karrierebesprechungen die Wahlmöglichkeiten klarer verdeutlichen und ein Gefühl von Fairness vermitteln, da sie verfügbare Optionen und sich daraus ergebende Kompromisse festlegen.

Als Reaktion auf diese Anregung fügte das Pilotprojekt-Team Definitionen für bestimmte Punkte der Skalen hinzu (vergleiche Abbildung 5.3).

Tabelle 5.3: Vergleich der untersuchten Aspekte in Runde 1 und Runde 2

Runde 1: Pilotprojekte auf Projektebene	Runde 2: Pilotprojekte auf der Ebene eines regionalen Dienstleistungsbereichs
• Die Karriere wird auf Projektebene vorangetrieben, muss aber innerhalb von auf übergeordneter Ebene festgelegten Parametern bleiben, was Anpassungen von Geschwindigkeit und Position begrenzt.	• Die Verantwortung für Karrieren liegt innerhalb des regionalen Dienstleistungsbereichs. Pilotprojekte können daher alle Karrieredimensionen beeinflussen/messen (Geschwindigkeit und Position mittels Karrieremanagement; Arbeitspensum und Arbeitsort/Arbeitszeiteinteilung mittels Stellenverteilung).
• Der Erfolg der Karriereindividualisierung hängt davon ab, ob die Kluft zwischen dem Dienstleistungsbereich und den Projektleitern überwunden werden kann. Die Projektleiter werden als Vorreiter der MCC gesehen und demzufolge als Informationsquelle für andere Teilhaber, die mit MCC experimentieren wollen.	• Die Auswahl, wo Pilotprojekte abgehalten werden, beruhte auf dem Engagement regionaler Führungskräfte. Dies stellte sicher, dass sie besser in die Mitarbeiterentwicklungsverfahren integriert wurden.
• Die komplexe Matrixstruktur begrenzte den Umfang des Pilotprojekts, da nur partiell Zugang zum vollen Spektrum der Akteure (Beratungspersonal, regionale Leiter etc.) möglich war.	• Benutzt bestehende Strukturen (Geografie, Human Resources, Stellenverteilung, Beratung etc.), um MCC in die komplexe Matrixstruktur zu integrieren.
• Da jedes Kundenprojekt unterschiedlich ist, waren spezifische Materialien nötig, sodass auf Projektebene wiederbenutzbare Materialien kaum erstellt/getestet werden konnten.	• Da jeder Dienstleistungsbereich ähnlich aufgebaut ist, können Pilotprojekte auf der Ebene regionaler Dienstleistungsbereiche einfach auf andere Teile des Unternehmens ausgeweitet werden.

Es ist natürlich noch zu früh, um die längerfristigen Auswirkungen des Systems der MCC auf die Karrieren der Teilnehmer messen zu können, aber es ist schon eindeutig erkennbar, dass sich die Qualität der Karrierebesprechungen verbessert hat. Infolge dieser Einsicht fügte das Pilotprojekt-Team den anderen Kriterien auch »Qualität der Karrierebesprechungen« hinzu, um nach der Hälfte der Projektdauer die Wirkung der MCC zu messen. Die MCC hat auch den psychologischen Vorteil, dass die Teilnehmer sich bewusst sind, dass ein System von Optionen existiert, ob sie diese Wahlmöglichkeiten nun jemals in Anspruch nehmen oder nicht.

Zusammenfassend kann man über die erste Runde der Pilotprojekte sagen, dass sie sich auf die Projektebene konzentrierten und bewiesen, dass die MCC auf mehreren Ebenen erfolgreich angewendet werden kann: im Kundendienst, bei der Neustrukturierung der Arbeitsaufteilung und auch bei der Karriereplanung. Die zweite Runde des Pilotprojekts wurde auf dieser Basis entworfen, um den Nutzen von MCC-Profilen für alle beteiligten Mitarbeiter zu beweisen. Tabelle 5.3 stellt im Vergleich dar, welche Aspekte jede Runde des Pilotprojekts testen konnte.

Weitere Entwicklungen bei Deloitte

Fähige Führungskräfte sind natürlich bei Entwicklungsversuchen ein Haupterfordernis. Cathy Gleason wurde speziell ausgewählt, um die zweite Runde des Pilotprojekts zu leiten, da sie über 20 Jahre Erfahrung als leistungsstarke Beraterin hatte, bei Deloitte Consulting die Beratung für die US-Westküste geleitet hatte und außerdem einmal aus persönlichen Gründen eine Auszeit genommen hatte.

Jon Williams' Profil dagegen sah anders aus. Er hatte so schnell er konnte die Position eines Teilhabers angestrebt, mit einer Geschwindigkeit, die er heute als unnötig erachtet. Mit trockener Untertreibung sagt er heute: »Wenn ich jetzt zurückblicke, frage ich mich, ob das wirklich so eine gute Idee war. Sobald ich mein Ziel erreicht hatte, schien meine Karriere noch endlos, aber ohne Ziel vor mir zu liegen. Das kann ich heute zwar leicht sagen, aber damals fiel es mir nicht leicht, so zu denken. Wir müssen unseren Mitarbeitern helfen zu verstehen, dass es wichtig ist, den Karriereweg individuell zu gestalten. Man muss da die Balance richtig hinbekommen. Jede Entscheidung erfordert Kompromisse, die nicht als negativ, sondern als normaler Teil des Karrierefortschritts angesehen werden sollten.«[29]

Zusätzlich zu den Leitern des Pilotprojekts wurde auch ein MCC-Lenkungsausschuss ernannt, der aus Deloitte-Führungskräften bestand. Dieser soll für das System der MCC werben und es firmenintern gegenüber allen Ebenen der Führung und des Managements vertreten. Die Führungskräfte und Manager sollen dann ihrerseits die MCC durch das ganze Unternehmen hindurch weiter verbreiten. »Ein Teil unserer Aufgabe ist es, die Herzen – nicht nur den Verstand – der Führung und des Managements auf unsere Seite zu bringen«, sagt Joe Echevarria, stellvertretender geschäftsführender Teilhaber bei Deloitte & Touche USA LLP und Mitglied des MCC-Lenkungsausschusses. »Die anderen werden uns schon folgen, wenn sie uns nicht schon voraus sind.«[30]

Einer der Hauptgründe für weitere Pilotprojekte ist die wachsende Erkenntnis, dass die MCC potenziell große Marktvorteile bei der Mitarbeiterrekrutierung und ihrer Bindung eröffnet. Es ist eine Tatsache, dass die Auswahl an neuen Universitätsabsolventen und sehr erfahrenen Bewerbern immer weiter sinkt. »Leute mit Talent werden immer stärker umkämpft«, meint Frank Piantidosi, CEO des Deloitte-Finanzberatungsdienstes (FAS, kurz für Deloitte Financial Advisory Services). »Ich bin schon mitten drin und weiß, wir müssen bei diesem Wettstreit an der Spitze bleiben.«[31] Piantidosi meldete daher alle 1 100 Mitarbeiter von FAS für ein weiteres Pilotprojekt an.

Dieselbe Entscheidung traf auch Owen Ryan, Seniorpartner und Leiter des Dienstleistungsbereichs Kapitalmärkte, da er glaubt, die MCC werde die Integration und die Bindung talentierter Mitarbeiter verbessern. Diese zwei Aspekte sind von großer strategischer Bedeutung, da sein Unternehmensbereich mit anderen Branchen, die gleichfalls mit einem Mangel an qualifiziertem Personal zu kämpfen haben, um die leistungsstärksten Mitarbeiter konkurriert.

Unter Ryan expandierte der Bereich Kapitalmärkte hauptsächlich durch die Anwerbung von erfahrenen Fachleuten, viele mit höheren Qualifikationen wie Ingenieure oder Mathematiker. Mit diesen Experten kamen auch viele verschiedene Nationalitäten mit ihren kulturellen und ethnischen Hintergründen ins Unternehmen. »Wenn man Zeit mit ihnen verbringt, merkt man sehr schnell, dass ›nicht jeder so ist wie ich‹«, sagt Ryan. »Die MCC ist ein ganz neues Mittel für uns, eine Verbindung mit unseren Angestellten aufzubauen. Wenn unsere Mitarbeiterfluktuation sinkt und unser Personal zufriedener ist, dann wird unser Endgewinn steigen. Dessen bin ich mir sicher.«[32]

Deloitte ist dabei, das System der MCC mittels weiterer Pilotprojekte in rascher Folge in diversen unterschiedlichen Unternehmensbereichen der Belegschaft vertraut zu machen. Es ist jedoch interessant, dass Deloittes Vorstandsvorsitzende Sharon Allen noch weiter gehen will: Sollte man nicht statt weiterer Pilotprojekte einfach MCC unternehmensweit einführen? Allen formuliert es so: »Es besteht kein Zweifel daran, dass wir uns auf MCC zubewegen, warum setzen wir sie also nicht einfach in allen Bereichen um?« Bisher zumindest bleibt das Unternehmen allerdings bei der stufenweisen Einführung, während es die MCC fein abstimmt und Unterstützung unter der Belegschaft aufbaut. Allens Aussage sollte man jedoch im Kopf behalten.

In diesem Kapitel wurden drei Unternehmen beispielhaft untersucht – aus den Bereichen Software, Recht und Werbung –, die formlos und intuitiv innerhalb ihrer funktionierenden Unternehmensstrukturen und -prozesse ein dem Karrieregitter ähnliches System aufbauten. Auf diesen Beispielen basiert unsere feste Überzeugung, dass MCC-ähnliche Versuche schon überall im Entstehen sind. Dies ist besonders eindeutig bei Unternehmen wie SAS, Arnold & Porter und Ogilvy & Mather, welche die folgenden Kernpunkte erkannt haben: (1) dass zwischen der Loyalität der Mitarbeiter und langfristigen Treueverhältnissen der Kunden mit der Marke ein enger Zusammenhang besteht; (2) dass Kunden Wert darauf legen, kontinuierlichen Service von Mitarbeitern zu bekommen, die sie kennen und schätzen; (3) dass eine einheitliche Denkweise bei den Werten, der Philosophie, den Ansätzen und der Kultur des Unternehmens die Grundlage für die Entstehung solcher langfristiger Beziehungen bildet.

Der zweite Teil des Kapitels konzentrierte sich darauf, wie sich ein anderes Unternehmen, nämlich Deloitte, durch seine Suche nach einem formalen, praktikablen System zur Karriereindividualisierung weiterentwickelt hat. Der Wandel Deloittes begann mit der Erkenntnis, dass dem Unternehmen eine interne Krise drohte: die Diskrepanz zwischen dem steigenden Mitarbeiterinteresse an flexiblen Arbeitszeitregelungen und dem Unvermögen des Unternehmens, diese – gleichgültig, ob in Form verringerter oder erhöhter Arbeitsverpflichtungen – im Kundendienst unterbringen zu können. Der Hauptvorteil der MCC lag für die meisten Teilnehmer der Pilotprojekte gerade da, wo flexible Arbeitszeitregelungen ihren Schwachpunkt hatten. Die MCC bietet Mitarbeitern kontinuierlich die Chance, ihren Karriereweg zu individualisieren und sich ihre künftige Karriereentwicklung visuell vor Augen zu führen, da sie ein festes Angebot an Wahlmöglichkeiten bietet, die das Management den strategischen Prioritäten des Unternehmens anpassen kann.

Kapitel 6
Der Weg nach vorne

Ratschläge aus der Praxis für die Praxis

> Der Wert einer Idee liegt darin, sie umzusetzen.
> *Thomas A. Edison*

Der Aufsichtsratvorsitzende von Microsoft, Bill Gates, riet Führungskräften einmal, »sich nicht zur Untätigkeit verführen zu lassen«, wenn sie zehn Jahre in die Zukunft dächten. Er fügte hinzu: »Wir überschätzen das, was sich in den nächsten zwei Jahren ändern wird, unterschätzen aber die Veränderungen der nächsten zehn Jahre.«[1] Dies ist eine passende Warnung für moderne Unternehmen, die seit 50 Jahren an ein reiches Angebot an qualifizierten Mitarbeitern gewöhnt sind. Pioniere, welche die Zeichen der kommenden Zeit erkennen, beginnen schon, strategische Marktvorteile zu schaffen, um dringend benötigte talentierte Mitarbeiter besser anziehen und halten zu können.

Eine formlose Karriereindividualisierung ist zwar schon vielerorts im Kommen, und das schrumpfende Angebot an qualifizierten Mitarbeitern wird Unternehmen in der Tat zwingen, zu reagieren – in welcher Form auch immer. Die MCC geht darüber aber weit hinaus, denn bei ihr handelt es sich um eine großflächige Umstrukturierung, die einerseits eine klare Vision voraussetzt und andererseits langfristigen Engagements und der Liebe zum Detail bedarf. Nur ein wenig an Nebensächlichkeiten herumzudoktern wird nicht funktionieren.

Die MCC unterscheidet sich nicht von anderen Innovationen. Es wird Jahre dauern, bis wir durch Forschen und Experimentieren ihr gesamtes Potenzial wirklich verstanden haben und nutzen können. Der Grund hierfür ist, dass wir uns sozusagen rückwärts gewandt in die Zukunft bewegen: Wir wollen vielleicht durchaus eine neue Richtung einschlagen, merken dabei aber nicht, dass unsere neue Richtung von unseren bisherigen Erfahrungen abhängt. Nehmen wir hierfür ein ganz alltägliches Beispiel, das wir die »TiVo-Revolution« nennen wollen.

Wenn Sie in den letzten Jahren TiVo oder einen beliebigen anderen Festplattenrekorder bei sich zu Hause installiert haben, wissen Sie wahrscheinlich schon, wie schnell diese Technologie unser Leben verändert. Sie haben ihren Festplattenrekorder vielleicht zunächst als eine Art cleveren Videorekorder betrachtet, der Fernsehsendungen digital nur durch Knopfdruck aufzeichnen und speichern kann. Dann haben Sie vielleicht gemerkt, dass Sie eine Sendung aufnehmen, aber gleichzeitig eine andere ansehen können. Als Nächstes haben Sie vielleicht entdeckt, dass es eine Funktion gibt, die automatisch Ihre Lieblingssendungen aufzeichnet, wann auch immer sie laufen. Und dann haben Sie möglicherweise herausgefunden, dass man Sendungen nach Themen oder Schauspielern auswählen kann. Und zu guter Letzt haben Sie es vielleicht nützlich gefunden, die aufgezeichneten Sendungen auf Ihren Laptop zu kopieren.

Nachdem Sie sich weiter an diese Technologie gewöhnt haben, können Sie sich nun bequemere Gelegenheiten schaffen, um die auf dem Laptop gespeicherten Sendungen mit Muße anzusehen. Zum Beispiel muss man nicht mehr seine Zeit mit Warten vergeuden, um die Sendungen, »die man sehen muss«, zur festgelegten Sendezeit zu erwischen. Stattdessen können Sie die aufgenommene Sendung am nächsten Morgen am Flughafen anschauen, während Sie auf Ihr Flugzeug warten. Erst im Rückblick können Sie wirklich abschätzen, wie Festplattenrekorder eine grundsätzlich neue Art fernzusehen geschaffen haben. Dies geschah, da Sie individuell herausfanden, wie Sie diese Unterhaltungstechnik Ihren persönlichen Bedürfnissen am besten anpassen konnten. Man könnte es also vielleicht als »individualisiertes Massenfernsehen« oder »Mass Television Customization« bezeichnen – aber das ist ein anderes Thema! Ähnlich dem Beispiel des Festplattenrekorders werden Sie auch bei der MCC herausfinden, dass sich, wenn man erst einmal zu experimentieren anfängt, unzählige Möglichkeiten auftun.

Die MCC baut auf der Tatsache auf, dass die moderne Belegschaft ganz im Gegensatz zum durchschnittlichen Arbeitsplatz nicht traditionell ist, und dass über die nächsten 20 Jahre die Nachfrage nach Mitarbeitern das Angebot weit überragen wird. Ein Karrieregitter oder etwas Ähnliches einzuführen beweist in vielerlei Hinsicht, dass das Unternehmen einen Wendepunkt in seinem Umgang mit der Belegschaft erreicht hat. »›Die Menschen zuerst‹ ist ein Muss in Sachen Strategie, wenn der Mitarbeiterbedarf das Angebot übersteigt. Und so wird es auch für den Rest unseres Arbeitslebens bleiben«, sagt eine junge Führungskraft der geburtenstarken Jahrgänge.

Trotz dieser kommenden Entwicklungen sind wir uns doch bewusst, dass ebenso wie in dem vereinfachten TiVo-Beispiel alle Änderungen da ansetzen müssen, wo sich die Betroffenen gerade befinden. Wir sind auch Teil der normalen Welt und wissen daher, dass Linienmanager belegschaftsbezogene Strategien üblicherweise als »ganz nett, wenn man sie hat« oder als Wohlfühlprogramme betrachten. Die meisten Manager konzentrieren sich nur dann darauf, wenn sie Zeit übrig haben, was natürlich nur selten der Fall ist, da an den meisten Tagen die laufende Arbeit weitaus dringlicher ist.

Ein Unternehmen zur Einführung der MCC zu bewegen – als Denkhaltung oder als System – erfordert sowohl ein gutes Verständnis als auch die feste Überzeugung, dass für den Unternehmenswert die Dynamik von Angebot und Nachfrage in Sachen Belegschaft ein dringendes Thema ist. In anderen Worten muss man also die Frage »Warum sollte mich das kümmern?« mit der Terminologie und den Mitteln der Wirtschaft beantworten.

Dieses Kapitel gibt Ratschläge, wie man durch eine überzeugende Wirtschaftlichkeitsrechnung künftige MCC-Vorreiter auf seine Seite bringen kann. Darauf folgen klare Hinweise, wie man die ersten Schritte in Richtung der MCC tun kann und dabei das Ziel im Auge behält. Wir stützen uns hierbei auf jahrelange Erfahrungen mit der Umsetzung transformativer Änderungen, auf primäre und sekundäre Forschung, darunter auch Gespräche mit Hunderten von Personen, die vielfältige Meinungen über alle Aspekte der MCC bieten und auf unsere eigenen Erkenntnisse, die wir bei unserer Umsetzung und Analyse der MCC gesammelt haben.

Wirtschaftlichkeit als Hauptanreiz

Um eine überzeugende Wirtschaftlichkeitsrechnung ausarbeiten zu können, muss man einen klaren Bezug zu den Fakten – und den zukünftigen Möglichkeiten – seines Unternehmens herstellen. Die Belegschaftstrends, die in Kapitel 2 erklärt wurden, sind hierbei als Material nützlich, aber man muss auch seine eigenen Recherchen anstellen. Wie haben sich die

Unternehmenswert (Shareholder Value)

Umsatzwachstum	Gewinnmarge (nach Steuern)	Effizienz des eingesetzten Kapitals*	Gewinnmarge (nach Steuern)
• **Kundentreue:** den Austausch mit erfahrenen, gut ausgebildeten und motivierten Mitarbeitern bieten • **Profitable Kundenverhältnisse:** das Engagement und die Bindung leistungsstarken Verkaufspersonals verbessern • **Produkt- und Service-Innovation:** bedeutende Produkt-/Service-/Marketing-Innovatoren und Kundendienst-/internes Dienstleistungspersonal rekrutieren und binden • **Wachstums-Management:** Topmanager für gewinnbringende Positionen rekrutieren, fördern und binden	• **Verwaltungskosten für Personalabteilung:** Kosten für Werbung, Rekrutierung, Neueinstellung und Einführungstraining von Mitarbeitern • **Effizienz der Belegschaft:** Belegschaftskosten durch größere Vielseitigkeit/Flexibilität der Mitarbeiter, bessere Nutzung vorhandener Kapazitäten und höhere Arbeitsmoral senken • **Zuverlässigkeit und Belastbarkeit der Verfahren:** Risiken und Kosten durch verbesserte Mitarbeiterentwicklung und bessere Kontinuitätsplanung reduzieren • **Vermeidbare Kosten:** temporäre Kosten, die durch unbesetzte Stellen entstehen, vermeiden	• **Effizienz der Belegschaft:** Produktivität durch bessere Fähigkeiten, Arbeitsmoral, Loyalität und Bindung der Mitarbeiter steigern • **Vielseitigkeit der Mitarbeiter:** Zuteilung von Ressourcen durch länger andauernde Arbeitsverhältnisse verbessern, die aus größerer Wissensvermittlung und breit gefächerteren Erfahrungen innerhalb des Unternehmens entspringen • **Verwendung der Mitarbeiter:** Mitarbeiterbedarf durch geringere Schwankungen bei Einsatzplanung und Personaleinsatz verringern	• **Strategische Vorteile:** differenzierte Marktvorteile schaffen, da strategisch wichtige Mitarbeiter sich zum Unternehmen hingezogen fühlen • **Gewandtheit und Flexibilität:** Anpassungsfähigkeit bei Änderungen der Gegebenheiten durch Fortbildung/Bindung von wesentlichen Mitarbeitern maximieren • **Unternehmensführung und -planung:** es zu einem kritischen Teil der Strategie für langanhaltendem finanziellen Erfolg machen, Top-Manager anzuziehen • **Vertrauen der Investoren:** sicherstellen, dass wesentliche Führungskräfte aller Ebenen beim Unternehmen bleiben oder effizient ersetzt werden
betriebliche Werttreiber			zukunftsorientierte Werttreiber

* Obwohl »Effizienz des eingesetzten Kapitals« eigentlich ein Konzept des Finanzwesens ist, haben wir uns die Freiheit genommen, es auf das Humankapital anzuwenden, um zu zeigen, dass sich die Ideen der »Kosteneffektivität des Kapitals« auch gut auf die Mitarbeiterentwicklung anwenden lassen.
Quelle: Deloittes Enterprise Value Map nachempfunden.

Abbildung 6.1: Enterprise Value Map für die MCC

demografischen Fakten der eigenen Belegschaft verändert, und wohin bewegt sich ihr Trend? Welche Arbeitsmarkttrends sind für das eigene Unternehmen wesentlich, und welche Auswirkungen haben sie? Welches Ausmaß hat der Mangel an wichtigen Mitarbeitern im Moment, und wie wird sich diese Situation Ihrer Ansicht nach weiterentwickeln? Welchen Wettbewerbsdruck gibt es? Und so weiter ...

Als Ansatz ist hierbei die »Enterprise Value Map« (EVM), eine Art Landkarte des Unternehmenswertes nützlich, um diese und ähnliche Fragen zu beantworten. Die EVM stellt grafisch dar, wie Unternehmenswert geschaffen wird, und ermöglicht es Führungskräften dadurch, Strategien, Initiativen und andere Unternehmensaktivitäten auf das Wachstum des Unternehmenswertes hin auszurichten. Die Hauptkomponenten des Unternehmenswertes beziehungsweise die Werttreiber – Umsatzwachstum, Effizienz des eingesetzten Kapitals, Gewinnmarge und Erwartungen – können die Untersuchung vereinfachen und bieten sich an, um die Wirtschaftlichkeitsrechnung für die MCC effektiv darzustellen und in der Terminologie der auf Endgewinn fokussierten Wirtschaft zu vermitteln (vergleiche Abbildung 6.1).

Die EVM kann hilfreich sein, um festzustellen, zu analysieren und dann zu kommunizieren, welche Auswirkungen die Belegschaftstrends – und infolgedessen auch die MCC – auf den Endgewinn und eine gesunde Zukunft des gesamten Unternehmens haben. Ein Unternehmen mag zum Beispiel schon rapide wachsen und ehrgeizige Pläne verfolgen, kann aber auf dem Arbeitsmarkt nicht so viele qualifizierte Mitarbeiter finden, wie es braucht. In diesem Fall stellen die Begrenzung des Unternehmenswachstums (Umsatzwachstum) und die Bekräftigung, dass die Firma in der Lage sein wird, ihre Strategien auszuführen, in der Tat Belegschaftsthematiken dar.

Ein weiteres Beispiel der Auswirkungen von Belegschaftstrends auf den Endgewinn ist das Risiko des bevorstehenden Verlusts von hoch qualifizierten Arbeitskräften, da viele leitende Führungspositionen und andere Stellen mit geburtenstarken Jahrgängen besetzt sind, die kurz vor dem Rentenalter stehen. Wenn man beispielsweise Führungskräfte in den Schlüsselpositionen eines Verkaufsunternehmens verliert, wird sich dies auf den Verkaufserfolg (Umsatzwachstum) auswirken. Ebenso wird auch der Verlust von wichtigen Managern im Produktions- und Dienstleistungsbereich die Effektivität produktionsunterstützender Leistungen gefährden

(Gewinnmarge). Mit der MCC aber kann ein Unternehmen attraktive Rollen für ältere Mitarbeiter entwerfen, um sie für Arbeitsverhältnisse bis ins Rentenalter hinein zu interessieren, und kann so gleichzeitig für effektivere Wissensvermittlung und Business Continuity sorgen.

Um die Verbindung zwischen der MCC und der Mitarbeiterbindung noch weiter zu stärken, ist es nützlich, zu recherchieren, wer das Unternehmen verlässt und aus welchen Gründen. Ist die Mitarbeiterfluktuation auf den unteren oder auf den mittleren Ebenen am höchsten? Spielen hierbei die Geschlechtsangehörigkeit oder andere Faktoren, die mit kultureller Vielfalt zu tun haben, eine Rolle? Kündigen Mitarbeiter, weil sie im Unternehmen nur begrenzte Aufstiegs- und Entwicklungschancen sehen? Sind unter den Kündigungen zu viele von den aufsteigenden künftigen Führungskräften, die in den kommenden Jahren Schlüsselpositionen für die Unternehmensstrategie hätten spielen sollen? Wie viel wird es kosten, sie zu ersetzen – und mit welcher Wahrscheinlichkeit werden ihre Nachfolger auf genau dieselben Probleme stoßen? Wo liegt der Schwellenwert, an dem die freiwillige Mitarbeiterfluktuation hoch leistungsfähiger High-Potentials sich in minimalen oder gar negativen Einnahmen verglichen mit den ins Humankapital investierten Beträgen niederschlägt? Die Antworten auf diese Fragen sind die Kernpunkte der Wirtschaftlichkeitsrechnung, und wenn sie eine über dem Optimum liegende Mitarbeiterfluktuation und eskalierende Kosten aufzeigen, ist es an der Zeit, eine systematische Reaktion zu planen – Verzögerungen hierbei werden nämlich höchstwahrscheinlich in exponentiellen, nicht linearen Kostensteigerungen resultieren.

Greifbar zu machen, konkret darzustellen und ständig zu bekräftigen, wie Arbeitsmarkttrends sich direkt auf die Unternehmensleistung auswirken werden, wird es Führungskräften und Linienmanagern erleichtern, sich zur Mitarbeit bereit zu finden und sich voll für die Lösung einzusetzen – sich voll einzusetzen ist hierbei die Hauptsache – und zwar nicht nur für die ersten paar Schritte, sondern den ganzen Prozess hindurch. Unserer Erfahrung nach können groß angelegte Neuerungen wie die MCC trotz bester Absichten einfach keinen Erfolg haben, wenn die Unternehmensführung nicht ununterbrochen 100-prozentig dahintersteht, und Mitarbeiter in Linienpositionen nun ebenfalls stark involviert sind und sich voll dafür einsetzen, was mit dem Werttreiber »Erwartungen« in der EVM zusammenhängt. Aus diesem Grunde können wir gar nicht genug betonen, wie wichtig die Wirtschaftlichkeitsrechnung ist, um die Dringlichkeit der Einführung der MCC zu verdeutlichen.

Man muss sich also die Wirtschaftlichkeitsrechnung, aus der Perspektive der EVM gesehen, als die grundlegendste Voraussetzung und den Daseinszweck vorstellen, die MCC schonungslos umzusetzen. Man muss außerdem sicherstellen, dass der weitere Unternehmenskontext ebenfalls mit einbezogen wird, und dass man darstellt, wie sich der drohende Mitarbeitermangel im Augenblick – und in der Zukunft – auf den Endgewinn auswirkt. Besondere Aufmerksamkeit muss man auch den drei folgenden Vorgehensweisen widmen: den breiteren Kontext durchdenken, die Situation greifbar machen und Skeptiker mit Erfolgsgeschichten überzeugen.

Den breiteren Kontext durchdenken

Auf der Suche nach höheren Endgewinnen muss man im weiten Rahmen durchdenken, wie die MCC die Effizienz der bestehenden Verfahren verbessern könnte. Bei der Einführung der MCC kann man zum Beispiel Arbeit so umstrukturieren, dass mehr Optionen entstehen, wo, wann und wie die Arbeit geleistet wird. Diese Optionen können erhebliche Vorteile für das Unternehmen mit sich bringen, von Business Continuity bis zu Büromietkosten, die zumindest zum Teil der MCC entspringen. Nach den Terroranschlägen auf das World Trade Center in New York am 11. September 2001 waren viele Unternehmen gezwungen, zahlreiche ihrer Mitarbeiter in benachbarte Bundesstaaten zu verlagern. Viele investierten beträchtliche Summen in Zubehör aus den Bereichen der Informationskommunikation und Informationstechnologie, das mehr Auswahl schafft, wie und wo die Arbeit geleistet werden kann.[2]

In ähnlicher Weise haben sich etliche Unternehmen aufgrund der Kombination steigender Miet- und Immobilienpreise und neuer Kommunikationstechnologien und anderer technologischer Voraussetzungen die Frage gestellt, wie größere Mobilität und Telearbeit die Mitarbeiterproduktivität steigern und den Bedarf und die Kosten für Büroräume senken können (vergleiche das Beispiel von Sun Microsystems in Kapitel 2). Die MCC bietet einen überzeugenden Grund, sich in diese Richtung zu bewegen.

Die Situation greifbar machen

Wie schon zu Beginn dieses Kapitels gesagt sind großflächige Trends mit dem bloßen Auge für Linienmanager oft nicht deutlich zu erkennen. Dies gilt besonders für Manager in betrieblichen Positionen mit direktem Mitarbeiterkontakt, die sich ganz zu Recht auf die momentane Lage konzentrieren, nicht aber auf das, was als Nächstes kommt. Es ist daher wichtig, dass die MCC direkt und auf der Ebene ihrer alltäglichen Erfahrungen zu diesen Mitarbeitern spricht.

Wenn man seine Linienmanager zum Beispiel fragt, wie viel Zeit sie darauf verwenden, Positionen mit hochwertigen Mitarbeitern zu füllen, wird die Antwort für viele überraschend sein. Unzählige Führungskräfte werden berichten, dass sie Monate damit verbrachten, wichtige Stellen neu zu besetzen, dass andere Mitarbeiter währenddessen länger und härter arbeiten mussten, um diese Lücken zu stopfen, und dass aufgrund dieser unbesetzten Positionen Berge von Arbeit einfach liegen blieben. Solche Situationen strapazieren sowohl die betriebliche Leistung als auch die Belegschaft. Um die Wirtschaftlichkeitsrechnung greifbar zu machen, sollte man diese Berichte mit dem Gesamtkontext verknüpfen. Man kann seine Manager an all die flexiblen Arbeitszeitmodelle erinnern, die sie im Augenblick schon betreuen, und sie dann zählen lassen, wie viele neue Anträge dafür in der letzten Zeit gestellt wurden. Die Verbindung dieser alltäglichen Aufgaben wird es sie einfacher erkennen lassen, dass es sich nicht um voneinander unabhängige Erscheinungen handelt, sondern um Symptome eines ansteigenden, problematischen Trends, auf den man systematisch reagieren muss.

Sobald man also die Belegschaftstrends mit den alltäglichen Problemen seiner Manager verknüpft hat, muss man die Verbindung zur MCC herstellen. Einige Führungskräfte werden die Stärken der MCC schnell erkennen, aber andere werden skeptischer sein und brauchen Gelegenheiten, um ihre Zweifel und ihren Widerspruch zu äußern. Mit diesen Zweifeln positiv umzugehen und Zeit darauf zu verwenden, sie zu diskutieren, kann ein gewisses Maß an Zustimmung schaffen. Wie schon im letzten Kapitel dargestellt wurde, verwandten die Leiter des MCC-Pilotprojekts viel Zeit auf Einzelgespräche mit skeptischem Führungspersonal. Infolgedessen konnten die Pilotprojekt-Leiter die Skeptiker nicht nur überzeugen, dass zumindest »so weiterzumachen wie bisher keine Option ist«, sondern sie letztendlich so stark für die MCC einnehmen, dass sie sogar selber innerhalb des Unternehmens dafür warben.

Skeptiker mit Erfolgsgeschichten überzeugen

Man kann, wenn man sich etwas umschaut, unter Garantie Erfolgsgeschichten finden, bei denen Manager die Grundprinzipien der MCC mit sehr guten Resultaten angewendet haben, denn es gibt ja in vielen Unternehmen schon formlose Varianten davon. Diese Geschichten kann man als Aufhänger benutzen. Es gibt vielleicht im eigenen Unternehmen auch Führungskräfte, deren Karrieren sich in einer der MCC ähnlichen Weise entwickelten, wie zum Beispiel Gary in Kapitel 4 oder Kecia in Kapitel 5, die zeitweise die Einstellungen einer oder mehrerer Dimensionen verringerten und später wieder erhöhten. Man sollte an diesen Beispielen aufzeigen, dass das Unternehmen schon in einer der MCC verwandten Weise arbeitet. Solche Beweise zu liefern, dass der Wandel zum Karrieregitter schon begonnen hat, verringert die Angst, die manche Kollegen verständlicherweise anfangs haben, wenn eine so umfangreiche und bedeutende Veränderung der Mitarbeiterentwicklungsverfahren bevorsteht. Denn man muss auch im Kopf behalten, dass man Managern und Führungskräften abverlangt, ihre Haltungen und Denkmodelle im Zuge dieser Neuerungen erheblich zu überdenken.

Über das Sammeln von Erfolgsgeschichten hinaus kann man Manager und Führungskräfte bitten, ihre eigenen MCC-Profile auszufüllen. Wie in den Anfangs- und Schlusskapiteln dargestellt ist, haben alle Mitarbeiter, Sie selbst inbegriffen, schon ein MCC-Profil. Es ist wahrscheinlich nur so, dass niemand bewusst mit dieser Terminologie darüber nachdenkt. Stattdessen nehmen Mitarbeiter stillschweigend an, dass alle anderen sich ohne Ausnahmen auf der traditionellen Karriereleiter nach oben gearbeitet haben. Wenn man all die unterschiedlichen Wahlmöglichkeiten erkennt, die überall um einen selbst herum von Kollegen getroffen wurden, sieht die MCC auf einmal weit weniger revolutionär und eher wie eine natürliche Entwicklung aus.

Die drei gerade besprochenen Themen sind alle notwendig, damit sich das Unternehmen erfolgreich auf den Erhalt und das Wachstum seines Werts hin orientieren kann: (1) den breiteren Kontext durchzudenken, um die Wirtschaftlichkeitsrechnung überzeugend und vollständig darstellen zu können; (2) anderen höheren und mittleren Führungskräften die Wirtschaftlichkeitsrechnung in einer Weise darzubieten, die ihre Zustimmung und ihr volles Engagement sicherstellt; und (3) Widerstand zu überwinden, indem man erfolgreiche Vorreiter der MCC und betriebsinterne Rollenmodelle mit formloser MCC findet.

Während der betrieblichen Umstrukturierung zum Karrieregitter wird das Unternehmen auf jeden Fall vielerlei Herausforderungen begegnen. Für den Rest dieses Kapitels wollen wir daher Klartext über die MCC reden und die Hauptelemente für eine erfolgreiche Einführung hervorheben.

Klartext über die MCC

»Unter dem Wesentlichen kann man keine Prioritäten bestimmen« ist der kluge Rat, den Beratungsoffiziere und Professoren künftigem Führungspersonal der Armee an der US-Militärakademie West Point geben.[3] Aufgrund unserer eigenen Erfahrungen sind wir uns jedoch bewusst, dass es Situationen geben wird, welche die MCC davon abhalten können, ihr Potenzial voll auszuschöpfen. Aus diesem Grunde gehen wir im Folgenden auf die unserer Ansicht nach häufigsten Probleme und deren mögliche Lösungen ein, damit Sie wissen, was Ihnen bevorstehen mag.

Kontinuität ist nicht gleich Konformität

Die MCC wird sich, wie schon mehrmals angeschnitten, in jedem Unternehmen unterschiedlich entwickeln. Die Skalenendpunkte der vier Karrieredimensionen und vielleicht sogar die Karrieredimensionen an sich sollten speziell auf das eigene Unternehmen zugeschnitten werden. Was zum Beispiel ist in Ihrem Unternehmen ein volles Arbeitspensum? Für Wissensarbeiter kann dies ein ganzes Spektrum verschiedener Arbeitszeiten sein, die praktisch die Arbeitsanforderungen verschiedener Positionen widerspiegeln. Dieses Arbeitszeitspektrum kann außer den Grundverpflichtungen sogar zusätzliche Erwartungen, wie Anwerbung neuer Mitarbeiter, Aktivitäten zur Verbesserung des Arbeitsklimas, Mitarbeit bei gemeinnützigen Programmen und so weiter, beinhalten. Man muss daher sicherstellen, dass für jede Dimension eine maßgeschneiderte Definition erarbeitet wird.

Ebenso wie diese maßgeschneiderten Definitionen sollten auch die Endpunkte der Skalen in Zusammenarbeit mit den dazu gehörenden Unternehmensbereichen festgelegt werden. Dies bietet Spielraum für die jeweilige Beschaffenheit verschiedener Unternehmen oder Unternehmensbereiche, die differierende Karrierewege, Karrierewünsche und auch Einschränkungen mit sich bringen können. Man muss also ein praktikables Gleichgewicht zwischen zwei Aspekten finden: (1) Konformität zwischen verschiedenen Unternehmensbereichen, um die Organisation der MCC und Jobwechsel von Bereich zu Bereich zu erleichtern, und (2) das System so maßzuschneidern, dass es die speziellen Bedürfnisse verschiedener Unternehmensteile erfüllt. Als Faustregel sollte man die Dimensionen im ganzen Unternehmen einheitlich halten, aber die Skalenendpunkte den spezifischen Erfordernissen des jeweiligen Bereichs anpassen. Strenge unternehmensweite Konformität ist nicht nötig; die MCC ist schließlich ein System zur individuellen Karriereanpassung. Das System der MCC ist so angelegt, dass es höchst flexibel ist und innerhalb gewisser Grenzen den Gegebenheiten unterschiedlicher Unternehmensbereiche angeglichen werden kann. Die Implementierung wird erfolgreicher verlaufen, wenn sie in diesem Sinne angegangen wird.

Dies mag zwar zunächst nach einer anstrengenden Aufgabe aussehen, aber viele Unternehmen müssen nicht bei null anfangen. Im Allgemeinen werden Dimensionen und Endpunkte ziemlich intuitiv unter der Leitung derer, die am meisten über die Arbeitsweise des Unternehmens wissen, festgesetzt. In Kapitel 5 erläuterten wir, wie und warum das Pilotprojekt-Team der zweiten Runde die Endpunkte und weitere Skalenpunkte definierte.

Nach oben, nach unten und wieder zurück

Um die Vorteile der MCC voll auszuschöpfen, muss man innerhalb jeder Dimension Bewegungsfreiheit ermöglichen. Wenn Wahlmöglichkeiten jedoch in eine Sackgasse führen, da sie den Mitarbeiter nicht zu seiner bisherigen Einstellung zurückkehren lassen, werden sie nicht funktionieren. Innerhalb der Dimension Geschwindigkeit zum Beispiel muss man sowohl durchdenken, wie Mitarbeiter ihre Karriere beschleunigen als auch sie verlangsamen können – wie die zweite Runde des Deloitte-Pilotprojekts zeigte. Im Folgenden muss man dann Mitarbeitern, die eine langsamere Einstellung wählten, auch eine Rückkehr zur normalen Geschwindigkeit ermöglichen und sie in der Zukunft, wenn sie das wünschen, auch beschleunigen lassen.

In vergleichbarer Weise ist es bei der Dimension Position hilfreich, Mitarbeiter bei Versetzungen von einem Unternehmensbereich in einen anderen – und wieder zurück – zu unterstützen. Man könnte zum Beispiel von einer Linien- in eine Stabsposition wechseln und dann wieder zur Linie zurückkehren. Manche Unternehmen sind solchen Seitwärtsbewegungen gegenüber gar nicht offen eingestellt, während es bei anderen, wie etwa General Electric, als Grundkompetenz gilt. Noch andere Firmen sind offen für Stellenwechsel innerhalb des Unternehmens, aber haben nur wenige oder gar keine Verfahren, um Mitarbeitern beim Finden geeigneter innerbetrieblicher Positionen zu helfen. Kurz gesagt braucht man zur Schaffung einer Denkhaltung, die zu dem neuen Karrieregitter passt, auch gewisse Verfahren und eine Infrastruktur, um interne Bewegungen zu unterstützen.

Man kann sogar noch einen Schritt weiter gehen, als Mitarbeitern nur die Option zu bieten, Stellen zu verlassen und wieder zu ihnen zurückzukehren, oder die Dimensionen für Geschwindigkeit oder Arbeitspensum höher oder niedriger einzustellen. Man sollte sich durchaus überlegen, auf welche Weise man es seinen Angestellten ermöglichen kann, das Unternehmen zu verlassen und danach wieder zurückzukommen. Deloitte zum Beispiel hat ein Programm namens *Personal Pursuits*, »persönliche Beschäftigungen«, das es Mitarbeitern, die Arbeitsdauer- und Leistungskriterien erfüllen, erlaubt, ihre Stelle zu kündigen und dennoch mit dem Unternehmen verbunden zu bleiben, sodass sie ihre beruflichen Netzwerke bis zu fünf Jahre aktiv und auf dem neuesten Stand halten können. Die Aktivitäten innerhalb dieses Programms sind breit gefächert: fortlaufende Betreuung und Mentorverhältnisse; die Möglichkeit, an beruflichen Weiterbildungen und Programmen zur Entwicklung spezifischer Fähigkeiten teilzunehmen; sicherzustellen, dass berufliche Qualifikationen auf dem neuesten Stand bleiben; und oftmals sogar Einladungen zu jährlichen Betriebsfeiern. Diese Unterstützung ist fortlaufend – es sei denn, der frühere Mitarbeiter nimmt anderswo eine Stelle an.

Für die Teilnehmer bietet Personal Pursuits eine Lösung für das schwierigste Problem, das ein Ausstieg aus dem Arbeitsmarkt mit der Absicht, später wieder einzusteigen, mit sich bringt: auf dem neuesten Stand zu bleiben und seine Netzwerke nicht zu verlieren. Bei Deloitte bildet Personal Pursuits ein Reservoir für erfahrene potenzielle Wiedereinsteiger, die das Unternehmen gut kennen und die das Unternehmen gut kennt. Darüber hinaus bietet es für gegenwärtige Mitarbeiter Optionswert – das beruhigende Gefühl, dass sie, wenn sie denn müssen, eine komplette Auszeit nehmen, dann aber wieder ins Unternehmen einsteigen können.[4]

Qualifizierte Mitarbeiter zu ermutigen, aktiv im Unternehmen involviert zu bleiben, selbst wenn sie zeitweilig nichts produktiv beisteuern können, hat positive Auswirkungen auf die vier Hebel der Unternehmenswerttreiber.

Die MCC schafft Möglichkeiten, keine Anrechte

Wie bei den meisten Neuerungen wird es eine Weile dauern, bis sich das Karrieregitter im Unternehmen eingespielt hat – also bis das ganze Unternehmen versteht, was die MCC wirklich ist, aber auch, was sie nicht ist. Dies ist wichtig, denn Missverständnisse können entstehen, wenn vereinzelte Mitarbeiter die MCC fälschlicherweise als ein System voller Anrechte interpretieren und der Ansicht sind, sie dürften jetzt ihre eigenen Regeln aufstellen – ohne Rücksprache oder Rücksicht auf ihre beruflichen Anforderungen und die Bedürfnisse des Unternehmens.

Die MCC ist ganz im Gegenteil, sowohl im Geiste wie in der Form, ein Karriere-Enabler. Sie ermöglicht Karrieren auf vielerlei Weisen: Zum Beispiel indem sie neue Möglichkeiten eröffnet, wie Karrieren aufgebaut und aufrechterhalten werden; indem sie Optionen und die damit verbundenen Kompromisse transparent macht; und indem sie Mitarbeiter mittels eines neu geschaffenen Gefühls der Loyalität und Unternehmensverbundenheit hält. Während die MCC ein auf Kooperation beruhendes Verhältnis zwischen Arbeitgeber und Mitarbeiter schafft, heißt das nicht »erlaubt ist, was gefällt«.

Dieses Missverständnis kam in der zweiten Runde des Pilotprojekts auf. Damals schlossen mehrere jüngere Mitarbeiter, die noch dabei waren, die Arbeitsregeln zu lernen, fälschlicherweise, dass die MCC ihnen quasi eine Blankovollmacht ausstellte, diverse Aspekte ihrer Jobs selber zu entscheiden. Unser Ratschlag diesbezüglich ist: Man muss die Absichten der MCC klar und wiederholt kommunizieren und die Erwartungsebene festsetzen. Wenn man die Neigung dieser Minderheit, während des Änderungsprozesses Anrechte für sich herauszuschinden zu wollen, kennt und auf der Hut davor ist, wird man diese übereifrigen Gefährten schon unter Kontrolle halten können.

Die MCC hat ihre eigene Sprache

Wir haben mittlerweile sicherlich verdeutlicht, dass die MCC sich weder nur an Frauen richtet noch lediglich das Thema Arbeit/Privateben behandelt. Wir haben jedoch beobachtet, dass als generelle Tendenz die MCC zu stark nur mit flexiblen Arbeitszeitregelungen und der Arbeit-Privatleben-Thematik assoziiert wird. Diese Ansicht ist nicht hilfreich, da die MCC eine Weiterentwicklung flexibler Arbeitssysteme ist, und da ein Großteil des praktischen Nutzens der MCC verloren geht, wenn man sie nur als Erweiterung betrachtet. (Erinnern wir uns an dieser Stelle an die Mängel flexibler Arbeitssysteme, die im Abschnitt »Die Wahrheit über flexible Arbeitszeitregelungen« behandelt wurden. So sind sie zum Beispiel oftmals Zugeständnisse für unmittelbar drohende private Krisen und führen die Karriere vielfach in eine Sackgasse.

Wir würden daher dringend empfehlen, dass man bestehende flexible Arbeitszeitregelungen und das weitaus strukturiertere System der MCC deutlich voneinander trennt, damit diese Abgrenzung und Zuwendung zur MCC auch in den Köpfen geschieht, ohne all die Probleme flexibler Arbeitssysteme als Ballast mitzuschleppen. Die Wortwahl hat sich hierbei als wertvolles Hilfsmittel erwiesen. Wir haben es das ganze Buch hindurch bewusst vermieden, das Wort Flexibilität im Zusammenhang mit der MCC zu verwenden. Wir halten Flexibilität für ein gutes Konzept und sogar für ein gutes Wort, aber es ist wichtig, dass man so klar wie irgend möglich herausstellt, dass die MCC sich grundlegend von flexiblen Arbeitssystemen unterscheidet. Anstelle von Flexibilität haben wir daher lieber über

Optionen, Wahlmöglichkeiten, Anpassbarkeit und Elastizität gesprochen – und in gleichem Sinne auch über *career-life-fit* (Karriere-Privatleben-Harmonie) statt über *work-life-balance* (Arbeit-Privatleben-Ausgewogenheit). Diese Änderungen in der Wortwahl scheinen zwar subtil oder geringfügig, aber in ihrer Gesamtheit können sie durchaus bedeutende Wirkung haben.

Die Bedeutung des Zeitaufwands

Man muss fairerweise zugeben, dass die MCC hohe persönliche Interaktion erfordert. Sie stellt enorme Anforderungen an die Zeit, die Führungskräfte aufwenden, um ihre Angestellten kennen zu lernen, sinnvolle Karrieregespräche zu führen und Optionen zu suchen und nach Maß zu arrangieren, was sowohl für das Unternehmen als auch für den individuellen Mitarbeiter die bestmögliche Lösung darstellen. Ein zehnminütiges Treffen einmal pro Jahr kann dies einfach nicht leisten. Wenn die MCC zu einer Art Fragebogen zum Ankreuzen reduziert wird, vermindern sich ihre Leistungsfähigkeit und ihr Nutzen drastisch.

Obwohl die MCC die Struktur bietet, muss man darüber hinaus auch sicherstellen, dass man seinen Managern den richtigen Anreiz bietet, um genug Zeit zu investieren, damit die Umsetzung der MCC auch erfolgreich verläuft. Wenn man diese Investition für zu teuer hält, ist es an der Zeit, sich zu fragen, ob man motiviert genug ist, die nötigen Veränderungen auch durchzusetzen. Wenn man aber die Auswirkungen der konvergierenden Belegschaftstrends aus dem Blickwinkel der EVM betrachtet, sieht es wahrscheinlich eher so aus, dass Unternehmen es sich nicht leisten können, diese Anreize nicht zu bieten.

Die Bedeutung der Wahrheit

Ambitionierte, leistungsfähige Mitarbeiter wollen für Unternehmen arbeiten, die ihre Karrieren ernst nehmen und ihnen im Lauf der Zeit ein breites Spektrum an reizvollen Möglichkeiten bieten. Firmenleiter sagten uns gegenüber oft: »Ich brauche so viele Mitarbeiter wie möglich, die nicht nur ambitioniert sind, sondern diese Ambitionen auch hier, in dieser Gruppe, in diesem Unternehmen erfüllen wollen.« Und Angestellte schrieben in den Umfragen, die wir untersuchten: »Das wichtigste Mittel, mit dem das Unternehmen seine Beziehung mit mir stärken kann, ist es, Interesse an meiner Karriereentwicklung zu zeigen, und zwar auf einer persönlicheren Ebene durch gute Mentorenprogramme.«

Selbst wenn Manager aber genug Zeit aufbringen könnten, wissen wir, dass einfach nicht jeder von ihnen gut im Zuhören oder im Entwerfen der bestmöglichen Lösung für den jeweiligen Mitarbeiter und infolgedessen für das Unternehmen ist, besonders wenn hierbei Karriere, Arbeit und Privatleben ganzheitlich in Einklang gebracht werden müssen. Im Frühstadium ist es wahrscheinlich, dass viele Manager und Mitarbeiter sich unwohl fühlen oder es ihnen sogar etwas peinlich ist, ihre Pläne und die Hindernisse dafür offen zu diskutieren. Zugegebenermaßen können wir ihnen dies nicht einmal verdenken, denn solche Gespräche sind für beide Seiten Neuland und werfen für alle Beteiligten Fragen auf, zum Beispiel inwieweit Mitarbeiter sich anvertrauen möchten, und auch, welche Fragen Manager von einem gesetzlichen Standpunkt aus überhaupt stellen dürfen.

Obwohl verbesserte Besprechungen von Karrierewegen und der generellen Karriereentwicklung mittels größerer Praxis und eines gemeinsamen Wortschatzes einen großen Teil des potenziellen Nutzens der MCC darstellen, passiert dies nicht von selbst. Man muss ganz im Gegenteil Managern wie auch Angestellten beibringen, wie solche Gespräche funktionieren. Wofür soll man sich den Aufwand machen? Ein Unternehmen mit individualisierter Karriereentwicklung ragt auf dem Arbeitsmarkt aus der Masse heraus. Außerdem wird die MCC längerfristig zu größerer Loyalität führen, da sie den Wert persönlicher, individualisierter Verhältnisse zwischen Unternehmen und Angestellten betont.

Die MCC als Teil des Ganzen

Die MCC muss also in bestehende Mitarbeiterentwicklungsverfahren eingebettet werden. Der Grund hierfür ist, dass die MCC ein System ist, um nicht traditionelle, nicht geradlinige Karrierewege als normalen Unternehmensalltag umzudefinieren. Um die MCC umzusetzen muss man sich also von der Idee trennen, dass nicht traditionelle Karrierewege auf Sonderregelungen beruhen. Für eine solche Änderung einer gesamten Denkhaltung kann die MCC nicht als eigenständiges, separates Programm angesehen werden, das parallel zu der bestehenden Routine hinsichtlich Karrierebesprechungen existiert.

Unserer Erfahrung nach liegen die wichtigsten Integrationspunkte für die MCC in den Bereichen Zielsetzung, Leistungsbewertung, Entlohnung und Boni sowie bei der Nachfolgeplanung. Es gibt aber auch andere Punkte, an denen die MCC nutzbringend integriert werden kann: bei Planung, Zeitplanung und Einsatz des Personals sowie bei Fortbildungs- und Entwicklungsmaßnahmen. Wie anhand des Beispiels des Festplattenrekorders gezeigt wurde, werden Unternehmen im Lauf der Zeit neue Möglichkeiten finden, um das ganze Spektrum von Mitarbeiterentwicklung und betrieblichen Verfahren zu überprüfen – oder ganz neu zu erfinden.

Erfolg ist relativ

Leistungsstarke, ambitionierte Mitarbeiter wollen für ihre Arbeit anerkannt werden, selbst wenn nicht all ihre Dimensionen hoch eingestellt sind. Angestellte verstehen, dass die Bezahlung vom Arbeitspensum abhängt, dass also zum Beispiel ein Arbeitspensum von 75 Prozent mit 75 Prozent des vollen Gehaltes entlohnt wird. Sie können aber nicht verstehen, warum ihre Leistungsbewertungen automatisch niedriger ausfallen, sei es durch betriebliche Regelungen, oder weil es einfach so üblich ist, wenn sie ein anderes Arrangement als durchgängige Vollzeitarbeit wählen.

Man muss sicherstellen, dass Leistung nach relativen Maßstäben bewertet wird – das heißt, ob ein Mitarbeiter relativ zu seinen gegenwärtigen Zielen, die mit seinem MCC-Profil in Einklang stehen sollten, überdurchschnittliche Leistungen erzielt hat. Ohne eine solche Maßstabsänderung werden die Vorteile der MCC an den Rand gedrängt. Viele Mitarbeiter legen mehr Wert auf Anerkennung für ihre proportionalen Leistungen als auf Geld.

Zweifelsohne wird die Versuchung bestehen, die MCC als einen Bonus oder eine Belohnung für die Leistungsstärksten anzusehen. Wenn man Zulassungskriterien festlegt, kann man das System der MCC auf die Teile der Belegschaft ausrichten, die dem Unternehmen den größten Nutzen bringen. Gleichzeitig jedoch geht man hierbei das Risiko ein, dass sich Mitarbeiter ausgeschlossen fühlen, die vielleicht von Änderungen der Norm am meisten profitieren würden. Es ist daher dringend nötig, Leistungsaspekte von MCC-Entscheidungen zu trennen. Dies kann sich bei Mitarbeitern am unteren Ende des Leistungsspektrums zum Beispiel so gestalten, dass Manager die Entscheidungsgewalt haben, schwächeren Angestellten solche Optionen innerhalb der MCC-Dimensionen zu verwehren, die größere Autonomie und Belohnungen mit sich bringen würden.

Die Messung des Erfolgs

Da während der Implementierung der MCC nichts konstant bleibt, ist es bei der Messung des Erfolgs mit Momentaufnahmen davor und danach nicht getan. Stattdessen wird sich die Gesamtwirkung nach und nach entfalten – über einen langen Zeitraum hinweg. Letztlich wird das Maß des Erfolgs sein, ob Mitarbeiter mit verschiedenen MCC-Profilen im Unternehmen gedeihen und mit der Zeit aufsteigen, da sich die MCC im Endeffekt darum dreht zu verändern, wie Karrieren aufgebaut werden.

Da Karrieren aber nicht an einem Tag – oder in einem Jahr – aufgebaut werden, sollte man seine eigenen Kriterien entwerfen, um zu verfolgen, inwieweit die MCC im Unternehmen Fuß gefasst hat. Als frühen Indikator kann man die Anzahl der Führungskräfte und Linienmanager nutzen, die sich für MCC-Experimente melden. Ein weiteres Kriterium könnte die Qualität und Häufigkeit der Karrieregespräche sein, wie es sich in der zweiten Runde des Pilotprojekts ergab. Führt das MCC-System zu robusteren Besprechungen? Sind Manager der Ansicht, sie haben die richtige Terminologie und genug Informationen, um diese Gespräche mit wachsendem Selbstbewusstsein anzugehen? Haben die Mitarbeiter das Gefühl, dass sie alles bekommen, was sie brauchen, und dass ihre Vorgesetzten ihnen zuhören?

Wenn das Unternehmen in der Implementierung der MCC etwas weiter fortgeschritten ist, kann man die Werte für das Mitarbeiterengagement, die in internen Umfragen unter den Angestellten angegeben werden, als Kriterium benutzen. Fühlen sich die Mitarbeiter dem Unternehmen gegenüber stärker verbunden und engagierter? Hat sich der Wandel vollzogen, dass ambitionierte und engagierte Mitarbeiter nun bei Ihrem Unternehmen erfolgreich und engagiert sein wollen?

Im Hinblick auf den Erhalt von Personal: Hat sich der Anteil der leistungsstärksten Mitarbeiter, die dem Unternehmen erhalten bleiben, erhöht? Und in welchem Maße nimmt die Bedeutung der Thematik Arbeit/Privatleben als Kündigungsgrund in Abgangsgesprächen und ähnlichen Datenquellen ab? Im Gegensatz hierzu kann man auch fragen, ob die Rekrutierungskosten sinken. Zieht das Unternehmen hochwertigere Mitarbeiter an als zuvor, da die MCC es attraktiver macht? Inwiefern hat die MCC die Marke auf dem Arbeitsmarkt prominenter gemacht?

Da eine motivierte Belegschaft auch offensichtlichere betriebliche Kriterien nach sich zieht, wie zum Beispiel höhere Kundenzufriedenheit und Kundentreue, it es wichtig, auch diese zu messen. Die EVM kann diesbezüglich ein nützliches Werkzeug darstellen.

Robert Frost war Lehrer im Ruhestand, als er Gedichte zu schreiben begann. Als ihn einer seiner Schüler fragte, warum er nach so langer Zeit etwas so Grundverschiedenes ausprobieren wollte, antwortete er: »Weil die Menschen im Voraus ohne Beweis an mich glaubten.«

Glauben Sie daran und ernten Sie den Lohn, bevor Sie Beweise haben! Wir sind uns sicher und glauben, dass Sie uns mittlerweile zustimmen werden, dass eine ganze Dekade von Beweisen für die positiven Auswirkungen der MCC beinahe schon in Sichtweite ist. In zehn Jahren wird sich bestimmt der substanzielle Marktvorteil in den jeweiligen Branchen eben der Wissensunternehmen gezeigt haben, die MCC-Prinzipien und -Verfahren methodisch umsetzten und sich so zu Karrieregitter-Unternehmen entwickelten.

In diesem Kapitel konzentrierten wir uns darauf, wie wichtig es ist, dem Unternehmen mittels einer Wirtschaftlichkeitsrechnung, welche die Bedeutung der Entwicklung zum Karrieregitter deutlich darstellt, eine klare Richtung zu geben. Wir führten auch mehrere mögliche Gefahren und Hindernisse an, die überwunden werden müssen, und beschrieben mögliche Lösungen dazu. In unserem letzten Kapitel werden wir einige gute Beispiele von MCC-ähnlichen Denkansätzen und Aktivitäten bieten, die schon dabei sind, den modernen Arbeitsplatz zu transformieren. Außerdem werden wir vier bedeutende Herausforderungen in Sachen Belegschaft untersuchen, von denen wir glauben, dass sie sich auf der Strategieagenda marktführender CEOs ganz oben bewegen werden – oder es in vielen Fällen jetzt schon tun.

Kapitel 7
Das Leben mit dem Karrieregitter

Nichts ist so unglaublich ungewohnt wie das Gewohnte,
das sich am Ende einer Reise offenbart.
Cynthia Ozick

Alle Unternehmen passen sich Veränderungen an oder tragen die Konsequenzen der Stagnation. Das kann Triviales betreffen, wie zum Beispiel
das Ritual des Geschäftsessens. Bis in die frühen 80er Jahre wurde es oft
von Mitarbeitern erwartet, dass sie mit Kunden geruhsame Geschäftsessen
mit drei Martinis einnahmen. Heutzutage würde kaum ein Unternehmen
überhaupt daran denken, den Alkoholkonsum seiner Mitarbeiter bei Treffen mit geschätzten Kunden vorzuschreiben.

Veränderungen können aber auch Wichtiges betreffen, wie zum Beispiel
die Technologien, die beeinflussen, wie, wo und wann wir arbeiten. Als das
Internet in der Mitte der 90er Jahre allgemein zugänglich wurde, stuften es
viele Unternehmen als eine Ablenkung ein und gaben ihren Mitarbeitern
keinen Zugang dazu.[1] Heutzutage verweigern nur wenige weltweite Unternehmen ihren Wissensarbeitern den Zugang zum Internet, selbst wenn sie
mit sich ringen, wo sie die Grenze zum Internetzugang ziehen sollen.

Unternehmen, die mehr tun als sich nur anzupassen, die bei den Veränderungen ganz vorne mitmischen anstatt hinterherzuhinken, sind am besten in der Lage, nicht nur zu überleben, sondern sogar zu gedeihen. Wir
haben dargestellt, wie das fest verwurzelte System des Karrierefortschritts
mittels der Karriereleiter von einer Vielzahl neuer Entwicklungen unter
Druck gesetzt wird: demografische Veränderungen der Belegschaft, der
Wandel zur Wissensgesellschaft, neue Familienstrukturen, die Entwicklung
technologischer Voraussetzungen und die Natur der Arbeit selbst.

Die Anzeichen hierfür sind schon allgegenwärtig: Männer der Generationen X und Y, deren Arbeitstag von den Öffnungszeiten des Kindergartens

abhängt; Frauen, die ihre Arbeit aufgeben und dann wieder anfangen, zu arbeiten, aber etwas anderes machen als zuvor; Uni-Absolventen, die problemlos ihre Stellen aufgeben, um ein persönliches Abenteuer zu erleben, und dann wieder zur Arbeit zurückkehren, um weiterzumachen, wo sie aufgehört haben. Diese Faktoren gewinnen nicht nur jeweils alleine an Bedeutung, sondern sie konvergieren, was eine schwerwiegende Diskrepanz zwischen der Natur der Belegschaft und der Struktur des Arbeitsplatzes nach sich zieht.

Wir sind der Überzeugung, dass ein Gittermodell für die Karriereentwicklung am Entstehen ist, das eine neue Methode bietet, um den Arbeitsplatz so umzustrukturieren, dass er zur Belegschaft passt. Die Gitterstruktur erlaubt naturgemäß Bewegungsfreiheit in verschiedene Richtungen und in jeder Größenordnung. In unserem Fall erlaubt eine Gitterstruktur Mitarbeitern, sich in verschiedene Richtungen zu bewegen, während sie ihre Karrieren aufbauen, ohne auf die binären Entscheidungen »hoch oder runter« beziehungsweise »darauf oder nicht darauf« treffen zu müssen, welche die Karriereleiter ausmachen. Wenn sie mit dieser »Entweder-Oder«-Entscheidung konfrontiert sind, entscheiden sich zu viele hoch leistungsfähige Mitarbeiter mit extremem Potenzial, die Leiter zu verlassen – und ihre Ausbildung, ihr Wissen und ihre Erfahrung mitzunehmen. Wie in Kapitel 3 dargestellt, wird es dann außerdem für alle Beteiligten schwierig, wenn die Person wieder auf die Leiter hinaufgelangen möchte.

Im Gegensatz dazu eröffnet das firmeninterne Karrieregitter hoch leistungsstarken Mitarbeitern mit hohem Potenzial Alternativen, um nicht nur kurzfristig zum Erreichen strategischer Prioritäten beizutragen, sondern dem Unternehmen in einer Weise verbunden zu bleiben, die es ihnen ermöglicht, sich langfristig einzubringen. Das Modell des Karrieregitters baut auf der pragmatischen Idee auf, dass es bei weitem einfacher ist, Mitarbeiter innerhalb des Systems zu behalten, als sie aussteigen und Jahre später wieder einsteigen zu lassen. Es baut darüber hinaus auf einer damit verbundenen Einsicht auf: Die Karriereentwicklung in Wissensunternehmen wird in zunehmendem Maße einer Sinuskurve ähneln, deren steigende und fallende Phasen dem Engagement der Mitarbeiter entsprechen.

Im Folgenden führten wir das Konzept der individualisierten Karriereentwicklung mittels der Mass Career Customization (MCC) ein, dem System, das Unternehmen hilft, sich in Karriereegitter-Organisationen zu verwandeln. Innerhalb der letzten Jahrzehnte begriffen viele Firmen, dass die Individualisierung des Einkaufsvorgangs gut für das Geschäft ist. Wir wandten dieses beliebte und einträgliche Konzept der freien Wahl zwischen vorgefertigten Angeboten auf den Arbeitsplatz an. Die MCC bildet das Fundament, auf dem Unternehmen eine neue unternehmensweite Glaubwürdigkeit bei ihrer Belegschaft aufbauen können. Wir wählen hier das Wort Glaubwürdigkeit, da die MCC Transparenz, Verständlichkeit und der Respekt für eine Vielzahl möglicher Karrierewege zur Firmenpriorität erhebt. Das Wort unternehmensweit benutzen wir, da im Rahmen der MCC alle Mitarbeiter an einem durchgängigen Prozess teilnehmen, der ihre Denkhaltung so ändert, dass bisherige Ausnahmen und Sonderregelungen zum Standard werden.

Die MCC ist ein System, das Regeln unterworfen ist, aber dennoch Handlungsspielraum bietet. Sie ist so angelegt, dass sie betriebliche Veränderungen nicht nur vorhersieht, sondern aktiv vorantreibt. Bei der Transformation mittels der MCC-Prinzipien und -Verfahren, die Führungsrolle zu übernehmen, erfordert Weitblick volles Engagement, wobei die neun Aspekte im Abschnitt »Klartext über die MCC« im vorigen Kapitel praktische Ratschläge bieten, um die Implementierung erfolgreich nachzu vollziehen. Wir stimmen mit vielen Wissenschaftlern überein, dass es eine Grundkompetenz herausragender Unternehmensführer ist, ihre Firma anpassungsfähig zu machen und sie effizient zu leiten. »Wir sind der Meinung, dass die einzige Methode, um die Anpassungsfähigkeit von Unternehmen sicherzustellen, darin besteht, sie schon mit Blick auf Veränderbarkeit zu entwerfen, also Organisationen zu schaffen, die offen für Veränderungen sind«, sagen die Autoren Edward E. Lawler III und Christopher G. Worley vom Center for Effective Organizations an der University of Southern California.[2]

In ihrem Buch aus dem Jahr 2006, *Built to Change: How to Achieve Sustained Organizational Effectiveness*, integrieren Lawler und Worley einige Aspekte des Karriereregittermodells in ihren Entwurf von »für Änderungen entworfenen« Unternehmen (im Original *built-to-change* oder auch *b2change* genannt).[3] Im Moment haben zum Beispiel bis zu 60 Prozent der Manager in Großunternehmen keine Ahnung, ob ihr Name innerhalb der firmeninternen Nachfolgeplanung für Führungskräfte vorkommt. Ein noch höherer Prozentsatz weiß nicht, welche Position sie auf der Rangliste dieser Pläne einnehmen. Geheimnistuerei bei der Entwicklung von Führungspersonal und bei Beförderungsverfahren passt »gut in eine Welt patriarchalischen Managements und hierarchischer Befehlsstrukturen«, schließen Lawler und Worley. Sie finden aber, diese Geheimnistuerei sei in anpassungsfähigeren, modernen Unternehmen fehl am Platz, bei denen »ein bedeutender Vorteil von Regelungen, die Transparenz und Offenheit anstreben«, darin liege, dass »sie es Individuen erlauben, ihre Karrieren selbst zu lenken«.[4] Dem stimmen wir zu, gehen aber noch einen Schritt weiter, da unserer Meinung nach Karrieren am produktivsten durch eine enge Zusammenarbeit zwischen Mitarbeitern und Unternehmen aufgebaut werden.

Die Einzelgespräche zwischen Vorgesetzten und Mitarbeitern zum Thema der vier Dimensionen – Geschwindigkeit, Arbeitspensum, Arbeitsort/Arbeitszeiteinteilung und Position – sind die unabdingbare Voraussetzung für das System der MCC. Diese vier Dimensionen stellen eine gemeinsame Sprache bereit, um Unterhaltungen über den Karrierefortschritt zu strukturieren, und schaffen dadurch Kontinuität und Transparenz.

Für Vorgesetzte bieten diese Gespräche auch einen regelmäßigen, offiziellen Mechanismus und Wortschatz, um Geschäftsziele und Prioritäten innerhalb der Zielsetzung mit ihren Angestellten durchzugehen. Darüber hinaus können sich Vorgesetzte mittels der MCC ein klareres Bild von ihren Ressourcen verschaffen, um Aspekte der Stellenbesetzung besser vorherzusehen und die Mischung der Belegschaft hinsichtlich ihrer Stärken optimal den Änderungen von Strategien und Zielsetzungen anpassen zu können.

Die Mitarbeiter erhalten durch diese Gespräche auf jeden Fall die Gelegenheit, mittels Änderungen in ihrem MCC-Profil ein ausgewogenes Verhältnis von Arbeits- und Privatleben zu erreichen. Man kann mit Sicherheit annehmen, dass zu jedem beliebigen Zeitpunkt die MCC-Profile der meisten Mitarbeiter, nach unserer Schätzung sogar von über 90 Prozent, dem heutigen Standard der Fünf-Tage-Woche mit 40 Arbeitsstunden entsprechen werden. Dennoch bietet es Mitarbeitern einen enormen Optionswert, wenn sie wissen, dass ein Model und Verfahren zur Abänderung ihres Profils besteht, wenn dies denn nötig werden sollte. Wir benutzen den Begriff Optionswert, um auszudrücken, dass Mitarbeiter sich bewusst sind, dass sie nicht die Karriereschiene verlassen müssen, wenn sie irgendwann eine der vier Dimensionen neu einstellen müssen.

Karrierestufe 1

Geschwindigkeit	Arbeitspensum	Arbeitsort/ Arbeits- zeiteinteilung	Position
beschleunigt	voll	uneingeschränkt	Führungskraft
verlangsamt	verlangsamt	eingeschränkt	Mitarbeiter

Karrierestufe 2

Geschwindigkeit	Arbeitspensum	Arbeitsort/ Arbeits- zeiteinteilung	Position
beschleunigt	voll	uneingeschränkt	Führungskraft
verlangsamt	verlangsamt	eingeschränkt	Mitarbeiter

Karrierestufe 3

Geschwindigkeit	Arbeitspensum	Arbeitsort/ Arbeits- zeiteinteilung	Position
beschleunigt	voll	uneingeschränkt	Führungskraft
verlangsamt	verlangsamt	eingeschränkt	Mitarbeiter

Karrierestufe 4

Geschwindigkeit	Arbeitspensum	Arbeitsort/ Arbeits- zeiteinteilung	Position
beschleunigt	voll	uneingeschränkt	Führungskraft
verlangsamt	verlangsamt	eingeschränkt	Mitarbeiter

Karrierestufe 5

Geschwindigkeit	Arbeitspensum	Arbeitsort/ Arbeits- zeiteinteilung	Position
beschleunigt	voll	uneingeschränkt	Führungskraft
verlangsamt	verlangsamt	eingeschränkt	Mitarbeiter

Die MCC findet auf formlose Weise schon in vielen Unternehmen statt. Unter wachsendem Druck der neuen Belegschaft haben Manager und ihre Untergebenen eine Reihe von individualisierten, zeitspezifischen Einzelfalllösungen aneinandergehängt, um zu versuchen, ihre Spitzenmitarbeiter zu halten und die wirtschaftlichen Bedürfnisse des Unternehmens zu erfüllen. Im Lauf unserer Studie begegneten wir unzähligen Beispielen von Mitarbeitern, die durch das Wählen niedrigerer oder höherer Einstellungen im Endeffekt, wenn auch unwissentlich, ihre eigenen MCC-Profile schufen. Damit Sie einen Eindruck davon erhalten, welchen Nutzen eine solche Darstellung des Karrierefortschritts bietet, möchten wir Ihnen nun die Gelegenheit geben, Ihr eigenes MCC-Profil und vielleicht auch Profile für Ihre

Mitarbeiter zu entwerfen. Denken Sie daher bitte an den bisherigen Verlauf Ihrer Karriere zurück:

- Welche Stufen haben Sie durchlaufen?
- Inwiefern änderten sich die Einstellungen für die vier Dimensionen von Stufe zu Stufe?
- Inwieweit beeinflussten sich die vier Dimensionen gegenseitig?

In Abbildung 7.1 finden Sie ein leeres MCC-Musterprofil für mehrere Karrierestufen. Nehmen Sie sich bitte einen Moment Zeit, um Ihren bisherigen Karriereverlauf grafisch darzustellen – und vielleicht auch einzutragen, wie Sie sich Ihre weitere Karriereentwicklung vorstellen. Wenn Sie möchten, können Sie dann dasselbe auch für einige oder sogar mit einigen Ihrer Mitarbeiter tun.

Wie wir vermuten, wird die Vielfalt der MCC-Profile, von denen Sie umgeben sind, Sie wahrscheinlich überraschen. Diese kleine Übung sollte es Ihnen leichter machen, mit Mitarbeitern, die Sie leiten und als Mentor betreuen, die Erstellung ihrer momentanen MCC-Profile zu besprechen – und darüber nachzudenken, wie ihre Profile in der Zukunft aussehen könnten. Da sich, aus in diesem Buch schon mehrfach angegebenen Gründen, die Dimensionseinstellungen vieler Karrieren schon heute verändern – sowohl nach oben wie auch nach unten –, ist es jetzt an der Zeit, diesen kurzfristigen Einzelfallregelungen Struktur, Abstufbarkeit und sogar eine eigene Terminologie zu geben.

Die Anpassung des Arbeitsplatzes an die neue Belegschaft

Technologie ist, wie in Kapitel 2 schon dargestellt wurde, einer der sechs konvergierenden Trends, die zu erhöhten Spannungen zwischen der neuen, nicht traditionellen Belegschaft und den starren, veralteten Arbeitsplatzstrukturen führen, die in den meisten Großunternehmen vorherrschen. Vom Breitband bis zum Browser können internetbasierte Kommunikationstechnologien und interaktive Medien auf zahllose Weisen angewendet werden, damit die moderne Belegschaft zu ihrem zunehmend virtuellen und nicht traditionellen Arbeitsplatz die Verbindung aufnehmen und in

Verbindung bleiben kann.[5] Dies gilt besonders für weltweite Unternehmen, die den größten Bedarf an neuen Verfahren haben, welche die Zusammenarbeit erleichtern und die Produktivität steigern.[6]

Die Umorganisation des Arbeitsbereichs

Lassen Sie uns einen Blick auf Cisco-Systems werfen, das weltweit führende Unternehmen im Bereich vernetzter Kommunikationstechnologien mit Einnahmen von 29 Milliarden Dollar im Jahr 2006. Mit 54 000 Mitarbeitern in 70 Ländern betreibt Cisco schon seit Jahren eine Art firmeneigenen Laborversuch, innerhalb dessen mit der Neustrukturierung und Weiterentwicklung des modernen Arbeitsplatzes experimentiert wird. Ciscos Tele-Presence-System zum Beispiel, eine 2006 vorgestellte fortgeschrittene Technologie für Videokonferenzen, wurde in seiner Entwicklung von Cisco-Mitarbeitern getestet, um die Zusammenarbeit über weite Entfernungen zu verbessern.[7]

Das Cisco-Programm für »effektiveres Arbeiten« ist ein Beispiel eines Ansatzes zur Arbeitsplatzinnovation, der sich zu einer ganzen Reihe von Aktivitäten ausweitete, die alle zusammengenommen auf die moderne Belegschaft abzielten. Das Programm wurde inmitten der finanziellen Einbrüche in der Telekommunikations-Industrie eingeführt, unter denen Cisco und viele andere nach dem Platzen der dot.com-Blase im Jahr 2001 zu leiden hatte. Dem ursprünglich zweiteiligen Plan – gleichzeitig Kosten und Risiken zu reduzieren und die Produktivität zu steigern – wurde bald ein dritter Teil hinzugefügt: zu analysieren, wie Ciscos Angestellte effektiver zusammenarbeiten könnten.

Die Projektleiter fanden schon früh heraus, dass Mitarbeiter ein Drittel ihres Arbeitstages nicht an ihrem Schreibtisch verbrachten. Mit anderen Worten standen also zu jedem beliebigen Zeitpunkt immer 33 Prozent des verfügbaren Büroraums leer, und die Kosten für so viel Büroraum waren somit unnötig. Wie aber konnte Cisco diese überflüssigen Ausgaben verringern und gleichzeitig die Produktivität erhöhen? Dieselben Fakten, die auf die große Anzahl leerer Schreibtische hingewiesen hatten, gaben die Antwort: Wenn nämlich die Mitarbeiter nicht in ihren Büros waren, wo hielten sie sich dann auf? Es zeigte sich, dass sie oft in Besprechungen waren, in Einzelgesprächen sowie Besprechungen in kleinen oder großen

Gruppen, zu Konferenzen oder Fortbildungen gefahren waren oder sich vor Ort bei Kunden oder Geschäftspartnern aufhielten. Was aber sollte die Raumaufteilung ersetzen, die nicht mehr zu der steigenden Menge von Gruppenaktivitäten passte? Das Ergebnis war: ein offeneres, flexibleres und anpassungsfähigeres Arbeitsumfeld mit Audio-, Daten- und Video-konferenzsystemen und sogar digitaler Ausschilderung und digitalem Besuchermanagement, die sich damals noch in der Entwicklung befanden.

Innerhalb weniger Monate verwandelte sich Gebäude Nr. 14 von Ciscos Hauptquartier im Silicon Valley quasi in eine Theaterbühne, wo Requisiten und Hintergründe pausenlos auftauchten und wieder verschwanden. Die Stellwände in Großraumbüros wurden entfernt. Offene Bereiche für Gruppenarbeit oder individuelle Laptoparbeit entstanden, die sogar Aufenthaltsbereichen mit Stühlen, Tischen und bewegbaren Raumteilern Platz boten. Unter dem Strich sah das Ergebnis so aus: Das Verhältnis zwischen individuellen und Gruppenbereichen veränderte sich von 90/10 zu 30/70. Konferenzräume für formelle Präsentationen von Teams blieben erhalten, aber in ihrer Nähe kamen kleinere Räume hinzu, in denen Gruppen oder einzelne Mitarbeiter unabhängig arbeiten konnten. Und so weiter … Zu einer 40-prozentigen Verringerung des benötigten Büroraums kamen noch weitere Ersparnisse: Die Vorteile für das Unternehmen beinhalteten zum Beispiel eine 55-prozentige Reduktion bei für die EDV-Infrastruktur benötigten Materialien und eine 54-prozentige Verringerung des Kabelbedarfs.[8]

Dies stellte im Endeffekt ein breit angelegtes Individualisierungs-Projekt, also sozusagen ein Experiment mit Mass Customization mit zahllosen Möglichkeiten innerhalb festgelegter Grenzen dar, bei dem Cisco-Mitarbeiter ihren Bürobereich individuell gestalten konnten. Das Ergebnis war bei den Angestellten so beliebt, dass dem »Plan für effektiveres Arbeiten« eine vierte Zielsetzung hinzugefügt wurde: nämlich qualifizierte Mitarbeiter anzuziehen und zu halten.

Warum? Die extrem positive Reaktion von Cisco-Mitarbeitern verbreitete sich mittels ihrer persönlichen Netzwerke schnell, wodurch sich Cisco einen Ruf als bevorzugter Arbeitgeber an Universitäten und bei den Mitarbeitern konkurrierender Telekommunikationsunternehmen erwarb. Präsentationen und Führungen, die das Konzept und die Leistungen des effektiveren Arbeitens mit einbezogen, wurden zu einem normalen Element bei Unternehmensbesuchen möglicher Bewerber. Im Jahr 2006 kam noch eine fünfte Zielsetzung hinzu – Aspekte der Umweltverträglichkeit beim Aufbau des Systemmanagements einzubeziehen.

Größere Mobilität, weniger Flüge, schnellere Reaktionszeiten, geringere Sicherheitsrisiken, bessere Raumausnutzung und umfangreichere sowie geschicktere Zusammenarbeit zwischen Teammitgliedern an vielerlei Arbeitsorten stellten die Hauptvorteile dar, die innerhalb von Ciscos experimenteller Anpassung des Arbeitsplatzes an die neue Belegschaft identifiziert wurden. »Dies ist die Art und Weise, wie jüngere Mitarbeiter heutzutage arbeiten wollen«, meinte Christina S. Kite, die Vizepräsidentin des Bereichs Global Workplace Resources and Enterprise Risk Management, weltweite Arbeitsplatz-Ressoucen und betriebliches Risiko-Management bei Cisco. »Sie hatten schon als Teenager keine Probleme damit, Videospiele oder sogar Schach online mit jemandem in Polen zu spielen, den sie im Internet getroffen haben.« Eine bessere, leichtere Zusammenarbeit von Mitarbeitern, seien sie nun am gleichen Ort oder an verschiedenen Orten, werde den daraus resultierenden Bedarf an Wasser, Energie und anderen natürlichen Ressourcen verringern, und dieser Umweltaspekt spreche die Generationen X und Y ebenfalls an, sagte sie.[9]

Das Interesse an Ciscos ganzheitlichem Modell eines effektiven Arbeitsplatzes breitet sich schon rapide weltweit aus. So wird zum Beispiel erwartet, dass in Europa die zunehmende Verbreitung von auf Internetverbindungen beruhenden Technologien eine neue Welle von Telearbeitsoptionen und ähnlichen Methoden schaffen wird, um die Ausgewogenheit von Arbeit und Privatleben zu verbessern, in ähnlicher Weise, wie dies in den USA schon geschehen ist.[10]

Die Neustrukturierung von Aufgaben

Es ist aber nicht nur die Beschaffenheit des Arbeitsplatzes, die sich wandelt. Die Struktur von Aufgaben, ihr ganzer Entwurf, wird sich gleichfalls verändern. Seit 2005 hat Leslie A. Perlow, ein Professor für organisationales Verhalten an der Harvard Business School, die Unterteilung von Arbeitsaufgaben in einzelne Module untersucht: »In Anbetracht der steigenden Anzahl von Menschen, die damit kämpfen, sowohl die Anforderungen ihrer Arbeit als auch ihres Privatleben zu erfüllen, stellt sich die Frage: Warum sind Arbeitsaufträge so definiert wie im Moment? Sind die

Aufgaben optimal unter mehreren Individuen verteilt? Könnte die Arbeit produktiver geleistet werden, wenn die Aufgaben unter den beteiligten Mitarbeitern neu aufgeteilt würden? Könnten die Aufgaben so unter Mitarbeitern aufgeteilt werden, dass sie mit optimaler Produktivität erfüllt werden können, ohne dass alle Beteiligten einen Job haben müssen, der hinsichtlich der Arbeitsstunden von gleicher ›Größe‹ ist?«[11]

Perlow erforscht, ob Arbeitsaufträge in viele Gruppen voneinander abhängiger Aufgabenmodule aufgeteilt werden können, die ein Mitarbeiter ausführen soll, statt Aufgaben auf der Basis zu definieren, wie viel Zeit sie in Anspruch nehmen werden. Das Ziel ist es, festzustellen, ob Unternehmen funktionieren können, wenn Angestellte sich Arbeitsaufträge auswählen dürfen, deren jeweilige Anzahl von Modulen zu ihren persönlichen Erfordernissen passt. »Arbeitsaufträge in Gruppen von Modulen umzudefinieren hätte höchstwahrscheinlich sehr positive Auswirkungen sowohl auf die Produktivität des Unternehmens als auch auf die Fähigkeit der Mitarbeiter, ihre Arbeit und ihr Leben außerhalb der Arbeit zu vereinen«, sagt Perlow.[12]

Ihrer Hypothese nach, der wir zustimmen, werden Angestellte immer weniger Flexibilität dabei haben, wie viel Arbeit sie auf jeder Stufe ihrer Karriere leisten. Wenn also Arbeitsaufträge in Modulen definiert und strukturiert wären, würden Unternehmen davon profitieren, da Aufgabenmodule optimal unter den Mitarbeitern verteilt werden könnten. Gleichzeitig würden die Angestellten davon profitieren, denn sie könnten sich aussuchen, wie viele Module sie zu einem beliebigen Zeitpunkt ihres Arbeitslebens annehmen wollen.

Die Nutzung virtueller Netzwerke

Es gibt auch noch andere Trends am Arbeitsplatz, die sich weiterentwickeln und konvergieren. Besonders jüngere Mitarbeiter zeigen einen ausgesprochen starken Instinkt dafür, sich persönliche Netzwerke zu schaffen. Hierbei spielt Technologie eine bedeutende Rolle, die von der Generation Y enthusiastisch aufgegriffen und verbreitet wurde, da sich diese Altersgruppe generell neue Kommunikationstechnologien und Methoden zur Online-Recherche furchtlos zu eigen macht. Soziale Netzwerke wie MySpace und Tauschbörsen für Videos wie YouTube sind von großer Bedeutung, weil sie dazu beitragen, bisherige Begrenzungen der Konnektivität zu beseitigen und Möglichkeiten für Karrieregitter-Unternehmen und für Karrieremobilität auszuweiten.

Lassen Sie uns diesbezüglich einen Blick auf die Entwicklungen bei Citigroup werfen. Bis zum Ende des Jahres 2006 hatte Citigroup 36 Netzwerke seiner Mitarbeiter offiziell anerkannt, wie zum Beispiel thematisch organisierte Gruppen von Frauen, berufstätigen Eltern, Behinderten, Lesben, Schwulen, Bisexuellen, Transgendern und Mitarbeitern afrikanischer, asiatischer und hispanischer Abstammung. In Großbritannien gab es sogar ein multikulturelles Netzwerk namens Roots (Wurzeln).[13] Alle diese Netzwerke wurden von Mitarbeitern ins Leben gerufen, und im Jahr 2006 gehörten schon über 11 000 Citigroup-Angestellte mindestens einem der Netzwerke an, was einem 140-prozentigen Zuwachs in der Mitgliederzahl innerhalb von zwei Jahren entsprach. Was also in erster Linie als Netzwerke, deren Aktivitäten sich auf ihre jeweiligen thematischen Ausrichtungen konzentrierten, begann, entwickelte sich schon bald unerwarteterweise zu einer Art interner Jobmesse, die von den Leitern diverser Unternehmensbereiche dieses weltweiten Finanzdienstleisters zutiefst geschätzt wurde.

Diese Führungskräfte sprechen gerne bei Gelegenheiten wie den »Learn the Business«-Vorträgen, die von vielen der Netzwerke unterstützt werden, sagt Ana Duarte-McCarthy, Leiterin des Bereichs »Diversity im Konzern« (chief diversity officer) bei Citigroup.[14] Diese Treffen bieten den Unternehmensbereichsleitern ein Forum, um auf firmeninterner Basis vor möglichen Bewerbern um einen Stellenwechsel für ihre Strategien, Herausforderungen und Gelegenheiten zu werben. Diese Veranstaltungen sind oft zum Bersten voll, da unter den Mitarbeitern enormes Interesse daran besteht, mehr über mögliche Karrierewege zu erfahren. Dies ist nur ein weiteres Beispiel, das beweist, dass in Unternehmen Karrieregitter schon am Entstehen sind. Duarte-McCarthy erläutert:»Die Mitarbeiter, die an diesen Programmen zur beruflichen Weiterbildung teilnehmen, haben das schon durchschaut. Es ist fantastisch, wie sie selber ihre Karrieren in die Hand nehmen – getrieben von dem Wunsch, mehr Informationen zu erhalten und Teil dieser Netzwerke zu werden, um ihre Hoffnungen Realität werden zu lassen.«

Die MCC ist also einfach ein strukturierteres, sich weiterentwickelndes System, das sich diesen Wunsch nach mehr Information, größerer Transparenz und breiteren Netzwerken zunutze macht. Ebenso wie die individualisierte Massenfertigung mit ihren individuell zugeschnittenen Produkten und Dienstleitungen bei den Kunden ein riesiger Erfolg war, schafft die MCC ein Gefühl der Teilhaberschaft unter Mitarbeitern, indem sie diese aktiv an der Planung ihres eigenen Karriereweges teilnehmen lässt – sogar auf ihrer Teilnahme besteht – und dadurch beinahe nebenbei zu erhöhter Loyalität führt.

Eine formlose MCC gibt es bei Citigroup auch mittels eines interaktiven Onlinesystems, das Mitarbeitern und Vorgesetzten ausschließlich für Einzelbesprechungen über nicht traditionelle Arbeitsarrangements zur Verfügung steht. Dieses Programm wurde im Jahr 2005 eingeführt, nachdem Umfragen von Citigroup herausfanden, dass ein Mangel an Flexibilität zu den Hauptsorgen der Mitarbeiter gehörte. Wenn sie Änderungen der normalen Arbeitszeit von 9 bis 18 Uhr beantragen, beschreiben sie ihre Position, wie sie ihre Arbeit leisten möchten, die Technologien oder spezielle Ausrüstung, die sie benötigen würden, und Ähnliches. Außerdem müssen sie darlegen, welche betrieblichen Auswirkungen sie für ihre Kunden und Kollegen vorhersehen.

Von den Mitarbeitern wird in ihrem Antrag jedoch nicht verlangt und nicht erwartet, dass sie erklären, warum sie ihre Arbeitszeiten ändern wollen. Dies erspart Vorgesetzten die schwierige Entscheidung, welche Gründe akzeptabel sind und welche es nicht sind. Stattdessen beurteilen Vorgesetzte Anträge auf mehr Flexibilität ausschließlich in Hinblick darauf, ob Mitarbeiter den Unternehmensanforderungen weiterhin entsprechen können, wenn der Antrag angenommen wird. Das Resultat ist wie folgt: In den ersten 14 Monaten wurden über 5 000 Anträge gestellt; 66 Prozent wurden angenommen, 9 Prozent wurden abgelehnt, und der Rest werde noch von Managern oder der Personalabteilung bearbeitet, wie Duarte-McCarthy angibt. 35 Prozent der Anträge auf Änderung der Arbeitszeit kamen von Männern, was die schon dargestellten Änderungen männlicher Denkhaltungen statistisch weiter unterstreicht.

Jüngere, gut ausgebildete Neuzugänge auf dem Arbeitsmarkt suchen instinktiv nach MCC-ähnlichen Möglichkeiten, um ihre professionelle Entwicklung mittels einer Auswahl zwischen verschiedenen Karrierewegen zu individualisieren. »Sie gehen ganz selbstverständlich mit virtuellen Netzwerken und mit breiten Bewegungsmöglichkeiten sowohl virtueller als auch reeller Art um. Flexibilität stellt einen grundlegenden Faktor dar, wenn sie über ihre Karrierewünsche nachdenken«, erklärt Duarte-McCarthy. Manche Beobachter gehen sogar noch weiter und meinen, dass jüngere Mitarbeiter ihr Leben als deutlich voneinander zu trennenden Phasen mit jeweils unterschiedlichen Schwerpunkten ansehen und sich so nacheinander auf ihre Arbeit, Elternschaft, Reisen und vielleicht noch ganz andere Aspekte konzentrieren. Dieses Konzept ist als Zerlegung oder »chunking« bekannt.[15]

Neue Arten der Wertschöpfung

Sehr allgemein gesagt steht die große Bedeutung von Transparenz und Informationsaustausch im Karrieregitter-System in Einklang mit der Art und Weise, wie betriebliche Wertschöpfung zukünftig ablaufen wird. Lyn Jeffery, ein Studienleiter beim Institute for the Future, einer Denkfabrik zur Beratung von Unternehmen, hat beobachtet, dass Karrieregitter-Unternehmen Angestellten der Generation Y mehr Gelegenheiten dazu bieten, neue Technologien und soziale Netzwerke für ihre Arbeit zu nutzen, was den Erfahrungen Duarte-McCarthys bei Citigroup entspricht. Jeffery sagt: »Man kann dies als Leitung von unten nach oben oder auch als Wertschöpfung von unten nach oben bezeichnen. Es ist Teil einer breiteren Entwicklung zu einer neuen Art der Wertschöpfung. Unternehmenswert, finanzieller Wert, sozialer Wert werden alle auf eine neue Weise geschaffen, und wir glauben, dass dies einen Einfluss darauf haben wird, wie Unternehmen arbeiten.«[16]

Wikipedia, die frei verfügbare und meistbenutzte Enzyklopädie im Internet, ist ein Beispiel von Wertschöpfung, die von Freiwilligen vorangetrieben wird. Seit ihrer Einführung im Jahr 2001 haben an Wikipedia über 75 000 aktive Mitarbeiter mittels 5,3 Millionen Artikeln in 100 Sprachen teilgenommen. 1,7 Millionen dieser Artikel wurden bis Ende März 2007 auf Englisch verfasst, was pro Tag »Hunderttausenden von Besuchern, die Zehntausende von Änderungen vornehmen«, entspricht.[17] Wikipedia ist ein frühes Beispiel neuer Anwendungsmöglichkeiten für Wertschöpfung von unten nach oben, die gut in die neu entstehenden Karrieregitter-Unternehmen passen und für sie genau zum rechten Zeitpunkt kommen. »eBay bot Scharen von Menschen eine Plattform, um zu kaufen, was sie wollen, und zu verkaufen, was sie loswerden wollen«, meint Jeffery. »Sein Wert wurde von den Menschen geschaffen, die freiwillig zu eBay kommen. Wie kann man ein solches Modell leiten und damit die Voraussetzungen für Innovation und Erfolg schaffen? Das ist eine Frage, die alle Unternehmen beschäftigt, mit denen wir sprechen.«

Ciscos Programm für effektiveres Arbeiten zeigt beispielhaft, wie die Art und Weise der Wertschöpfung umstrukturiert werden kann. Das Unternehmen baut im wortwörtlichen Sinne das Arbeitsumfeld seiner Mitarbeiter so um, dass sie von Angesicht zu Angesicht zusammenarbeiten können als auch virtuell durch neue Telekommunikations-, Audio- und Video-Technologien. Dies entspricht haargenau der Richtung, in die sich die Belegschaft entwickelt.

Der Verkaufserlös für MySpace wie auch für YouTube war atemberaubend hoch. Was wird dies für das Privatunternehmen LinkedIn, das größte soziale Netzwerk für geschäftliche Nutzer, bedeuten? Möglicherweise einen riesigen Verkaufsgewinn auch für seine Besitzer. Laut der Nachrichtenagentur Reuters stieg die Anzahl registrierter Nutzer von LinkedIn zwischen März und September 2006 um mehr als 50 Prozent auf beinahe acht Millionen. Die Einnahmen wuchsen laut einem leitenden Angestellten sogar doppelt so schnell und sollen Voraussagen nach im Jahr 2008 100 Millionen Dollar erreichen.[18]

Da Mitarbeiter in zunehmendem Maße Unterhaltungstechnologien und -software mit an die Arbeitsstelle bringen – ja, sogar MySpace, YouTube und LinkedIn –, haben Arbeitgeber keine andere Wahl, als sich daran anzupassen. Die Unternehmen, die hierbei als Erste eine Lösung finden, werden einen Wettbewerbsvorteil dabei haben, talentierte Mitarbeiter anzuziehen und zu binden. Jeffery erklärt dies so: »Neue Technologien bieten die nötigen Internetverbindungen, und die Leute benutzen diese Netzwerke gern. Menschen wollen ihre eigenen individuellen Orte erschaffen und sie mit anderen teilen. Wir halten das für eine der großen – riesigen – Herausforderungen an Unternehmen. Wie organisiert man seine Belegschaft so, dass man Nutzen daraus ziehen kann, was sie wissen und was sie tun wollen – und wie ermöglicht man ihnen dies? Wie schafft man die Voraussetzungen dafür, dass Menschen sich um Themen und Projekte scharen?«

Da Karrieregitter-Unternehmen Transparenz und vielfältige Wege, die letztlich alle nach oben führen, begünstigen, sind solche Firmen besser in der Lage, diese Fragen zu beantworten, als die hierarchisch strukturierten, unbiegsameren Karriereleiter-Unternehmen. Die MCC kann man als Verbindungspunkt zwischen dem traditionellen Arbeitsplatz und der in Kapitel 2 beschriebenen nicht traditionellen Belegschaft ansehen. Unternehmen, die die Karrierewünsche ihrer Mitarbeiter verstehen und mittels der MCC für sich erschließen können, werden besser dazu imstande sein, neue Bewerber anzulocken und zu halten und sich zunutze zu machen, was ihre Mitarbeiter wissen und beizutragen vermögen. Diese Firmen werden darüber hinaus profitieren, wenn sie mittels geschickt angepasster Strategien den »gesammelten Wert dieser von unten nach oben geschaffenen Leistungen«, wie Jeffery es nennt, ausnutzen.

Die MCC und die künftigen Herausforderungen am Arbeitsplatz

Im folgenden Abschnitt möchten wir vier der hauptsächlichen Herausforderungen durch die Belegschaft behandeln, welche schon in anderen Kapiteln erwähnt wurden, und beschreiben, inwiefern die MCC Unternehmensleitern helfen kann, mit diesen Herausforderungen umzugehen. Dies soll dazu dienen, wie unaufschiebbar und wichtig die MCC auf der Agenda heutiger Chefebenen ist, und ein System zu bieten, das Klarheit und Zusammenhang in diese Ansammlung scheinbar unverbundener Themen bringt. Diese Herausforderungen bestehen in (1) Rekrutierung, (2) Mitarbeiterbindung, (3) der Entwicklung des Führungskräftenachwuchses und (4) der Vielfalt unter dem Führungspersonal.

Rekrutierung und Wiedereinstieg: Schneller steigende Kosten oder sinkende Kosten?

Führende Organisationen und Wissenschaftler, von deren Untersuchungen wir in diesem Buch schon mehrere genannt haben, besprachen ausführlich, dass die Art und Weise, wie moderne Wissensarbeiter ihre Stellensuche angehen, praktisch einem neuem Konsumverhalten entspricht.[19] Bei vielen Arbeitgebern lassen die Anerkennung dieser neuen Differenziertheit und eine entsprechende Reaktion darauf noch auf sich warten, aber die MCC bietet das Verfahren, um den Anschluss an diese Entwicklung zu finden. Die MCC geht über die üblichen Diskussionen wie »Wie viel bezahlen Sie mir?« hinaus und erweitert sie zu »Wie kann ich mich weiterentwickeln?« (Antwort: durch Änderungen der Geschwindigkeit, des Arbeitspensums und der Position) und zu »Wie kann ich Kontrolle über meine Zeit gewinnen?« (Antwort: durch Anpassungen von Arbeitsort/Arbeitszeiteinteilung und Arbeitspensum).

Wer die MCC als Erster umsetzt, kann in der Tat großes Interesse bei Rekrutierungsveranstaltungen an Universitäten erwarten, da Studenten in zunehmendem Maße anpassungsfähigere, individualisierbare Unternehmensstrukturen bevorzugen. In gleicher Weise wird die MCC auch Auswirkungen auf die Anwerbung erfahrener Mitarbeiter haben, besonders derjenigen, die zwischenzeitlich die Karriereleiter verlassen haben. Denn bisher gibt es nur äußerst selten Gelegenheiten zum Wiedereinstieg.

Mitarbeiterbindung: Wiederbelebt oder dem Untergang geweiht?

Die Auswirkungen der MCC auf den langfristigeren Aspekt der Karriere werden sich daran messen lassen, inwiefern begabte Mitarbeiter dem Unternehmen verbunden bleiben – in der Mitarbeiterbindung also.[20] Nach unseren Voraussagen werden die Kosten, die durch das Ersetzen von Mitarbeitern entstehen und sich nach konservativen Schätzungen auf mindestens zwei Jahresgehälter und in vielen Fällen sogar das fünffache Jahresgehalt belaufen, weiterhin steigen, da der Mangel an qualifizierten Angestellten sich weiter verschlimmern wird.[21]

Dies scheint im Gegensatz zu vielen Veröffentlichungen über die jüngeren Generationen und ihre Tendenz, sich weniger stark an ein beliebiges Unternehmen zu binden, als die geburtenstarken Jahrgänge es auf derselben Karriereebene getan hätten, zu stehen. Es ist jedoch ganz im Gegenteil Teil desselben Phänomens. Die meisten dieser Mitarbeiter im Alter von 18 bis 42 Jahren, würden lieber bei demselben Unternehmen bleiben, wenn es ihre Wertvorstellungen teilt und ihre Erwartungen erfüllt, wie Untersuchungen des Institute for the Future und von Catalyst herausfanden.[22]

Karrieregitter-Unternehmen schaffen Loyalität und Stabilität, indem sie mit ihren Mitarbeitern zusammenarbeiten, um deren Karrierewege zu individualisieren. Sie schaffen Loyalität, da sie sich bewusst sind, dass gelegentlich Aspekte des Privatlebens eine Zeit lang Vorrang vor der Karriere gewinnen – dass aber zu anderen Zeiten das Gegenteil der Fall sein kann. Die Vorteile von erhöhter Loyalität der Belegschaft sind unter anderem: niedrigere Mitarbeiterfluktuation, niedrigere Kosten für Einarbeitung und Rekrutierung, mehr und tiefergehende unternehmensspezifische Kenntnisse innerhalb der Belegschaft, eine größere Zahl nachwachsender Führungskräfte und stärkerer Einsatz für die Marke und die Zielsetzungen des Unternehmens.

Führungskräftenachwuchs: Füllen der Ränge oder klaffende Lücken?

Mehrere Faktoren werden den drohenden Mangel an talentiertem Führungspersonal verschlimmern. RHR International versichert, dass die 500 größten Unternehmen Amerikas bis etwa 2010 die Hälfte ihrer leitenden Führungskräfte verlieren werden, wenn sich die negativen Auswirkungen des Stellenabbaus der letzten zwei Jahrzehnte bei Unternehmen zu zeigen beginnen. Laut *Economist* werden Lücken beim Führungskräftenachwuchs dazu führen, dass »alle mehr zu kämpfen haben, um talentierte junge Mitarbeiter zu finden, und außerdem lernen müssen, neue Mitarbeiterquellen anzuzapfen und zu nutzen.«[23]

Viele Firmen erkennen inzwischen, dass Re-Engineering, Automation und andere kostensenkende und erlössteigernde Maßnahmen »so weit, wie es möglich ist«, getrieben wurden, um im Namen der Kosten-Nutzen-Rechnungen höhere Produktivität zu erzielen, wie der *Economist* analysiert. »Jetzt müssen sie sich mehr auf talentierte Mitarbeiter konzentrieren, um die Produktivität zu steigern.«[24] Indem die MCC die Loyalität, das Engagement und die Breite der Erfahrung stärkt, wird sie in Unternehmen, welche die Entwicklung von Führungspersonal zur strategischen Priorität machen, die Ränge aufstiegswilliger, motivierter Führungskräfte füllen.

Die MCC geht das Problem des Führungsnachwuchses von vorne, also bei Mitarbeitern in ihren 30ern und 40ern, und von hinten, bei Mitarbeitern in ihren 50ern und 60ern, an, sowie auch an Punkten dazwischen. Sie umgeht die gläserne Decke aus alternden Mitarbeitern (wie in Kapitel 1 besprochen wurde), die viele jüngere Angestellte als ein Beförderungshindernis ansehen, das weit in die Zukunft anhalten kann. Die MCC schafft auch größere innerbetriebliche Mobilität, was besonders jüngeren Führungskräften zugute kommt. In Kapitel 5 stellten wir zum Beispiel dar, wie bei der Firma SAS für Kurt Kaliebe eine Vertreterstelle zu einer neuen Führungsposition für ihn wurde.

Am anderen Ende des Altersspektrums sichert sich die MCC das Interesse der geburtenstarken Jahrgänge, da sie eine Vielzahl von Optionen innerhalb der vier Karrieredimensionen bietet. Diese Wahlmöglichkeiten können den Vorlieben älterer Mitarbeiter angepasst werden, wenn sie zum Beispiel bei der Arbeit zurückschalten, um private Interessen zu verfolgen, oder beschleunigen, wenn sie mit der Kindererziehung oder Altenpflege fertig sind. Dies ist ein extrem wichtiges Ziel, da bis zum Jahr 2025 die Anzahl der Arbeitnehmer im Alter zwischen 55 und 64 Jahren voraussichtlich um 89 Prozent steigen wird und die Zahl derer über 65 Jahren um 117 Prozent.[25]

»Eine längere Lebenserwartung und bessere Gesundheit werden dazu führen, dass mehr ältere Leute länger am Arbeitsleben teilhaben«, sagt Ben S. Bernanke, der Vorsitzende der amerikanischen Zentralbank. »Das langsamere Belegschaftswachstum wird Arbeitgeber dazu anregen, ältere Mitarbeiter zu binden oder neu anzuwerben – zum Beispiel mittels höherer Gehälter, flexiblerer Arbeitszeitpläne, zusätzlicher Fortbildungen speziell für ältere Angestellte und Änderungen bezüglich der Anreize, in den Ruhestand zu gehen, wie sie Betriebsrentenpläne bieten.«[26]

Es ist daher eine der Hauptzielsetzungen der MCC, das Problem des Mangels an Führungskräftenachwuchs besser zu handhaben, wobei es unerheblich ist, an welchem Ende der Altersstruktur man zuerst ansetzt.

Vielfalt auf der Führungsebene: Stagnation oder steigende Zahlen?

In jeder Organisation suchen die Menschen, und besonders die jüngeren Menschen, nach Vorbildern, im Besonderen nach Führungskräften, denen sie nacheifern können. Die Führungsebenen vieler moderner Unternehmen sind jedoch extrem homogen. Die MCC erweitert das Spektrum an verfügbaren Vorbildern in der Unternehmensleitung, indem sie eine größere Vielfalt der Karrierewege und Lebenswege fördert, die den Karrierefortschritt verlangsamen oder beschleunigen. Zum Beispiel sorgt die MCC für ein ausgewogeneres Geschlechterverhältnis, da mehr Frauen in der Lage sind, ihr Talent und ihre Energie zu unterschiedlichen Zeitpunkten wahlweise auf ihre Karriere oder ihr Privatleben zu konzentrieren. Dennoch bleiben sie mit der MCC in der Lage, im Unternehmen weiter aufzusteigen, statt das Arbeitsleben zu verlassen, wozu sich 50 Prozent von ihnen im Moment gezwungen sehen. Man muss sich hierbei erinnern, dass die MCC Wert darauf legt, dass Menschen im System bleiben. Wenn erst einmal mehr Führungskräfte mit unterschiedlichen Karrierewegen und Hintergründen in Unternehmen aufsteigen, werden Vorgesetzte und Mitarbeiter es weitaus natürlicher finden, mögliche Variationen der MCC-Profile zu erkunden und auszuprobieren.

Im engsten Sinne ist die MCC ein System zur Mitarbeiterentwicklung. Wie die gerade ausgeführten Argumente jedoch beweisen, geht es bei der MCC letztendlich darum, weiche und harte betriebliche Messgrößen zu verbessern. Harte Kriterien sind zum Beispiel: Kostenreduzierung (erhöhte Mitarbeiterbindung, niedrigere Rekrutierungs- und Einarbeitungskosten); kürzere Lernkurven, höhere Produktivität, schnellere Innovationen und kürzere Produkteinführungszeiten (stärkeres betriebliches Gedächtnis, robustere Kommunikationsnetzwerke) und verbesserte Planung und Finanzplanung (klarere strategische Linie aufgrund regelmäßiger MCC-Gespräche zwischen Vorgesetzten und Mitarbeitern).

Unter die weichen Kriterien fallen: eine alle umfassende, aber doch energisch vorwärtsdrängende Kultur, Mitarbeiterzufriedenheit, Arbeitsmoral und zu guter Letzt Loyalität. All diese weichen Kriterien beeinflussen die oben aufgeführten messbareren Kriterien. Wenn man die MCC so betrachtet, erkennt man ihre multidimensionale Funktionalität, welche die Fähigkeit der Unternehmensführer, anhaltende Verbesserungen in allen Bereichen ihrer Firmen voranzutreiben, sowohl stärkt als auch vertieft.

Eine offensichtliche Wahrheit

Nachdem nunmehr alles gesagt ist – die Wirtschaftlichkeitsrechnung einwandfrei erstellt ist, die Argumente überzeugend und vertretbar sind und der Aktionsplan klar entworfen ist –, ist es uns dennoch bewusst, dass nicht alle Leser mit uns übereinstimmen werden, dass (1) ein struktureller Wandel der Belegschaft unmittelbar bevorsteht, (2) der Arbeitsplatz entsprechend reagieren muss, und (3) diese Herausforderung hier und jetzt nachhaltig angegangen werden muss.

Vielleicht kann man diese Ansicht am besten mit einem persönlichen Erlebnis verdeutlichen, das ich [Cathleen Benko] neulich in einem gemütlichen italienischen Restaurant in unserer Nähe mit einem guten Freund und Mentor hatte, der gerade in den Ruhestand ging.[27] Bei einem geruhsamen Essen unterhielten wir uns über Belegschaftstrends im Allgemeinen und das Thema dieses Buches im Besonderen. Nach einigem freundlichen Hin und Her stieß ich mich an dem Tenor seiner Aussagen. Letzten Endes besäßen die erfolgreichsten Menschen in der Wirtschaft zwei Eigenschaften, sagte er: Sie sind talentiert und sie arbeiten wirklich hart. (Hierbei schwang deutlich mit, dass alle jene, die ihre Einstellungen verringert hatten, per definitionem nicht wirklich hart arbeiteten.)

Während einer Pause, in der ich meine Gedanken ordnen und meine Antwort formulieren wollte, meldete sich seine Frau Cindy zu Wort, was bei Wirtschaftsthemen untypisch für sie ist. Cindy ist eine gute Freundin, die ich für ihre vielen Qualitäten bewundere, und sie hat etwa die letzten 40 Jahre praktisch als die Personifikation der Hausfrau und Unternehmersgattin verbracht. Sie war mit dieser Rolle sehr zufrieden und hatte ihr ihre »besten Arbeitsjahre« gewidmet.

»Der Grund dafür, dass du solchen Erfolg hattest«, warf sie ein, »ist, dass du talentiert warst und wirklich hart an nur einer Sache gearbeitet hast – deiner Karriere. Alle anderen Teile deines Lebens während dieser Jahre habe ich gehandhabt.« In der Tat hatte Cindy von der Kindererziehung über die Haushaltsfinanzen bis zur gemeinnützigen Arbeit die Verantwortung für alles getragen, was nichts mit der Karriere zu tun hatte. Sie war also in Theorie und Praxis die nicht formell ernannte Vorstandsvorsitzende ihres Haushalts.

Cindy erinnerte dann ihren Mann daran, dass dieselbe Arbeitsteilung wie in ihrer Ehe bei ihren drei erwachsenen Kindern nicht existierte, die alle in ihren 30ern waren und kleine Kinder hatten. Sie nahm ihren ältesten Sohn als Beispiel. Er war talentiert und arbeitete sehr hart – und ebenso seine Frau, eine Neurologin. Der Unterschied bestand darin, dass sie nicht nur einzig und allein an ihren Karrieren hart arbeiteten. Sie arbeiteten auch als Team, das sich häuslichen und beruflichen Aufgaben widmete.

Was wollte Cindy hiermit sagen? Die personelle Trennung zwischen häuslichen und beruflichen Verantwortlichkeiten sei zunehmend am

Schwinden. Während sie und ihr Ehemann den 17 Prozent der Belegschaft entsprächen, die man als traditionell kategorisieren könne, fielen ihre Kinder andererseits unter die 83 Prozent, die nicht traditionell seien. Und daran werde sich wahrscheinlich auch nichts ändern.

Wir stimmen ihr voll und ganz zu. Es wird sich an dieser Entwicklung wahrscheinlich nichts ändern. Es ist daher an der Zeit, darüber nachzudenken, wie man strukturiert und systematisch auf diese neuen Umstände reagieren kann – und das war das eigentliche Thema dieses Buches.

Anmerkungen

Kapitel 1

1. Aus einer E-Mail von Mike Vakili an Eric Openshaw, an Cathleen Benko von Eric Openshaw weitergeleitet, 11. September 2006.
2. U.S. Bureau of Labor Statistics, *Women in the Labor Force: A Databook*, Washington, DC, 2005, 1; die Daten stammen aus dem Jahr 2004. Jacqueline King, *Gender Equity in Higher Education: 2006*, Washington, DC, 2006.
3. Families and Work Institute, *Generation & Gender in the Workplace*, New York 2004, 3.
   Generation X bezeichnet in den USA die Jahrgänge, die zwischen der Mitte der 60er Jahre und 1982 geboren sind. Generation Y bezieht sich auf die Geburtsjahrgänge zwischen 1982 und 1995 oder bisweilen sogar 2000. Die Zeiträume sind nicht genau definiert. Demografisch werden die Mitglieder der Generation X als skeptische Pragmatiker angesehen, während die Generation Y als technologisch versiert und anspruchsvoll hinsichtlich der Qualität sowohl ihrer Arbeit als auch ihres Privatlebens gilt. (Anm. d. U.)
4. Ibid. Vgl. außerdem Catalyst, *The Next Generation: Today's Professionals, Tomorrow's Leaders*, New York 2001.
5. Robert J. Grossman, »The Truth About the Coming Labor Shortage«, in: *HR Magazine,* März 2005, 49 – 50.
6. Ken Dychtwald, Robert Morison und Tamara J. Erickson, *Workforce Crisis: How to Beat the Coming Shortage of Skills and Talent*, Boston 2006, 6.
7. Claudia Goldin, »The Quiet Revolution That Transformed Women's Employment, Education, and Family« (Vortrag bei der Richard T. Ely Vorlesung, Harvard University, Cambridge, MA, 6. Januar 2006). Vgl. außerdem Sylvia Ann Hewlett, *Off-Ramps and On-Ramps: Keeping Talented Women on the Road to Success*, Boston 2007.
8. Families and Work Institute, *Generation & Gender in the Workplace*. Vgl. außerdem Catalyst, *The Next Generation*.
9. Kerry Daly und Linda Hawkins, »Fathers and the Work-Family Politic«, in: *Ivey Business Journal*, Juli – August 2005, 4 – 5.
10. James J. Sandman, Telefoninterview mit Anne Weisberg und Jenna Carl, Tonbandaufnahme, 25. September 2006.

11. Dychtwald, Morison und Erickson, *Workforce Crisis*, 46 – 56.
12. Myra M. Hart, »Models of Success« (Vortrag bei dem Vorlesungsfrühstück »Models of Success«, Harvard Business School, Cambridge, MA, 9. Mai 2006). Die Angabe 62 Prozent bezieht sich nur auf den Anteil der Frauen an der Harvard Business School, die vor jeweils zehn, 15 oder 20 Jahren ihren Abschluss erwarben (also jetzt im Alter von etwa 35 – 45 Jahren sind) und mehr als ein Kind haben. Die Statistik aller Frauen der Harvard Business School würde einen geringeren Anteil nicht vollzeitbeschäftigter Frauen zeigen (hauptsächlich, weil in den letzten zehn Jahren die Anzahl weiblicher Absolventinnen sehr stark anstieg, von denen die meisten aber noch nicht mehr als ein Kind haben).
13. Margaret Steen, »Stop Out, Hunker Down, Move Up?«, in: *Stanford Business Magazine*, Februar 2007, http://www.gsb.stanford.edu/news/bmag/sbsm0702/feature_integration.html.
14. Deloitte & Touche USA LLP, *Flexible Work Arrangement Turnover Study*, New York, April 2004.
15. U.S. Census Bureau, »Maternity Leave and Employment Patterns of First-Time Mothers, 1961 – 2000«, *Current Population Reports*, Washington, DC, 2005. Dieser Bericht vermerkt für den Zeitraum von 1970 bis 1990 einen dramatischen Zuwachs bei der Zahl verheirateter Frauen, die Kinder hatten und werktätig waren.
16. Charles Rodgers, »The Flexible Workplace: What Have We Learned?«, in: *Human Resource Management* 31, Nr. 3, 1992, 183 – 199.
17. Ibid.
18. Ellen Galinsky, James T. Bond und E. Jeffrey Hill, *When Work Works: A Status Report on Workplace Flexibility*, New York 2004, 4 – 25.
19. Mary Mattis, »New Forms of Flexible Work Arrangements for Managers and Professionals«, in: *Human Resource Planning* 13, Nr. 2, 1990, 138. Die Umfrage fand heraus, dass 100 Prozent der Mitarbeiter mit Teilzeitregelungen Frauen waren, und dass von diesen wiederum 96 Prozent per Job-Sharing ihre Stelle mit Frauen teilten. Die einzige flexible Arbeitszeitregelung, die eine nennenswerte Anzahl von Männern nutzte, war die Telearbeit. Mattis' Umfrage zeigte, dass 55 Prozent der Telearbeiter Männer und 45 Prozent Frauen waren.
20. Hewlett, *Off-Ramps and On-Ramps.*
21. Mary Shapiro, Cynthia Ingols und Stacy Blake-Beard, »Optioning In Versus ›Opting Out‹: Women Using Flexible Work Arrangements for Career Success«, in: *CGO Insights*, Januar 2007. Diese Umfrage bei über 400 Frauen in mittleren Führungspositionen stellte fest, dass beinahe 90 Prozent von ihnen formlose Flexibilität irgendeiner Art von ihren Arbeitgebern gefordert hatten. Die Studie ergab auch, dass nur 2 Prozent auf einer Regelung, die ihnen weniger als Vollzeitarbeit bot, bestanden hatten.
22. Anne Fisher, »Have You Outgrown Your Job?«, in: *Fortune,* 21. August 2006, 54.
23. Ibid., 52.

24. Ibid., 52 – 54.
25. Lindsey Gerdes, »The Best Places to Launch a Career: The Top 50 Employers for New College Grads«, in: *BusinessWeek*, 18. September 2006, 64 – 68.

Kapitel 2

1. Carol Bryce-Buchanan, E-Mail an Anne Weisberg, 10. September 2006. Bryce-Buchanan berichtet, dass das Family and Work Institute in den Medien mit zunehmender Häufigkeit erwähnt wird.
2. »The Search for Talent: Why It's Getting Harder to Find«, in: *Economist*, 7. Oktober 2006; Jody Miller, »Get A Life!«, in: *Fortune*, 28. November 2005, 46 – 56; und Kelley Holland, »When Work Time Isn't Face Time«, in: *New York Times*, Sektion 3, 3. Dezember 2006.
3. »Manpower: The World of Work«, in: *Economist*, 4. Januar 2007. Vgl. außerdem Ronald Alsop, »Ph.D. Shortage: Business Schools Seek Professors«, in: *Wall Street Journal*, 9. Januar 2007.
4. Deloitte Research, »It's 2008: Do You Know Where Your Talent Is?«, New York 2004, 3.
5. The Conference Board Inc. et al., *Are They Really Ready to Work? Employers' Perspectives on the Basic Knowledge and Applied Skills of New Entrants to the 21st Century US. Workforce*, Alexandria, VA, 2006; die Daten stammen von 400 Arbeitgebern. Vgl. außerdem Rebecca Knight, »Entrants to U.S. Workforce Ill-Prepared«, in: *Financial Times*, 1. Oktober 2006.
6. The Conference Board Inc. et al., *Are They Really Ready to Work?*
7. Ken Dychtwald, Robert Morison und Tamara J. Erickson, *Workforce Crisis: How to Beat the Coming Shortage of Skills and Talent*, Boston 2006, 6.
8. David Barboza, »Sharp Labor Shortage in China May Lead to World Trade Shift«, in: *New York Times*, 3. April 2006; Diana Farrell und Andrew J. Grant, »China's Looming Talent Shortage«, in: *McKinsey Quarterly*, Nr. 4, 2005, 70 – 79.
9. In vielen europäischen Ländern gibt es ebenfalls Engpässe auf dem qualifizierten Arbeitsmarkt, da viele qualifizierte Angestellte sich besseren Märkten zuwenden und weniger in die EU einwandern. Vgl. Joellen Perry, »Exodus of Skilled Workers Leaves Germany in a Bind«, in: *Wall Street Journal*, 3. Januar 2007.
10. Robert J. Grossman, »The Truth About the Coming Labor Shortage«, in: *HR Magazine*, März 2005, 49 – 50. Das verringerte Visakontingent wurde schon in den ersten Tagen, nachdem die Visa verfügbar wurden, aufgebraucht.
11. Ibid.
12. Edward Tse, »China's Five Surprises«, in: *Strategy + Business*, 16. Januar 2006.

13. Felice N. Schwartz, »Management Women and the New Facts of Life«, in: *Harvard Business Review*, Januar – Februar 1989, 65 – 76.
14. Phyllis Moen und Patricia Roehling, *The Career Mystique: Cracks in the American Dream*, Lanham, MD, 2005.
15. Ibid.
16. 16, U.S. Census Bureau, *America's Families and Living Arrangements: 2003* Washington, DC, 2004.
17. Sam Roberts, »51 % of Women Are Now Living Without Spouse«, in: *New York Times*, 16. Januar 2007.
18. Catalyst, Families and Work Institute und das Center for Work & Family am Boston College, *Leaders in a Global Economy: A Study of Executive Women and Men*, New York 2002.
19. Ellen Galinsky, James T. Bond und E. Jeffrey Hill, *When Work Works: A Status Report on Workplace Flexibility*, New York 2004, 4 – 25.
20. Suzanne Bianchi, John P. Robinson und Melissa A. Milkie, *Changing Rhythms of American Family Life*, New York 2006, 13 – 17. Beim Studium der Daten der letzten 40 Jahre im »time diary« (Tagebuch der Zeiten) des statistischen Bundesamtes der USA stellten die Autoren fest, dass Männer in zunehmendem Maße Zeit mit ihren Kindern verbringen und dass verheiratete Väter sich wünschen, mehr Zeit für ihre Kinder zu haben.
21. Catalyst, *Two Careers, One Marriage: Making It Work in the Workplace*, New York 1998.
22. Society for Human Resource Management, *SHRM 2003 Eldercare Survey*, Alexandria, VA, 2003. Die Daten stammen von einer Auswahl der an der SHRM-Studie beteiligten Arbeitgeber.
23. National Academy of Sciences, *Beyond Bias and Barriers: Fulfilling the Potential of Women in Academic Science and Engineering* Washington, DC, 2006, S-3.
24. Man muss hierbei anmerken, dass an amerikanischen Universitäten die Karriereleiter besonders eng begrenzt ist, da man bestimmte Positionen für eine bestimmte Zeit besetzt haben muss, um die Möglichkeit auf eine eventuelle Festanstellung zu haben. Viele andere Positionen befinden sich außerhalb dieser »tenure track« genannten Karriereleiter und bieten keinerlei Zugang zu einer Festanstellung. (Anm. d. Ü.)
25. Carol Evans, *This Is How We Do It: The Working Mother's Manifesto*, New York 2006. Vgl. außerdem Mary Shapiro, Cynthia Ingols und Stacy Blake-Beard, »Optioning In Versus ›Opting Out‹: Women Using Flexible Work Arrangements for Career Success«, in: *CGO Insights*, Januar 2007; außerdem Catalyst, *Women and Men in U.S. Corporate Leadership: Same Workplace, Different Realities*, New York 2004.
26. U.S. Department of Education, National Center for Education Statistics, »Table 246. Degrees Conferred by Degree-Granting Institutions, by Level of Degree and Sex of Student: Selected Years, 1869 – 70 Through 2013 – 14«, Digest

of Education Statistics: 2005 June 2006, http://nces.ed.gov/programs/digest/d05/tables/dtO5_246.asp.

27. National Academy of Sciences, *Beyond Bias and Barriers*, 3-11; Amanda Ripley, »Who Says a Woman Can't Be Einstein?«, in: *Time*, 7. März 2005. Ripley bezieht sich auf Daten der National Science Foundation. Der Artikel weist darauf hin, dass immer noch weniger Frauen als Männer Doktortitel in den Wissenschaften und im Ingenieurwesen erwerben. In der Statistik der Bachelor-Abschlüsse des Jahres 2001 – 2002 belief sich der Frauenanteil in Biologie auf 61 Prozent, im Gesundheitsbereich auf 85 Prozent, in Chemie auf 48 Prozent und in Mathematik auf 47 Prozent. Andererseits betrug der Frauenanteil im Ingenieurwesen nur 19 Prozent, im Bereich der Informatik 28 Prozent und in Physik 22 Prozent.

28. Jennifer Delahunty Britz, »To All the Girls I've Rejected«, in: *New York Times,* 23. März 2006. Als Reaktion auf diesen offenen Brief erreichte eine Anzahl von Leserbriefen die Zeitung.

29. Tamar Lewin, »At Colleges, Women Are Leaving Men in the Dust«, in: *New York Times,* 9. Juli 2006. Dieser Artikel war Teil der Serie »The New Gender Divide« in der *New York Times* im Jahr 2006.

30. U.S. Department of Labor, »Women in the Labor Force in 2005«, 19. Juni 2006, http://www.dol.gov/wb/factsheets/Qf-laborforce-05.htm.

31. Ibid.

32. Robin Cohen und Linda Kornfeld, »Women Leaders Boost Profit«, Barron's Online, 4. September 2006, http://online.barrons.com/article_search/SB115715054502452224.html?mod=search&KEYWORDS=kornfeld&COLLECTION=barrons/archive.

33. Ibid.

34. Linda Tucci, »Gartner: Firms at Risk of Losing Women Technologists«, SearchCIO.com, 5. Dezember 2006, http://searchcio.techtarget.com/originaContent/0,289142,sid19_gci1233089,00.html?track= NL-162&ad=574445.

35. Catalyst, Center for Education of Women at the University of Michigan und University of Michigan Business School, *Women and the MBA: Gateway to Opportunity*, New York 2000, 36.

36. Myra M. Hart, »Models of Success« (Vortrag bei dem Vorlesungsfrühstück »Models of Success«, Harvard Business School, Cambridge, MA, 9. Mai 2006).

37. Moen and Roehling, *The Career Mystique*, 70.

38. Sylvia Ann Hewlett, *Off-Ramps and On-Ramps: Keeping Talented Women on the Road to Success*, Boston 2007, 25 – 55. Die Daten basieren auf einer Umfrage von Harris Interactive unter ausgewählten Teilnehmern, von denen 2443 Frauen und 653 Männer waren.

39. Ibid., 14.

40. Ibid., 29.

41. Ibid., 39.

42. Ibid., 40.
43. Monica McGrath, Marla Driscoll und Mary Gross, *Back in the Game: Returning to Business After a Hiatus*, Philadelphia, PA, und Austin, TX, 2005. Die Daten stammen von 130 ausgewählten Teilnehmern, deren Profil den Kriterien entsprach.
44. Hewlett, *Off-Ramps and On-Ramps*, 29. Vgl. außerdem Claudia Goldin, »The Quiet Revolution That Transformed Women's Employment, Education, and Family« (Vortrag bei der Richard T. Ely Vorlesung, Harvard University, Cambridge, MA, 6. Januar 2006), 23 – 24. Goldin zitiert eine Untersuchung namens »College and Beyond«, die von der Andrew W. Mellon Foundation finanziert wurde. Diese Untersuchung stellte fest, dass die Zeitspanne, für die Frauen aus dem Erwerbsleben austreten, sogar noch kürzer ist: »Die Gesamtdauer der Auszeiten belief sich für die arbeitende Bevölkerung auf nur 1,55 Jahre. Für Frauen mit Kindern betrug sie 2,08 Jahre und für Frauen ohne Kinder 0,41 Jahre.«
45. Evans, *This Is How We Do It*. Vgl. auch Catalyst, *Women and Men in U.S. Corporate Leadership*.
46. Die Zitate von Hans Morris stammen aus einem Telefoninterview mit Anne Weisberg, auf Tonband aufgenommen, 6. Oktober 2006.
47. Robert Orrange, »Aspiring Law and Business Professionals' Orientations to Work and Family Life«, in: *Journal of Family Issues* 23, Nr. 2, 2002, 287 – 317. Die Daten stammen aus Interviews mit 43 ausgewählten Jura- und Betriebswissenschaftsstudenten.
48. Bianchi, Robinson und Milkie, *Changing Rhythms of American Family Life*.
49. Jody Miller, »Get a Life!«, in: *Fortune*, 28. November 2005. Die Daten stammen von ausgewählten männlichen leitenden Führungskräften in *Fortune*-500-Unternehmen.
50. Lisa Belkin, »Life's Work: Flex Time for the Rest of Us«, in: *New York Times*, 17. Dezember 2006.
51. Kerry Daly und Linda Hawkins, »Fathers and the Work-Family Politic«, in: *Ivey Business Journal,* July – August 2005.
52. Families and Work Institute, *Generation & Gender in the Workplace*, New York 2004, 4.
53. Catalyst, *Women in Law: Making the Case,* New York 2001. Die Studie stellte fest, dass unter allen Gruppen in Anwaltskanzleien männliche Teilhaber die höchsten Werte von Konflikt zwischen Arbeit und Privatleben zu Protokoll gaben.
54. Ellen Galinsky, Telefongespräch mit Anne Weisberg, 11. September 2006.
55. Hewlett, *Off-Ramps and On-Ramps*.
56. Galinsky, Bond und Hill, *When Work Works*.
57. Ibid.
58. Daly and Hawkins, »Fathers and the Work-Family Politic«.

59. James A. Levine und Todd L. Pittinsky, *Working Fathers: New Strategies for Balancing Work and Family*, Fort Washington 1997.

60. Stephanie Dunnewind, »Attitudes About Paternity Leave Are Changing«, in: *Seattle Times,* 19. November 2003.

61. Marilyn Elias, »The Family-First Generation«, in: *USA Today,* 12. Dezember 2004. Für weitere Informationen über die Erwartungen der jüngeren Generationen vgl. Orrange, »Aspiring Law and Business Professionals' Orientations to Work and Family Life«; und Moen und Roehling, *The Career Mystique.*

62. Catalyst, *The Next Generation: Today's Professionals, Tomorrow's Leaders,* New York 2001.

63. Families and Work Institute, *Generation & Gender in the Workplace.*

64. Danielle Sacks, »Scenes from the Culture Clash«, in: *Fast Company,* Januar 2006. Vgl. auch Anne Fisher, »Want a New Job? Give Your Old One a Makeover«, in: *Fortune,* 5. Januar 2007. Der Artikel erwähnt eine Umfrage der Society for Human Resource Management unter einer ausgewählten Gruppe von Mitarbeitern. Es zeigte sich, dass 75 Prozent der Mitarbeiter sich nach einer neuen Stelle umsahen. Von diesen Stellensuchenden wollten 48 Prozent eine Arbeit mit besseren Möglichkeiten zur Karriereentwicklung. Nur ein Drittel der Befragten gab die Bezahlung als Hauptmotivation an.

65. Ellen Galinsky, Telefongespräch mit Anne Weisberg, 11. September 2006.

66. Susan Eisner, »Managing Generation Y«, in: *SAM Advanced Management Journal 70,* Nr. 4, 2005.

67. Ibid.

68. Larry Rulison, »Gen Y in Search of Flexibility«, in: *Philadelphia Business Journal,* 22. September 2003.

69. Sacks, »Scenes from the Culture Clash«.

70. Leigh Buchanan, »The Young and the Restful«, in: *Harvard Business Review,* November 2004, 1.

71. Diese Technologien umfassen unter anderem Computer und Laptops, Handys und PDAs, sowie auch Software für Textverarbeitung, E-Mail, betriebliche Ressourcenplanung, Kundenbeziehungsmanagement, Lieferkettenmanagement, Wissensmanagement, betriebliche Informationsdienste und das Management betrieblicher Verfahren, um nur einige der vielen Anwendungen zu nennen, die immer mehr aufregende neue Möglichkeiten eröffnen, um die Produktivität und Innovation zu beschleunigen.

72. WebSiteOptimization.com, »China to Pass U.S. in Total Broadband Lines«, October 2006, http://www.websiteoptimization.com/bw/0610/.

73. Associated Press, »For Many, Their Cell Phone Has Become Their Only Phone«, in: *USA Today,* 24. März 2003, http://ww.usatoday.com/tech/news/2003-03-24-cell-phones_x.htm. Stefan Lovgren, »Can Cell-Phone Recycling Help African Gorillas?«, NationalGeographic.com 20. Januar 2006, http://news.nationalgeographic.com/news/2006/01/0120_060 120_cellphones.html.

74. Thomas W. Malone, »The Gartner Fellows Interview«, Interview mit Howard Dresner, Garter.com 8. März 2005, http://www.gartner.com/research/fellows/asset_126360_1176.jsp.

75. Eric Richert und David Rush, »How New Infrastructure Provided Flexibility, Controlled Cost and Empowered Workers at Sun Microsystems«, in: *Journal of Corporate Real Estate* 7, Nr. 3, 2005, 271 – 279.

76. Pamela Nicastro, E-Mail an Cathleen Benko, 7. Februar 2007.

77. Richert and Rush, »How New Infrastructure Provided Flexibility«.

78. Robyn Denholm, Telefoninterview mit Cathleen Benko, 14. Dezember 2006.

79. David Douglas, »Better Can Be Cleaner; Cheaper Can Be Greener: Sun's Energy-Efficient Design Breakthroughs« (Präsentation beim Sun Analysten-Gipfeltreffen, San Francisco, 6. Februar 2007).

Kapitel 3

1. Mary Shapiro, Cynthia Ingols und Stacy Blake-Beard, »Optioning In Versus ›Opting Out‹: Women Using Flexible Work Arrangements for Career Success«, *CGO Insights,* Januar 2007.

2. Die Studie zur Ökologie von Karrieren wird detailliert dargestellt von: Phyllis Moen und Patricia Roehling, *The Career Mystique: Cracks in the American Dream*, Lanham, MD, 2005.

3. Phyllis Moen und Stephen Sweet, »From ›Work-Family‹ to ›Flexible Careers‹: A Life Course Reframing«, *Community, Work & Family* 7, Nr. 2 2004. Vgl. außerdem Moen und Roehling, *The Career Mystique*.

4. American Institute of Certified Public Accountants, Work/Life & Women's Initiatives Executive Committee, *AICPA Work/Life and Women's Initiatives 2004 Research*, New York 2004, 8. Die Daten stammen von ausgewählten Mitgliedern des American Institute of Certified Public Accountants und von Teilhabern und leitenden Teilhabern von Anwaltskanzleien.

5. Monica McGrath, Marla Driscoll und Mary Gross, *Back in the Game: Returning to Business After a Hiatus*, Philadelphia, PA, und Austin, TX, 2005.

6. WFD Consulting, *The New Career Paradigm: Attracting and Retaining Critical Talent*, Newton, MA, 2006, 12. Die Ergebnisse beziehen sich auf freigestellte männliche und weibliche Mitarbeiter. Die Daten stammen aus einer Umfrage von Harris Interactive unter 2775 ausgewählten freigestellten und nicht freigestellten Mitarbeitern mittelgroßer und großer Unternehmen.

7. National Association of Law Placement, »Few Lawyers Work Part-Time, Most Who Do Are Women«, 7. Dezember 2006, http://www.nalp.org/press/details.php?id=65. Die Zahlen beziehen sich speziell auf Möglichkeiten zur Teilzeitarbeit. Die Auswahl beinhaltet hauptsächlich große Anwaltskanzleien, darunter

beinahe 1500 einzelne Kanzleien und über 132 000 Anwälte. Vgl. außerdem Maggie Jackson, »Finding the Work-Life Balance«, in: *Boston Globe,* 19. Juni 2005.

8. Catalyst, *Women in Law: Making the Case,* New York 2001, 41.
9. Joan Williams und Cynthia Thomas Calvert, *Solving the Part-Time Puzzle: The Law Firm's Guide to Balanced Hours,* Washington, DC, 2004.
10. Ellen Galinsky, James T. Bond und E. Jeffrey Hill, *When Work Works: A Status Report on Workplace Flexibility,* New York 2004, 22. Das Families and Work Institute stellte fest, dass 39 Prozent der an der Studie beteiligten Angestellten dachten, dass sie durch eine flexible Arbeitszeitregelung ihre Stelle gefährden könnten. Befragte Eltern dachten besonders häufig, dass »die Nutzung von flexiblen Arbeitszeitregelungen negative Auswirkungen auf ihre Karriereentwicklung haben würde«.
11. Catalyst, *Women and Men in U.S. Corporate Leadership: Same Workplace, Different Realities,* New York 2004. In dieser Untersuchung leitender Führungskräfte sagte die Mehrheit der Befragten, sie nutzten keine flexiblen Arbeitszeitregelungen aufgrund potenzieller Konsequenzen für ihre Karriere.
12. Ibid.
13. Moen und Roehling, *The Career Mystique,* 186.
14. WFD Consulting, *The New Career Paradigm.*
15. Catalyst, *Women and Men in U.S. Corporate Leadership.*
16. National Academy of Sciences, *Beyond Bias and Barriers: Fulfilling the Potential of Women in Academic Science and Engineering,* Washington, DC, 2006, 5 – 12.
17. Anna Bahney, »A Life Between Jobs«, in: *New York Times,* 8. Juni 2006.
18. Ibid.
19. Families and Work Institute, *Generation & Gender in the Workplace,* New York 2004, 30.
20. Shapiro, Ingols und Blake-Beard, »Optioning In Versus ›Opting Out‹«; Catalyst, *Flexible Work Arrangements III: A Ten-Year Retrospective,* New York 2000.
21. Elizabeth Dreike Almer und Steven E. Kaplan, »The Effects of Flexible Work Arrangements on Stressors, Burnout, and Behavioral Job Outcomes in Public Accounting«, *Behavioral Research in Accounting 14,* 2002, 4. Almer und Kaplan stellen fest: »Normalerweise handeln Mitarbeiter mit flexiblen Arbeitszeitregelungen den Stelleninhalt und die damit verbundenen Erwartungen aus.« Vgl. außerdem Barney Olmsted, »Flexible Work Arrangements: From Accommodation to Strategy«, in: *Employment Relations Today,* Summer 1995, 11. Olmsted schreibt: »Während der ersten 15 Jahre, in denen flexible Arbeitszeitregelungen genutzt wurden, sahen die meisten Manager sie als von Mitarbeitern beantragte Anomalien – also als ein Mittel, um einige hochgeschätzte Mitarbeiter zu binden, während die große Mehrheit weiterhin der normalen 40-Stunden-Woche mit Arbeitszeiten von 9 bis 17 Uhr nachging.«

22. Hans Morris, Telefoninterview mit Anne Weisberg, Tonbandaufnahme, 6. Oktober 2006.

23. Tuck School of Business in Dartmouth, »All Tuck's Women«, in: *Tuck Today,* Frühjahr 2006, http://www.tuck.dartmouth.edu/news/features/women.html. Elizabeth Rieke, leitende Direktorin für Markenstrategie bei Gap Inc., beschrieb bei der Konferenz »Tuck's Women in Business« im Herbst 2005 das Dilemma, dem sie sich hinsichtlich ihrer Arbeitszeiteinteilung und ihren Verpflichtungen als Mutter ausgesetzt sieht, da Gap Inc. für »hochrangige« Mitarbeiter keine Teilzeitarbeit mehr zulässt.

24. James J. Sandman, Telefoninterview mit Anne Weisberg und Jenna Carl, Tonbandaufnahme, 25. September 2006.

25. Sara A. Rogier und Margaret Y. Padgett, »The Impact of Utilizing a Flexible Work Schedule on the Perceived Career Advancement of Women«, in: *Human Resource Development Quarterly 15,* Nr. 1 2004, 99.
Die Autoren entwarfen eine hypothetische Frau mit flexibler Arbeitszeitregelung und verfolgten ihren Karrierefortschritt. Sie fanden heraus, dass, »obwohl die wirkliche Leistung dieser Mitarbeiterin in beiden Arbeitszeit-Szenarien identisch war, ihr Engagement für ihre Arbeit und Karriere dennoch in dem Szenario mit der flexiblen Arbeitszeitregelung deutlich niedriger eingestuft wurde als in dem Entwurf mit der normalen Arbeitszeiteinteilung«. Vgl. außerdem Michael K. Judiesch und Karen S. Lyness, »Left Behind? The Impact of Leaves of Absence on Managers' Career Success«, in: *Academy of Management Journal 42,* 1999, 641 – 651. Die Autoren stellten fest, dass Mitarbeiter, die sich eine Auszeit nehmen mussten, was auch immer der Grund dafür war (inklusive Krankheit), wesentlich weniger befördert wurden und geringere Gehaltserhöhungen erhielten. Vgl. auch Kapitel 3, Fußnoten 10 – 11.

26. Zitate von Sheilah Eisel und Kim B. Clark stammen aus Lesley Stahl, »Staying at Home«, *60 Minutes,* Niederschrift eines Teils der Sendung, 17. Juli 2005.

27. Penelope J. E. Davies, Walter B. Denny, Frima Fox Hofrichter, Joseph Jacobs, Ann M. Roberts und David L. Simon, *Janson's History of Art: The Western Tradition,* 7. Ausgabe, Upper Saddle River, NJ 2007, 946 – 949. Vgl. außerdem Francoise Gilot, *Matisse and Picasso: A Friendship in Art,* New York 1990, 71 – 76; und Hilary Spurling, *Matisse the Master: A Life of Henri Matisse, The Conquest of Colour, 1909 – 1954,* New York 2005, 426 – 466.

Kapitel 4

1. Frank T. Piller, Kathrin Moeslein und Christof M. Stotko, »Does Mass Customization Pay? An Economic Approach to Evaluate Customer Integration«, in: *Production Planning & Control 15,* Nr. 4, Juni 2004, 435 – 444.

2. Myra M. Hart, Telefoninterview mit Anne Weisberg und Jenna Carl, Tonbandaufnahme, 20. September 2006.

3. Clayton M. Christensen, *The Innovator's Dilemma: When New Technologies Cause Great Firms to Fail*, Boston 1997; Clayton M. Christensen und Michael E. Raynor, *Marktorientierte Innovation: geniale Produktideen für mehr Wachstum*, Frankfurt am Main 2004; Richard Foster und Sara Kaplan, *Creative Destruction: Why Companies That Are Built to Last Underperform the Market- and How to Successfully Transform Them*, New York 2001.

4. Für eine Einführung in soziale and psychologische Aspekte der verschiedenen Stufen des Erwachsenenlebens vgl. Erik H. Erikson, *Identity and the Life Cycle*, New York 1980.

5. Die Zitate von Shelly Lazarus in diesem Buch stammen aus einem Telefoninterview mit Anne Weisberg und Cathleen Benko, Tonbandaufnahme, 6. Oktober 2006.

6. Richard B. Freeman und Joel Rogers, *What Workers Want*, Ithaca, NY, 1999, 4 – 7.

7. Catalyst, *Two Careers, One Marriage: Making It Work in the Workplace*, New York 1998.

8. Ibid.

9. Ruby Carlos, Interview mit Cathleen Benko, Tonbandaufnahme, Costa Mesa, CA, 16. October 2006.

10. National Academy of Sciences, *Beyond Bias and Barriers: Fulfilling the Potential of Women in Academic Science and Engineering*, Washington, DC, 2006.

11. Kathy Gurchiek, »Study: Flexible Schedules Boost Performance, Productivity«, Society for Human Resource Management Online, 20. Juli 2005, http://www.shrm.org/hrnews_published/archives/CMS_O13419.asp.

12. Jyoti Thottam, »Reworking Work«, in: *Time*, 25. Juli 2005.

13. Michelle Conlin, »Smashing the Clock«, in: *BusinessWeek*, 11. Dezember 2006.

14. Sylvia Ann Hewlett und Carolyn Buck Luce, »Extreme Jobs: The Dangerous Allure of the 70-Hour Workweek«, in: *Harvard Business Review*, 10. Dezember 2006.

Kapitel 5

1. »Deloitte« bezieht sich auf einen oder mehrere Bereiche von Deloitte Touche Tohmatsu (einem Schweizer Verein), seiner Teilunternehmen und deren jeweiliger Tochtergesellschaften. Als Schweizer Verein sind weder Deloitte Touche Tohmatsu noch irgendwelche seiner Teilunternehmen für die Handlungen oder Unterlassungen anderer Teilunternehmen haftbar. Jeder der Teilkonzerne ist eine eigenständige rechtliche Einheit, die unter »Deloitte«, »Deloitte &

Touche«, »Deloitte Touche Tohmatsu« oder ähnlichen Namen operiert. Dienstleistungen werden von den Teilunternehmen oder ihren Tochtergesellschaften geleistet, nicht aber von dem Verein Deloitte Touche Tohmatsu. Deloitte & Touche USA LLP ist das US-amerikanische Teilunternehmen von Deloitte Touche Tohmatsu. In den USA werden Dienstleistungen von den Tochterfirmen von Deloitte & Touche USA LLP (Deloitte & Touche LLP, Deloitte Consulting LLP, Deloitte Financial Advisory Services LLP, Deloitte Tax LLP und ihre Tochterfirmen) geleistet und nicht von Deloitte & Touche USA LLP. [v.I.1]

2. Rich Karlgaard, »Digital Rules: Who Wants to Be Public?«, Forbes.com, 9. Oktober 2006, http://wwJorbes.com/archive/forbes/2006/1009/031 .html;jsessi onid=abcUsKl55DLLOc20LPu6q ?token= MjkgT2NOIDIwMDY gMTU6MTg6MTggKzAwMDA%3D.

3. Janet Wiscombe, »CEO Takes HR to Prime Time«, in: *Workforce,* Dezember 2002.

4. James Goodnight, »Ask James Goodnight: The Founder of SAS Explains How to Be Progressive on a Budget«, in: *Inc.,* Juni 2006, http://www.inc.com/magazine/20060601/handson-ask-the-bigwig.html.

5. Kecia Serwin, Telefoninterview mit Thomas C. Hayes und Jenna Carl, Tonbandaufnahme, 26. Oktober 2006. Alle Details und Zitate in den folgenden fünf Paragraphen stammen, außer an gekennzeichneten Stellen, von Kecia Serwin.

6. Jeff Chambers, Telefoninterview mit Anne Weisberg, Thomas C. Hayes und Jenna Carl, Tonbandaufnahme, 13. September 2006.

7. Jeff Chambers, Mitschrift einer Podiumsdiskussion (aus einer Präsentation bei dem Chief Human Resource Officer Executive Forum 2005, The Evolving Role of the CHRO in the 21st Century, New York Juni 2005).

8. Arnold & Porter, »Arnold & Porter Named a 2006 Working Mother 100 Best Company by *Working Mother* Magazine«, 25. September 2006, http://arnoldporter.com/news_news.cfm?publication_id=1368.

9. Alle Zitate von James J. Sandman stammen aus einem Telefoninterview mit Anne Weisberg und Jenna Carl, Tonbandaufnahme, 25. September 2006.

10. Die Zitate von Shelly Lazarus stammen aus einem Telefoninterview mit Anne Weisberg und Cathleen Benko, Tonbandaufnahme, 6. Oktober 2006.

11. Deloitte & Touche USA LLP, »Leadership: Meet Some of the People of Deloitte & Touche USA LLP«, 3. Juni 2006, http://www.deloitte.com/dtt/leadership/O,1045,sid%253D2315.html.

12. Deloitte gewann zahlreiche Auszeichnungen wie zum Beispiel einen Platz auf der Liste »Die besten Firmen für den Karrierebeginn« in »BusinessWeek Online« im Jahr 2006: Deloitte kam unter 50 Unternehmen auf den dritten Platz; der Liste der »Spitzenunternehmen für Belegschaftsvielfältigkeit« von DiversityInc. für das Jahr 2005; der Liste der »50 besten Unternehmen für Latinas« von *LATINA Style* im Jahr 2006; der Liste der »Besten Unternehmen für farbige

Frauen« von *Working Mother* im Jahr 2006; und der Liste der »100 besten Unternehmen für arbeitende Mütter« von *Working Mother* im Jahr 2006 (2006 erhielt Deloitte diese Auszeichnung zum dreizehnten Mal in Folge).

13. Rosabeth Moss Kanter und Jane Roessner, »Deloitte & Touche (A): A Hole in the Pipeline«, Fallstudie 9-300-012, Boston 1999.

14. Die Zitate von Douglas M. McCracken stammen aus seinem Artikel »Winning the Talent War for Women: Sometimes It Takes a Revolution«, in: *Harvard Business Review,* November – Dezember 2000.

15. Kanter and Roessner, »Deloitte & Touche (A).«

16. »Women Post Gains in Partnership Percentage: Percentage of Big Four Women Partners Tops 17%«, in: *Public Accounting Report,* 30. November 2006, 4 – 7; »Clarification and Correction«, in: *Public Accounting Report,* 15. Dezember 2006, 3; und Deloitte & Touche USA LLP, »The Initiative for the Retention and Advancement of Women«, *2006 Annual Report,* New York 2007.

17. Deloitte & Touche USA LLP, »The Initiative for the Retention and Advancement of Women«, *2006 Annual Report.*

18. Deloitte & Touche USA LLP, »The Initiative for the Retention and Advancement of Women«, *2005 Annual Report,* New York 2006.

19. Alle Zitate beziehen sich auf die Umfrage »Global People Commitment« im Jahr 2006.

20. Corporate Voices for Working Families, *Business Impacts of Flexibility: An Imperative for Expansion,* Washington, DC, 2005. Die Daten stammen aus einer Umfrage in 46 Teilhaberunternehmen und detaillierten Interviews mit einer Untergruppe von 15 ausgewählten Partnergesellschaften.

21. Barry Salzberg, E-Mail-Konversation mit Cathy Benko, 4. April 2007.

22. Cathy Gleason, Interview mit Cathleen Benko et al., Tonbandaufnahme, Foster City, CA, 7. September 2006.

23. Zitate von Beth Kelleher stammen aus einem Telefoninterview mit Michelle Geromel, Tonbandaufnahme, 23. Oktober 2006.

24. Zitate von Raj Jayashankar stammen aus einem Telefoninterview mit Michelle Geromel, Tonbandaufnahme, 23. Oktober 2006. Die folgende Geschichte, die nur eine unter vielen ist, stellt dar, dass die MCC in gewissem Sinne schon geschieht, da Mitarbeiter sich ihre Karrierewege über längere Zeiträume hinweg individuell arrangieren, indem sie die vier MCC-Dimensionen anpassen.

25. Rick Wackerbarth, Telefoninterview mit Cathy Gleason, Tonbandaufnahme, 28. August 2006.

26. Jon Williams, Telefoninterview mit Cathy Gleason, Tonbandaufnahme, 23. August 2006.

27. Die Zitate von Cathy Gleason stammen aus einem Interview mit Cathleen Benko et al., Tonbandaufnahme, Foster City, CA, 7. September 2006.

28. Jon Williams, Telefoninterview mit Cathy Gleason, Tonbandaufnahme, 23. August 23 2006.

29. Ibid.
30. Joe Echevarria, Mass Career Customization Lenkungsausschuss, Telefonkonferenz, 2. Januar 2007.
31. Frank Piantidosi, Telefoninterview mit Cathy Benko und Anne Weisberg, Tonbandaufnahme, 1. Februar 2007.
32. Owen Ryan, Telefoninterview mit Cathy Benko und Anne Weisberg, Tonbandaufnahme, 31. Januar 2007.
33. Sharon Allen, Gespräch mit Cathy Benko, New York, 10. Oktober 2006.

Kapitel 6

1. Bill Gates, *Digitales Business. Wettbewerb im Informationszeitalter*, München 1999.
2. Richard Gondek, »Disaster Recovery: When More of the Same Isn't Better«, *Journal of Business Strategy*, 27. Juni 2002. Vgl. auch Barnaby J. Feder, »After the Attacks: The Recovery Experts«, in: *New York Times*, 17. September 2001.
3. Dana G. Mead und Thomas C. Hayes, *High Standards, Hard Choices: A CEO's Journey of Courage, Risk and Change*, New York 2000.
4. Es gibt mehrere Veröffentlichungen über Deloittes »Personal Pursuits«-Programm. Vgl. zum Beispiel Anne Fisher, »Happy Employees, Loyal Employees«, in: *Fortune*, 22. Januar 2007; Tim O'Brien, »Why Do So Few Women Reach the Top of Big Law Firms?«, in: *New York Times*, 19. März 2006; und Sue Shellenbarger, »Employers Step Up Efforts to Lure Stay-at-Home Mothers Back to Work«, in: *Wall Street Journal*, 9. Februar 2006.

Kapitel 7

1. Lyn Jeffery, Telefoninterview mit Anne Weisberg, Thomas C. Hayes und Jenna Carl, Tonbandaufnahme, 9. November 2006.
2. Edward E. Lawler III und Christopher G. Worley, *Built to Change: How to Achieve Sustained Organizational Effectiveness*, San Francisco 2006, xv.
3. Ibid., 231.
4. Ibid.
5. Frank Rose, »Commercial Break«, in: *Wired*, Dezember 2006, http://www.wired.com/wired/archive/14.12/tahoe_pr.html.
6. Gartner, »Gartner Highlights Seven Core Benefits of Web 2.0 for Traditional Industries«, 4. Dezember 2006, http://www.gartner.com/it/page.jsp?id=499154.
7. »Highlights and Predictions: Farewell to Bill Gates; Hello to Second Life«, in:

Financial Times, 4. Dezember 2006. Geoff Nairn sagt voraus, dass Ciscos Tele-Presence-Videosystem es Menschen ermöglichen wird, »sich von unnötigen Geschäftsreisen endgültig zu verabschieden«.

8. »Cisco Connected Real Estate (CCRE) and Environmental Sustainability: An Overview for Business Decision Makers«, Cisco-Präsentation (Cisco Systems, 2006). Per E-Mail von Christina S. Kite an Cathleen Benko geschickt, 8. Dezember 2006.

9. Christine S. Kite, Telefoninterview mit Cathleen Benko, Anne Weisberg und Thomas C. Hayes, 27. November 2006.

10. »Highlights and Predictions«, in: *Financial Times.*

11. Leslie A. Perlow, »Why Is a Job a Job?«, nicht publizierte Arbeitspapiere, Harvard Business School, Boston 2006.

12. Ibid.

13. Citigroup, »Corporate Citizenship«, http://www.citigroup.com/citigroup/citizen/diversity/index.htm.

14. Informationen und Zitate von Ana Duarte-McCarthy stammen aus einem Telefoninterview mit Anne Weisberg und Thomas C. Hayes, Tonbandaufnahme, 15. November 2006.

15. »Work-Life Balance: Life Beyond Pay«, in: *Economist,* 15. Juni 2006.

16. Die Zitate von Lyn Jeffery stammen aus einem Telefoninterview mit Anne Weisberg, Thomas C. Hayes und Jenna Carl, Tonbandaufnahme, 9. November 2006.

17. »Wikipedia: About«, http://en.wikipedia.org/wiki/Wikipedia:About.

18. Eric Auchard, »LinkedIn Adds Yellow-Pages-Like Services Directory«, Reuters.com, 16. Oktober 2006, http://today.reuters.com/news/articlenews.aspx?type=internetNews&storyid=2006-10-16T095153Z_01_N15353899_RTRUKOC_O_US-MEDIA-LINKEDIN.xml&src=rss.; Michael V. Copeland, »The Missing Link«, in: *Business 2.0,* Dezember 2006, 118 – 124.

19. Ken Dychtwald, Robert Morison und Tamara J. Erickson, *Workforce Crisis: How to Beat the Coming Shortage of Skills and Talent,* Boston 2006.

20. Für Beispiele formaler Programme zur Unterstützung beim Wiedereinstieg, die von großen Wissensunternehmen eingeführt werden, vgl. Sue Shellenbarger, »Employers Step Up Efforts to Lure Stay-at-Home Mothers Back to Work«, in: *Wall Street Journal,* 9. Februar 2006; und accountingweb.com, »Re-entry Programs Target Professional Women«, 16. Mai 2006, http://ww.accountingweb.com/cgi-bin/item.cgi?id=102156&d=815&h=817&f=816&da.

21. Edward E. Lawler III, Mitschrift einer Podiumsdiskussion (aus einer Präsentation beim Chief Human Resource Officer Executive Forum 2005, The Evolving Role of the CHRO in the 21st Century, New York Juni 2005).

22. Leigh Buchanan, »The Young and the Restful«, in: *Harvard Business Review,* November 2004.

23. Adrian Wooldridge, »The Battle for Brainpower«, in: *Economist,* 5. Oktober

2006, http://www.economist.com/surveys/displaystory.cfm?story_id=E1_SJG-TRJQ.

24. Ibid.

25. Alicia H. Munnell und Amy Chasse, »Working Longer: A Potential Win-Win Proposition« (bei der Konferenz »Work Options for Mature Americans« vorgestellte Studie, University of Notre Dame, Notre Dame, IN, 8. Dezember 2003).

26. Ben S. Bernanke, »The Coming Demographic Transition: Will We Treat Future Generations Fairly?« (Vortrag beim Economic Club of Washington, Washington, DC, 4. Oktober 2006).

27. Phil Strause, Gespräch mit Cathleen Benko, 8. Dezember 2006.

Danksagung

Der Staatsmann und Philosoph Cicero sagte einmal, »Dankbarkeit ist nicht nur die größte aller Tugenden, sondern auch die Mutter von allen«. Dies sagt unserer Meinung nach schon alles. Dies Buch ist ein Zeugnis der Großzügigkeit, die uns so viele Menschen zeigten, indem sie uns ihre Zeit widmeten und aufrichtig ihre Erfahrungen, Beobachtungen, Geschichten und Erkenntnisse mit uns teilten. Sie alle machten dieses Buch um so viel reicher.

Wir möchten unserem bemerkenswerten Führungsteam und im Besonderen Sharon Allen, Jim Quigley und Barry Salzberg danken. Als sie sich einer ganz neuen Methode gegenübersahen, wie sie die Belegschaft, talentierte Mitarbeiter und Karrieren – und deren Verhältnis zum Arbeitsplatz – betrachten sollten, war ihre Reaktion ein positives »Warum nicht?«. Ihre Unterstützung und Überzeugung waren absolut und felsenfest. Ebenso möchten wir auch unseren Kollegen unseren Dank aussprechen, die unser Projekt direkt und indirekt auf unzählige Weisen beeinflussten. Partnerschaft funktioniert wirklich, und wenn es um das Wissen und die Erfahrungen des Einzelnen geht, ist das Ganze in der Tat mehr als die Summe seiner Teile.

Wir waren auch tief bewegt von der großen Zahl von Menschen in unserem Alltagsleben, die auf so unterschiedliche Weisen zu unseren Bemühungen beitrugen, sei es dadurch, dass sie uns bei der Arbeit einiges vergaben, uns für einen Tag die Kinder abnahmen oder aber kleinen oder auch großen Bitten nachkamen, die dadurch von ein wenig extra Aufmerksamkeit profitierten. Dieses Entgegenkommen legt uns nahe, dass auch andere das Potenzial und die Tragweite dieser Arbeit erkennen. Wir bewundern Euch alle als die Personen, die Ihr seid, und für Euer Engagement anderen gegenüber.

Alle Projekte dieser Art beruhen letzten Endes auf harter Arbeit. Tom Hayes und Jenna Carl spielten eine wesentliche Rolle bei der Fertigstellung dieses Buches, und auch unser WIN-Team, unsere Freunde bei Volume, Jacki Boyle, Molly Anderson und Steve Riordan, trugen auf vielfache Weise zum Endprodukt bei.

Zu guter Letzt ist es zu Hause aber am schönsten. Wir sind mit Familien gesegnet, die uns ermutigten und unterstützten. Zu George, Brendan, Ellie, PD, Rachie, Matthew, Sarah, Margaret, Elena und Elizabeth möchten wir sagen: Ihr habt uns gezeigt, wie man das Beste aus jeder Reise machen kann, und wir hoffen, dass dieses Buch all das widerspiegelt.

Literatur

Im Buch zitierte Quellen

»All Tuck's Women«, in: *Tuck Today*, Frühjahr 2006, 18. Oktober 2006. http://www.tuck.dartmouth.edu/news/features/women.html (am 18. Oktober 2006 aufgerufen).

Almer, Elizabeth Dreike und Steven E. Kaplan, »The Effects of Flexible Work Arrangements on Stressors, Burnout, and Behavioral Job Out-comes in Public Accounting«, in: *Behavioral Research in Accounting* 14, 2002.

Alsop, Ronald, »Ph.D. Shortage: Business Schools Seek Professors«, in: *Wall Street Journal*, 9. Januar 2007.

American Institute of Certified Public Accountants (AICPA), Work/Life & Women's Initiatives Executive Committee, *AICPA Work/Life and Women's Initiatives 2004 Research*, New York 2004.

»Arnold & Porter Named a 2006 Working Mother 100 Best Company by Working Mother Magazine«, Presseveröffentlichung, 25. September 2006. http://arnoldporter.com/news_news.cfm?publication_id=1368 (am 6. November 2006 aufgerufen).

Auchard, Eric, »LinkedIn Adds Yellow-Pages-Like Services Directory«, *Reuters*, 16. Oktober 2006. http://today.reuters.com/news/article/news.aspx?type=internetNews&storyid=2006-1016T095153Z_01_N15353899_RTRUKOC_O_US-MEDIA-LINKEDIN.xml&src=rss (am 24. November 2006 aufgerufen).

Bahney, Anna, »A Life Between Jobs«, in: *New York Times*, 8. Juni 2006.

Barboza, David, »Sharp Labor Shortage in China May Lead to World Trade Shift«, in: *New York Times*, 3. April 2006.

Belkin, Lisa, »Life's Work; Flex Time for the Rest of Us«, in: *New York Times*, 17. Dezember 2006.

Benko, Cathleen, und F. Warren McFarlan, *Connecting the Dots: Aligning Projects with Objectives in Unpredictable Times*, Boston 2003.

Bernanke, Ben S., »The Coming Demographic Transition: Will We Treat Future Generations Fairly?«, Rede beim Economic Club of Washington, Washington, DC, 4. Oktober 2006.

Bianchi, Suzanne, John P. Robinson und Melissa A. Milkie, *Changing Rhythms of American Family Life*, New York 2006.

Britz, Jennifer Delahunty, »To All the Girls I've Rejected«, in: *New York Times*, 23. März 2006.

Buchanan, Leigh, »The Young and the Restful«, in: *Harvard Business Review*, November 2004.

Catalyst, *Flexible Work Arrangements III: A Ten-Year Retrospective*, New York 2000.

–, *The Next Generation: Today's Professionals, Tomorrow's Leaders*, New York 2001.

–, *Two Careers, One Marriage: Making It Work in the Workplace*, New York 1998.

–, *Women and Men in U.S. Corporate Leadership: Same Workplace, Different Realities*, New York 2004.

–, *Women in Law: Making the Case*, New York 2001.

Catalyst, Center for Education of Women at the University of Michigan, und University of Michigan Business School, *Women and the MBA: Gateway to Opportunity*, New York 2000.

Catalyst, Families and Work Institute und das Center for Work & Family at Boston College, *Leaders in a Global Economy: A Study of Executive Women and Men*, New York 2002.

»CEO Takes HR to Prime Time-Between the Lines-Jim Goodnight, SAS«, in: *Workforce*, Dezember 2002.

Chambers, Jeff, Mitschrift einer Pod umsdiskussion (aus einer Präsentation bei dem Chief Human Resource Officer Executive Forum 2005, The Evolving Role of the CHRO in the 21st Century, New York Juni 2005).

Christensen, Clayton M., *The Innovator's Dilemma: When New Technologies Cause Great Firms to Fail*, Boston 1997.

Christensen, Clayton M., und Michael E. Raynor, *Marktorientierte Innovation: geniale Produktideen für mehr Wachstum*, Frankfurt am Main 2004.

»Cisco Connected Real Estate (CCRE) and Environmental Sustainability: An Overview for Business Decision Makers«, Cisco-Präsentation 2006.

Citigroup.com, Beschreibung der »Belegschaftsvielfältigkeit«, Oktober 2006. http://www.citigroup.com/citigroup/citizen/diversity/index.htm (aufgerufen am 23. November 2006).

Cohen, Robin, und Linda Kornfeld, »Women Leaders Boost Profit«, in: Barron's Online, 4. September 2006. http://online.barrons.com/article_search/SB115715054502452224.html?mod=search&KEYWORDS=kornfeld&COLLECTION=barrons/archive (aufgerufen am 6. September 2006).

Conference Board, Inc., Partnership for 21st Century Skills, Corporate Voices for Working Families und Society for Human Resource Management, *Are They Really Ready to Work? Employers' Perspectives on the Basic Knowledge and Applied Skills of New Entrants to the 21st Century U.S. Workforce*, Alexandria, VA, 2006.

Conlin, Michelle, »Smashing the Clock«, in: *Business Week*, 11. Dezember 2006.

Copeland, Michael V., »The Missing Link«, in: *Business 2.0*, Dezember 2006.

Corporate Voices for Working Families, *Business Impacts of Flexibility: An Imperative for Expansion*, Washington, DC 2005.

Daly, Kerry, und Linda Hawkins, »Fathers and the Work-family Politic«, in: *Ivey Business Journal*, Juli – August 2005.

Deloitte & Touche USA LLP, »Facts & Figures«, Deloitte.com, 3. Juni 2006. http://www.deloitte.com/dtt/leadership/0.l045.sid%253D2282.00.html (am 20. November 2006 aufgerufen).

–, *Flexible Work Arrangement Turnover Study*, New York, April 2004.

–, »The Initiative for the Retention and Advancement of Women«, in: *2005 Annual Report*, New York 2005.

Deloitte Research, »It's 2008: Do You Know Where Your Talent Is?«, New York 2004.

Dunnewind, Stephanie, »Attitudes About Paternity Leave Are Changing«, in: *Seattle Times*, 19. November 2003.

Dychtwald, Ken D., Robert Morison und Tamara Erickson, *Workforce Crisis: How to Beat the Coming Shortage of Skills and Talent*, Boston 2006.

Eisner, Susan, »Managing Generation Y«, in: *SAM Advanced Management Journal* 70, Nr. 4, 2005.

Elias, Marilyn, »The Family-First Generation«, in: *USA Today*, 12. Dezember 2004.

Erikson, Erik H., *Identität und Lebenszyklus*, Frankfurt am Main 1995.

Evans, Carol, *This Is How We Do It: The Working Mother's Manifesto*, New York 2006.

Families and Work Institute, *Generation & Gender in the Workplace*, New York 2004.

–, *When Work Works: A Status Report on Workplace Flexibility*, New York 2004.

Farrell, Diana, und Andrew J. Grant, »China's Looming Talent Shortage«, in: *McKinsey Quarterly*, Nr. 4, 2005, 70 – 79.

Feder, Barnaby J., »After the Attacks: The Recovery Experts«, in: *New York Times*, 17. September 2001.

Fisher, Anne, »Happy Employees, Loyal Employees«, in: *Fortune*, 22. Januar 2007.

–, »Have You Outgrown Your Job?«, in: *Fortune*, 21. August 2006.

»For Many, Their Cell Phone Has Become Their Only Phone«, in: *USA Today*, 24. März 2003. http://www.usatoday.com/tech/news/2003-03-24-cell-phones_x.htm (am 11. Oktober 2006 aufgerufen).

Foster, Richard, und Sara Kaplan, *Schöpfen und Zerstören*, Frankfurt am Main 2001.

Freeman, Richard B., und Joel Rogers, *What Workers Want*, Ithaca, NY 1999.

Galinsky, Ellen, »When Work Works«,Studie, die vorgestellt wurde beim: Corporate Voices for Working Families Annual Meeting, Washington, DC Juni 2006.

Gartner.com, »Gartner Highlights Seven Core Benefits of Web 2.0 for Traditional

Industries«, Presseveröffentlichung, 4. Dezember 2006, http://www.gartner.com/it/page.js?id=499154 (am 23. Januar 2007 aufgerufen).

Gates, Bill, *Digitales Business. Wettbewerb im Informationszeitalter,* München 1999.

Gerdes, Lindsey, »The Best Places to Launch a Career: The Top 50 Employers for New College Grads«, in: *Business Week,* 18. September 2006.

Goldin, Claudia, »The Quiet Revolution That Transformed Women's Employment, Education, and Family«, bei der Richard T. Ely Vorlesung vorgestellte Studie, Harvard University, Cambridge, MA, 6. Januar 2006.

Gondek, Richard, »Disaster Recovery: When More of the Same Isn't Better«, in: *Journal of Business Strategy,* 27. Juni 2002.

Goodnight, James, »Ask James Goodnight: The Founder of SAS Explains How to be Progressive on a Budget«, in: *Inc.,* Juni 2006. http://www.inc.com/magazine/20060601/handson-ask-the-bigwig.html (am 6. November 2006 aufgerufen).

Grossman, Robert J, »The Truth About the Coming Labor Shortage«, in: *HR Magazine,* März 2005.

Gurchiek, Kathy, »Study: Flexible schedules boost performance, productivity«, Society for Human Resource Management Online, HR News Page. 20. Juli 2005. http://www.shrm.org/hmews_published/archives/CMS_013419.asp (am 8. Februar 2007 aufgerufen).

Hart, Myra M., »Models of Success«, in einer bei der Frühstücksvorlesung »Models of Success Initiative« vorgestellten Studie der Harvard Business School, Cambridge, MA, 9. Mai 2006.

Hewlet, Sylvia Ann, *Off-ramps and On-ramps: Keeping Talented Women on the Road to Success,* Boston 2007.

Hewlet, Sylvia Ann, und Carolyn Buck Luce, »Extreme Jobs: The Dangerous Allure of the 70-Hour Workweek«, in: *Harvard Business Review,* Dezember 2006.

»Highlights and Predictions: Farewell to Bill Gates; Hello to Second Life«, in: *Financial Times,* 4. Dezember 2006.

Holland, Kelley, »When Work Time Isn't Face Time«, in: *New York Times,* 3. Dezember 2006.

Jackson, Maggie, »Finding the Work-Life Balance«, in: *Boston Globe,* 19. Juni 2005.

Judiesch, Michael K., und Karen S, Lyness, »Left Behind? The Impact of Leaves of Absence on Managers' Career Success«, in: *Academy of Management Journal* 42, 1999.

Kanter, Rosabeth Moss, und Jane Roessner, »Deloitte & Touche (A): A Hole in the Pipeline«, in: *Case Study No. 9-300-012,* Boston 1999.

Karlgaard, Rich, »Digital Rules: Who Wants to Be Public?«, Forbes.com, 9. October 2006, http://www.forbes.com/archive/forbes/2006/1009/031.html;jsessionid=abcUsKl55DLLOc20LPu6q?token=MjkgT2NOIDIwMDYgMTU6MTg6MTggKzAwMDA%3D (am 27. Oktober 2006 aufgerufen).

King, Jacqueline, *Gender Equity in Higher Education: 2006*, Washington, DC 2006.

Knight, Rebecca, »Entrants to U.S. Workforce Ill-Prepared«, in: *Financial Times*, 1. Oktober 2006.

Lawler, Edward E. III, Podiumsdiskussion beim Chief Human Resource Officer Executive Forum 2005, »The Evolving Role of the CHRO in the 21st Century«, New York, Juni 2005.

Lawler, Edward E, III, und Christopher G. Worley, *Built to Change: How to Achieve Sustained Organizational Effectiveness*, San Francisco 2006.

Levine, James A., und Todd L. Pittinsky, *Working Fathers: New Strategies for Balancing Work and Family*, Fort Washington, PA 1997.

Lewin, Tamar, »At Colleges: Women Are Leaving Men in the Dust«, in: *New York Times*, 9. Juli 2006.

Lovgren, Stefan, »Can Cell-Phone Recycling Help African Gorillas?«, 20. Januar 2006. http://news.nationalgeographic.com/news/2006/01/0120_060120_cell-phones.html (am 11. Oktober 2006 aufgerufen).

Malone, Thomas W., Interview mit Howard Dresner, 8. März 2005. http://www.gartner.com/research/fellows/asset_126360_1 176.jsp (am 6. Oktober 2006 aufgerufen).

»Manpower: The World of Work«, in: *The Economist*, 4. Januar 2007.

Mattis, Mary, »New Forms of Flexible Work Arrangements for Managers and Professionals«, in: *Human Resource Planning* 13, Nr. 2, 1990.

McCracken, Douglas M, »Winning the Talent War for Women: Sometimes It Takes a Revolution«, in: *Harvard Business Review*, November – Dezember 2000.

McGrath, Monica, Marla Driscoll, und Mary Gross, *Back in the Game: Returning to Business After a Hiatus*, Philadelphia, PA und Austin, TX 2005.

Mead, Dana G., und Thomas C. Hayes, *High Standards, Hard Choices, A CEO's Journey of Courage, Risk and Change*, New York 2000.

Miler, Jody, »Get a Life!«, in: *Fortune*, 28. November 2005.

Moen, Phyllis, und Patricia Roehling, *The Career Mystique: Cracks in the American Dream*, Lanham, MD, 2004.

Moen, Phyllis, und Stephen Sweet, »From ›Work-Family‹ to ›Flexible Careers‹? A Life Course Reframing«, in: *Community, Work & Family* 7, Nr. 2, 2004.

Munnell, Alicia H., und Amy Chasse, »Working Longer: A Potential Win-Win Proposition«, bei der Konferenz »Work Options for Mature Americans« vorgestellte Studie, University of Notre Dame, Notre Dame, Indiana, 8. Dezember 2003.

National Academy of Sciences, *Beyond Bias and Barriers: Fulfilling the Potential of Women in Academic Science and Engineering*, Washington, DC 2006.

National Association of Law Placement, Presseveröffentlichung, 7. Dezember 2006. http://www.nalp.org/press/details.php?id=65 (am 22. Januar 2007 aufgerufen).

O'Brien, Tim, »Why Do So Few Women Reach the Top of Big Law Firms?«, in: *New York Times*, 19. März 2006.

Olmsted, Barney, »Flexible Work Arrangements: From Accommodation to Strategy«, in: *Employment Relations Today*, Sommer 1995.

Orrange, Robert, »Aspiring Law and Business Professionals' Orientations to Work and Family Life«, in: *Journal of Family Issues 23*, Nr. 2 2002, 287 – 17.

Perlow, Leslie A, »Why Is a Job a Job?«, nicht publizierte Arbeitspapiere, Harvard Business School, Boston, MA, 2006.

Perry, Joellen, »Exodus of Skilled Workers Leaves Germany in a Bind«, in: *Wall Street Journal*, 3. Januar 2007.

Piller, Frank T., Kathrin Moeslein, und Christof M. Stotko, »Does Mass Customization Pay? An Economic Approach to Evaluate Customer Integration«, in: *Production Planning & Control 15*, Nr. 4, Juni 2004, 435 – 444.

»Re-entry Programs Target Professional Women«, accountingweb.com, 16. Mai 2006. http://www.accountingweb.com/cgi-bin/item.cgi?id=102156&d=815&h=8 17&f=816&da (am 29. November 2006 aufgerufen).

Richert, Eric, und David Rush, »How New Infrastructure Provided Flexibility, Controlled Cost and Empowered Workers at Sun Microsystems«, in: *Journal of Corporate Real Estate 7*, Nr. 3, 2005, 271 – 279.

Ripley, Amanda, »Who Says a Woman Can't Be Einstein?«, in: *Time*, 7. März 2005.

Roberts, Sam, »51 % of Women Are Now Living Without Spouse«, in: *New York Times*, 16. Januar 2007.

Rodgers, Charles, »The Flexible Workplace: What Have We Learned?«, in: *Human Resource Management 31*, Nr. 3, 1992, 183 – 199.

Rogier, Sara A., und Margaret Y. Padgett, »The Impact of Utilizing a Flexible Work Schedule on the Perceived Career Advancement of Women«, in: *Human Resource Development Quarterly 15*, Nr. 1 2004.

Rose, Frank, »Commercial Break«, Wired.com, http://www.wired.com/wired/archive/14.12/tahoe_pr.html (am 23. Januar 2007 aufgerufen).

Rulison, Larry, »Gen Y in Search of Flexibility«, in: *Philadelphia Business Journal*, 22. September 2003.

Sacks, Danielle, »Scenes from the Culture Clash«, in: *Fast Company*, Januar 2006.

Schwartz, Felice N, »Management Women and the New Facts of Life«, in: *Harvard Business Review*, Januar – Februar 1989.

»The Search for Talent: Why It's Getting Harder to Find«, in: *The Economist*, 7. Oktober 2006.

Shapiro, Mary, Cynthia Ingols und Stacy Blake-Beard, »›Optioning In‹ Versus ›Opting Out‹; Women Using Flexible Work Arrangements for Career Success«, in: *CGO Insights*, Januar 2007.

Shellenbarger, Sue, »Employers Step Up Efforts to Lure Stay at Home Mothers Back to Work«, in: *Wall Street Journal*, 9. Februar 2006.

Society for Human Resource Management, *SHRM 2003 Eldercare Survey*, Alexandria, VA 2003.

»Staying at Home« mit Lesley Stahl, CBS News, *60 Minutes*, 17. Juli 2005.

Thottam, Jyoti, »Reworking Work«, in: *Time*, 25. Juli 2005.

Tivo.com, »What Is TiVo?«, 14. Februar 2007, http://www.tivo.com/1.0.asp (am 14. Februar 2007 aufgerufen).

Tse, Edward, »China's Five Surprises«, in: *Strategy + Business,* 16. Januar 2006.

Tucci, Linda, »Gartner: Firms at Risk of Losing Women Technologists«, Search-CIO.com, 5. Dezember 2006. http://searchcio.techtarget.com/original-Content/0.289142.sid19_gciI233089.00.html?track=NL-162&ad=574445 (aufgerufen am 24. Januar 2007).

U.S. Bureau of Labor Statistics, *Women in the Labor Force: A Databook*, Washington, DC 2005.

–, *America's Families and Living Arrangements: 2003*, Washington, DC 2004.

U.S. Census Bureau, »Maternity Leave and Employment Patterns of First-Time Mothers, 1961 – 2000«, in: *Current Population Reports*, Washington, DC 2005.

U.S. Department of Education, National Center for Education Statistics, »Table 246, Degrees conferred by degree-granting institutions. by level of degree and sex of student: Selected years, 1869 – 70 through 2013 – 14«, Digest of Education Statistics 2005 Page, Juni 2006. http://nces.ed.gov/programs/digest/d05/tables/dt05_246.asp (am 31. Januar 2007 aufgerufen).

U.S. Department of Labor, »Women in the Labor Force in 2005«, Women's Bureau Page, 19. Juni 2006. www.dol.gov/wb/factsheets/Qf-laborforce-.05.htm (aufgerufen am 20. Mai 2006).

WebSiteOptimization.com, »China to Pass U.S. in Total Broadband Lines«, Oktober 2006. WebSiteOptimization.com/bw/ (am 28. November 2006 aufgerufen).

WFD Consulting, *The New Career Paradigm: Attracting and Retaining Critical Talent*, Newton, MA 2006.

Wikipedia.com, »Henri Matisse Biography«, http://en.wikipedia.org/wiki/Matisse.

–, »Wikipedia: The Free Encyclopedia«.

Wiliams, Joan, und Cynthia Thomas Calvert, *Solving the Part-Time Puzzle: The Law Firm's Guide to Balanced Hours*, Washington, DC 2004.

Wooldridge, Adrian, »The Battle for Brainpower«, Economist.com, 5. Oktober 2006. http://www.economist.com/surveys/displaystory.cfm?story_id=El_SJG-TRJQ (aufgerufen am 5. Oktober 2006).

»Work-Life Balance: Life Beyond Pay«, in: *The Economist,* 15. Juni 2006.

Zusätzliche Quellen

Ashkenas, Ron, Dave Ulrich, Todd Jick und Steve Kerr, *The Boundaryless Organization: Breaking the Chains of Organizational Structure*, San Francisco 1995.

Arthur, Michael, und Rousseau, Denise, Hrsg. *The Boundaryless Career: A New Employment Principle for a New Organisational Era*, New York 1996.

Blumenthal, Ralph, »Unfilled City Manager Positions Hint at Future Government Gap«, in: *New York Times,* 11. Januar 2007.

Davenport, Thomas H., *Thinking for a Living: How to Get Better Performances and Results from Knowledge Workers,* Boston 2005.

Fels, Anna, *Necessary Dreams,* New York 2004.

Malone, Thomas W., *The Future of Work: How the New Order of Business Will Shape Your Organization, Your Management Style, and Your Life,* Boston 2004.

Maneiro, Lisa, und Sherry Sullivan, *The Opt-Out Revolt: Why People Are Leaving Companies to Create Kaleidoscope Careers,* Mountain View, CA 2006.

Naisbitt, John, und Patricia Aburdene, *Megatrends 2000: zehn Perspektiven für den Weg ins nächste Jahrtausend,* Düsseldorf, 1992.

Nash, Laura, und Howard Stevenson, *Just Enough: Tools for Creating Success in Your Work and Life,* Hoboken, NJ 2004.

Osterman, Paul, Hrsg., *Broken Ladders: Managerial Careers in the New Economy,* New York 1996.

Perlow, Leslie A., *Finding Time: How Corporations, Individuals and Families Can Benefit from New Work Practices,* Ithaca, NY 1997.

Rapaport, Rhona, und Lotte Bailyn, *Relinking Life and Work: Toward a Better Future,* New York 1996.

Rousseau, Denise, »The Idiosyncratic Deal: Flexibility versus Fairness?«, in: *Organizational Dynamics,* Vol. 29, Nr. 4, Burlington, MA 2001.

»Women and the World Economy: A Guide to Womenomics«, in: *The Economist,* 15. April 2006.

Register